컴패니언
사이언스

컴패니언 사이언스

초판 1쇄 인쇄 2018년 4월 21일
초판 1쇄 발행 2018년 4월 30일

지은이 강석기
펴낸곳 MID(엠아이디)
펴낸이 최성훈

편집 최종현
디자인·표지 일러스트 김현중
경영지원 윤 송

주소 서울특별시 마포구 토정로 222 한국출판콘텐츠센터 303호
전화 (02) 704-3448 **팩스** (02) 6351-3448
이메일 mid@bookmid.com **홈페이지** www.bookmid.com
등록 제2011 - 000250호

ISBN 979-11-87601-69-2 03400

책값은 표지 뒤쪽에 있습니다. 파본은 바꾸어 드립니다.
이 도서의 국립중앙도서관 출판예정도서목록(CIP)은 서지정보유통지원시스템 홈페이지(http://seoji.nl.go.kr)와 국가자료공동목록시스템(http://www.nl.go.kr/kolisnet)에서 이용하실 수 있습니다.(CIP2018012266)

컴패니언 사이언스

Companion Science

강석기 지음

서문

어떤 것이 과학의 영역 밖에 있다고 말하는 것은 매우 경솔한 행동이다.

– 프랜시스 크릭

개띠해인 2006년 병술년(丙戌年)에서 다시 개띠해인 2018년 무술년(戊戌年)이 되는 12년 사이 우리나라에서 개의 위상이 크게 바뀌었다. 명칭만 봐도 12년 전에는 주로 애완동물이라고 말한 것 같은데 지금은 반려동물이라고 부르는 게 자연스럽다. 천변을 산책하다 보면 반려견 없이 혼자인 게 외롭게 느껴지기도 한다.

과학카페 시리즈가 독자들의 사랑을 받아 이제 7권을 내게 됐다. 책을 준비하며 제목을 생각하다 문득 2018년이 개띠해라는 게 생각났고 반려동물에서 '반려과학'이라는 아이디어가 떠올랐다. 논의 과정에서 어감이 다소 어색하고 '반려동물에 대한 과학책'이라는 오해를 살 수도 있다는 의견이 있어서 영어인 'companion science'를 책 제목으로 정했다. companion은 동반자로도 번역되므로 더 적합해 보인다.

아무튼 책 제목을 살려 1파트는 '반려동물의 과학'으로 꾸몄다. 주로 개와 관련된 연구를 소개한 글들로 현대인들의 외로운 마음을 촉촉이 적셔주는 반려견들이 새삼 소중한 존재로 느껴질 것이다. 2파트는 '핫 이슈'로 국민 만성 스트레스인 미세먼지 문제를 비롯해 과학계의 남녀차별 등 다소 무거운 주제를 다뤘다.

3파트 '건강·의학'에서는 운동과 뇌 건강의 관계와 갈수록 많은 사람들이 겪고 있는 자가면역질환의 역사 등 우리 몸과 밀접한 관련이 있는 이야기들을 소개했다. 4파트 '인류학'에서는 어느 해보다도 풍성했던 2017년 고인류학 연구성과들을 나름 자세히 다뤘다.

5파트 '심리학·신경과학'에서는 사람의 후각이 개보다도 민감할 수 있다는 사실과 앞발을 손처럼 쓸 수 있는 돌연변이 생쥐 등 기존 과학상식을 뛰어넘는 연구결과를 소개했다. 6파트 '생태·환경'에서는 최근 플라스틱 쓰레기 대란으로 더욱 관심이 가는 주제인 플라스틱 먹는 벌레 논란과 LED조명 보급으로 인한 빛공해 등 삶의 질에 큰 영향을 미치는 생태 및 환경 테마들을 다뤘다.

7파트 '천문학·물리학'에서는 2016년에 이어 2017년에도 과학계 최대 이슈였던 중력파 관련 관측과 카페라테의 유체역학이라는 생활과학을 아울렀다. 8파트 '화학'에서는 여전히 생활 속의 위험요소인 일산화탄소 중독에 대한 해독제 연구현황과 여름철 건강미를 뽐내는 데 한몫하는 구릿빛 태닝에 감춰진 과학을 이야기한다. 9파트 '생명과학'에서는 우리의 가까운 친척 오랑우탄이 알고 보니 세 종이었다는 뜻밖의 사실과

2017년 노벨생리의학상에 빛나는 생체시계 분야의 개척자인 한 과학자의 비극적인 삶을 조명해봤다.

끝으로 부록에서는 2017년 타계한 과학자 24명의 삶과 업적을 간략하게 되돌아봤다.

이 책에 실린 글들은 2017년 한 해와 2018년 초 발표한 에세이 120여 편 가운데 골라 업데이트한 것이다. 수록된 에세이를 연재할 때 도움을 준 「동아사이언스」의 오가희 기자, 「사이언스타임즈」의 장미경 편집장, 「화학세계」의 오민영 선생께 고마움을 전한다. 출판계의 전반적인 어려움 속에서도 과학카페 7권 출간을 결정한 MID 최성훈 대표와 적지 않은 분량을 멋진 책으로 만들어준 편집부 여러분께도 감사드린다.

2018년 4월 강석기

차례

Part.6 생태·환경

Part.7 천문학·물리학

Part.8 화학

Part.9 생명과학

Part.1 반려동물의 과학

1-1
여우는 어떻게 개가 되었나

"넌 누구니?" 어린 왕자가 말했다. "너는 정말 예쁘구나…"

"나는 여우야." 여우가 말했다.

"이리 와서 나랑 놀래?" 어린 왕자가 제안했다.

"나는 많이 슬프거든…"

"난 너와 놀 수 없단다." 여우가 말했다.

"나는 길들여지지 않았거든."

(중략)

여우는 조용히 오랫동안 어린 왕자를 쳐다봤다.

"부탁인데… 나를 길들여 주겠니?" 그가 말했다.

"나도 그러고 싶어…" 어린 왕자가 대답했다.

– 앙투안 드 생텍쥐페리, 『어린 왕자』에서

셰퍼드나 진돗개는 수긍이 가지만 말티즈나 토이푸들 같은 작고 귀여운 개들까지 늑대를 길들인 결과라는 건 과학이 그렇다니까 그러려니 하는 거지 마음에 와 닿지는 않는다. 2017년 4월 학술지 「셀 리포츠」에는 개 161가지 품종을 대상으로 게놈을 분석해 서로의 연관성을 밝힌 연구 결과가 실리기도 했는데 아무튼 육종가란 대단한 사람들이라는 생각이 든다.

이처럼 늑대의 후예 가운데 뭘 고를지 고민해야 할 정도로 품종이 다양하지만 언제인가부터 필자는 이들과는 전혀 계열이 다른 개를 키우고 싶다는 소망을 품게 됐다. 바로 여우를 조상으로 하는 개다. 물론 지금 당장 '여우개'를 구할 수는 없지만 몇몇 책에서 얻은 정보에 따르면 조만간 국내에도 소개되지 않을까 하는 생각이 들어서다.

최근 읽은 『정상과 비정상의 과학』이란 책에서도 이 여우개 이야기가 나온다. 즉 1950년대 러시아(당시 소련)의 과학자들이 여우를 대상으로 늑대에서 개가 나온 과정을 압축 재현하는 실험을 시작했고 수십 세대가 지나 개처럼 사람을 따르는 여우를 만들었다는 것이다. 덩치가 큰 늑대에서 소형견이 나오기까지는 오랜 시간이 걸렸겠지만 여우야 원래 크지 않은 동물이니 여우개는 아파트에서도 기를 수 있지 않을까.

그럼에도 수십 년 전 성공한 여우 가축화 연구가 실용화되지 않은 게, 즉 실제 분양으로 이어지지 않은 게 좀 의아하기는 하다. 소련 같은 전체주의 관료 국가에서는 상업화에 관심이 없었던 걸까. 아니면 말로는 개가 다 됐다지만 실제로는 반려동물로 키우기에 아직 문제가 있는 것일까.

2017년 3월 필자의 이런 궁금증을 해결해줄 것 같은 책이 출간됐

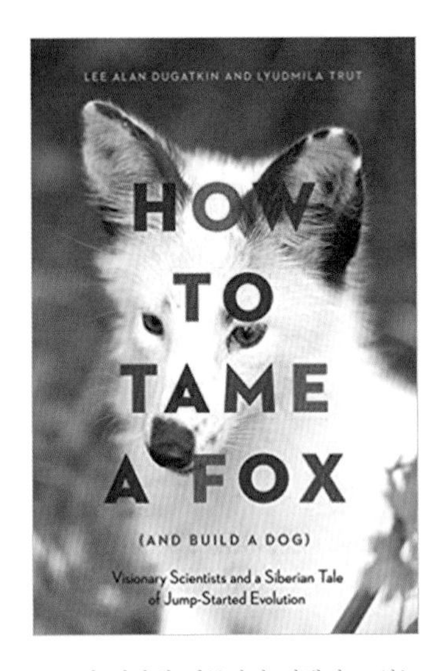

1952년 시작돼 지금까지 진행되고 있는 러시아의 '여우 가축화 프로젝트'를 소개한 책 『여우를 어떻게 길들일까(그리고 개로 만들까)』가 2017년 3월 출간됐다. (제공 amazon.com)

다. 『여우를 어떻게 길들일까(그리고 개로 만들까)How to tame a fox (and build a dog)』라는 제목으로, 여우 가축화 프로젝트 초기부터 참여한 러시아 생물학자 류드밀라 트루트Lyudmila Trut가 썼다(미국의 진화생물학자이자 과학사가인 리 앨런 듀거킨Lee Alan Dugatkin과 공저). 책은 무척이나 흥미로웠고 필자의 궁금증이 해결됐음은 물론 전체주의 소련의 철권 통치 아래에서 생명의 위협을 무릅쓰고 혁신적인 연구를 수행한 과학자들의 삶이 깊은 감동을 줬다.

생물학 연구 암흑기에 비밀 프로젝트로 시작

1922년 레닌이 뇌졸중을 일으켜 일선에서 물러난 뒤 권력의 핵심부에 오른 스탈린은 독재적인 성향을 억누르기 어려웠고 결국 2년 뒤 레닌이 죽자 본격적으로 권력투쟁을 시작해 1927년 모든 반대파를 숙청하고 독재 체제를 완성했다. 1953년에 스탈린이 74세로 죽을 때까지 소련 사람들 대다수는 '개고생'을 했는데 과학자들도 예외는 아니었다.

과학에 대한 소양이 없었던 스탈린은 멘델의 유전학과 다윈의 진화론은 사기라고 주장하는 작물육종학자 트로핌 리센코Trofim Lysenko에게 소련 과학을 맡겼다. 대학 교육도 제대로 받지 못한 리센코는 지식인에게 반감이 컸고 권력을 잡자 무자비한 숙청을 자행해 저명한 생물학자들이 시베리아로 유형을 떠나거나 심지어 처형되기도 했다. 세계적 수준이었던 러시아의 유전학은 리센코를 만나 웃음거리로 전락했다.

1917년 러시아 프로타소보에서 태어난 드미트리 벨랴예프Dmitry Belyayev 역시 열여덟 살 위인 형 니콜라이를 이렇게 잃었다. 뛰어난 생물학자였던 니콜라이는 중앙아시아비단연구소에서 누에의 유전학을 연구하고 있었는데 1937년 아내, 아들과 함께 행방불명됐고 11월에 처형된 것으로 밝혀졌다. 아내는 감옥에 보내졌지만 끝내 면회가 안 됐고 실종 당시 열두 살이던 아들 역시 다시는 보지 못했다.

스무 살 때 이런 비극을 겪은 벨랴예프였지만 형의 영향으로 생물학을 공부하며 리센코의 무식한 광기에 대한 혐오감은 점점 더 커졌기 때문에 늘 위험이 따라다녔다. 벨랴예프는 동물육종을 연구했고(기초연구는 원천적으로 봉쇄된 상태였다), 은여우 품종 개발에서 탁월한 성과를 올렸다.

19세기 들어 붉은여우의 변종인 은여우의 은회색 털에 대한 모피업계의 수요가 폭발적으로 늘어나면서 당시 캐나다와 소련에서는 은여우 농장이 번창하고 있었다. 벨랴예프는 다양한 색조와 감촉의 털을 지닌 신품종을 개발해 소련 정부에 외화를 벌어줬다.

붉은여우는 다양한 털 색을 지닌 변종이 있는데 이 가운데 은여우의 모피가 인기를 얻으면서 널리 사육되고 있다. (제공 위키피디아)

1948년 8월 열린 농

업과학학회에서 리센코가 현대 서구유전학을 사기라며 맹비난하는 연설을 하자 격분한 벨랴예프는 동료들에게 이를 공공연히 비판하고 다녔는데, 결국 그는 직장인 모피동물육종중앙연구소에서 좌천되고 연봉도 절반으로 깎였다. 그가 하던 연구가 큰 돈이 되는 게 아니었다면 이때 숙청됐을지도 모른다.

불행 중 다행으로 살아남은 벨랴예프는 되지도 않는 리센코 공격 대신 제대로 된 연구를 합법적으로 할 수 있는 길을 찾다가 기발한 아이디어가 떠올랐다. 여우 육종을 하며 벨랴예프는 야생동물의 가축화에 관심이 많았고 특히 늑대에서 개가 나온 메커니즘이 늘 궁금했다. 그는 가축화 과정에서 분자 차원의 유전적 변이가 있을 것이라고 추측했다. 그러나 당시 러시아는 물론 서구에서도 분자유전학은 아직 태동하지도 않은 상태였다.

벨랴예프는 늑대와 여우가 가까운 사이라는 데 착안해 여우를 가축화할 수 있을지도 모른다는 아이디어가 떠올랐다. 만일 성공한다면 늑대의 가축화 과정을 이해하는 데도 큰 도움이 될 것이고, 훗날 분자유전학 기술이 발전하면 자신의 가설을 검증해볼 수도 있을 것이었다.

은여우는 굉장히 사나워 농장의 일꾼들이 애를 먹었는데 부주의로 물리기라도 하면 큰 상처를 입었다. 따라서 작업자들은 두께가 5센티미터에 이르는 장갑을 껴야 했다. 벨랴예프는 '작업을 수월하게 하기 위해 은여우의 생리학을 연구, 성격이 온순한 쪽으로 품종개량을 한다.' 는 명분으로 1952년 비밀 프로젝트를 시작했다.

당시 35세였던 벨랴예프는 오늘날 에스토니아의 수도인 탈린에 있는 은여우 농장 책임자인 옛 동료 니나 소로키나Nina Sorokina를 방문해 프로젝트의 개요를 설명하고(진짜 목적은 밝히지 않았다) 실험 방법을 알려줬다. 즉 사육하는 여우의 행동을 면밀히 관찰해 그나마 공격성이 덜한 녀석들을 골라 교배시키는 과정을 반복하는 것이다(이때 근친교배가 되지 않게 짝을 지어줘야 한다). 참고로 여우는 일 년에 한 번, 1월 경 발정해 짝짓기를 하고 4월에 태어난 새끼는 반 년이면 다 자라므로 한 세대가 1년이다.

1963년 꼬리 흔드는 여우 태어나

소로키나는 벨랴예프가 말한 대로 작업을 진행했고 1953년 1월, 이렇게 선별된 여우들을 대상으로 첫 번째 교배가 이뤄졌다. 한편 이 해 스탈린이 죽었고, 영국에선 왓슨과 크릭이 DNA 이중나선구조를 규명했다. 리센코도 좋은 시절이 다 지나갔다. 기초과학의 중요성을 인식한 소련의 새 정부는 모스크바에서 동쪽으로 3,000여 킬로미터 떨어져 있는 시베리아에 과학도시 아카뎀고로독을 조성했다. 이곳에 지어질 세포학·유전학연구소의 소장으로 1957년 부임한 니콜라이 두비닌Nikolay Dubinin은 벨랴예프를 부소장 겸 진화유전학 책임자로 영입한다.

새 시대를 맞은 벨랴예프는 여우 가축화 프로젝트를 본격적으로 진행하기로 하고 담당자를 뽑았는데 바로 책의 저자인 류드밀라 트루트다. 1958년 초 모스크바주립대 대학원생이던 스물다섯 살의 트루트는 입사면접 자리에서 벨랴예프에게 이 프로젝트에 대한 얘기를 듣자마자 매료돼 연구에 참여하기로 했다. 모스크바 토박이인 그녀가 어릴 때 개를 애지중지 키운 경험이 없었다면 아직 허허벌판인 시베리아의 도시로 떠날 결심을 하기는 어려웠을 것이다.

1959년 트루트는 노보시비르스크 주변의 여우 농장들을 방문하며 최적의 실험 장소를 찾았고 마침내 남서쪽으로 약 400킬로미터 떨어진 곳에 있는 대규모 농장 레스노이를 낙점했다. 이곳에는 다 자란 암컷 수천 마리와 새끼 수만 마리가 있었다. 트루트는 여기에 가축화 실험용 사육장을 짓고 이해 가을부터 여우 선별 작업에 들어갔다.

트루트는 여우 우리에 들어갔을 때 여우가 보이는 행동을 관찰해 1점에서 4점까지 점수를 매겼는데 공격성이 낮을수록 점수가 높다. 매년 가을 이렇게 상위 10%의 여우를 선별하고 이듬해 1월 이들을 교배시키는 작업이 반복됐다. 트루트는 이렇게 태어난 여우들의 행동과 형태를 면밀히 관찰했다.

한편 1960년 가을 여우를 선별할 때 탈린의 농장에서 뽑은 여우 수십 마리도 합류시켰다. 당시 8세대까지 선별교배가 진행된 상태였지만 레스노이 모피농장의 여우들보다 약간 덜 난폭한 수준이었다. 그럼에도 두 마리는 눈에 띄게 얌전해 심지어 손으로 들어 올려도 저항하지 않았다. 트루트는 이들에게 각각 라스카(상냥이)와 키사(야옹이)라는 이름을 붙였다.

1983년 영국의 동물행동학자 오브리 매닝이 소련 아카뎀고로독의 세포학·유전학연구소를 방문했다. 왼쪽부터 류드밀라 투르트, 매닝, 드미트리 벨랴예프, 갈리나 키셀레바. (제공 오브리 매닝)

1963년 봄 태어난 지 얼마 안 되는 4세대 새끼들을 둘러보다 트루트는 놀라운 발견을 한다. 그녀를 본 수컷 새끼 한 마리(엠버라는 이름을 붙여줬다)가 작은 꼬리를 격렬하게 흔들기 시작했던 것이다. 사람을 보고 꼬리를 흔드는 동물은 당시까지 개가 유일했다. 꼬리를 흔드는 건 여우가 개가 되고 있음을 보여준 첫 증거였다. 이해에 세포학·유전학연구소 소장이 된 벨랴예프는 트루트의 보고를 받고 무척 기뻐했다고 한다.

사람을 잘 따르는 특성을 기준으로 선별해 육종했음에도 여우에서도 개에서 나타난 것과 비슷한 방향으로 체형이 바뀌었다. 예를 들어 야생여우는 꼬리가 꽤 긴데 사진 속 여우강아지를 보면 꼬리가 꽤 짧아졌음을 알 수 있다. (제공 Irena Muchamedshina)

이들은 이듬해 봄 태어난 엠버의 새끼들(5세대)도 꼬리를 흔들 것으로 기대했지만 한 마리도 그런 행동을 보이지 않아 실망했다. 1965년에 태어난 엠버의 새끼들에서도 그런 행동은 관찰되지 않았지만 1966년에 태어난 새끼들(7세대)에서는 여러 마리가 꼬리를 흔들었다. 이런 행동이 유전된다는 사실이 확인된 것이다. 8세대 새끼들에서는 개처럼 꼬리가 위로 말리는 개체가 나타났다(야생여우는 꼬리가 아래로 처진다). 1969년 태어난 10세대 가운데는 개처럼 귀가 펄럭거리는 새끼가 등장했다. 또 얼룩무늬 털을 지닌 새끼도 나왔다.

벨랴예프는 여우에서 일어나는 성격과 행동, 신체적 특징의 변화가 호르몬 분비와 관련된 유전적 변이의 결과일 것이라고 추정하고 이를 '불안정 선택destabilizing selection'이라고 불렀다. 즉 호르몬 분비 패턴이 달라지면 성격과 형태 등 많은 측면이 동시에 변하는데 여우는 늑대와 가까운 사이이기 때문에 가축화 과정에서도 비슷한 길을 간다는 것이다.

여우 가축화 실험의 성공을 확신한 벨랴예프는 1970년부터 새로운 실험에 착수했다. 이번엔 거꾸로 사나운 여우들을 선별하여 교배시켜 점점 더 사나운 여우를 만드는 프로젝트다. 실제로 몇 세대가 지나자 엄청나게 사나운 여우들이 나오기 시작했는데, 작업자들은 일하는 내내 스트레스로 탈진할 정도였다.

훗날 연구자들은 온순한 여우와 난폭한 여우, 그리고 대조군(역시 꽤 사나운 편이다) 여우를 대상으로 다양한 호르몬 수치를 조사했는데 스트레스 호르몬의 경우 온순한 성격은 대조군의 절반 수준이었다. 반면 세로토닌 수치는 훨씬 더 높았다.

여우 가축화 프로젝트는 워낙 기발한 것이었기 때문에 서구 과학계에서도 큰 관심을 보였고 브리태니커백과사전은 벨랴예프에게 1974년 출간 예정인 15판에 '가축화와 작물화' 항목 집필을 부탁했다.

낯선 사람을 보면 짖는 여우

어느 정도 여우개가 만들어졌다고 판단한 벨랴예프와 트루트는 이들이 정말 반려동물로 사람과 살아갈 수 있을지 확인하는 실험을 계획했다. 트루트는 1973년 태어난 새끼 가운데 가장 마음에 드는 암컷 푸신카(솜털이)를 이듬해 초 교배시킨 뒤 푸신카가 임신한 상태인 3월 연구소 내 건물로 입주해 함께 살기 시작했다. 푸신카는 4월 새끼 여섯 마리를 낳았고 사람들과 별 어려움 없이 지냈다.

이 해 7월 15일은 트루트에게 잊을 수 없는 날인데 이날 밤 푸신카가 처음으로 '짖었기' 때문이다. 즉 밤에 건물 밖에서 인기척을 느낀 푸신카가 갑자기 짖기 시작했는데 이는 개에서만 보이는 행동이다. 연구소 우리에 사는 얌전한 여우들은 모든 사람에게 호의적이지만 특정인과 밀접한 유대를 갖게 된 푸신카에게는 개처럼 낯선 사람에 대해서 경계를 하는 행동이 나타난 것이다.

한편 벨라예프와 트루트는 여우개의 행동이 유전의 결과임을 입증하기 위한 기발한 실험에 착수했다. 임신한 온순한 암컷의 태아와 임신한 사나운 암컷의 태아를 바꿔치기해(정교한 수술이다) 태어난 새끼가 유전적 어미의 성격을 보일지 대리모의 성격을 보일지 알아본 것이다. 실험 결과 대리모가 낳고 키웠음에도 새끼의 성격은 친어미를 따라갔다. 즉 성격이나 행동은 100%까지는 아니더라도 유전의 영향을 크게 받는다는 말이다.

1985년 초 폐렴에 걸린 벨랴예프는 상태가 나빠져 모스크바의 큰 병원을 찾았는데 폐암 말기로 밝혀졌다. 평생 줄담배를 피운 결과다. 벨랴예프는 이 해 11월 14일 68세로 세상을 떠났는데 여우 가축화 프로젝트에 관한 교양과학서를 쓰지 못한 걸 크게 아쉬워했다고 한다. 평소 트루트에게 함께 책을 쓰자고 말했지만 소장 직무로 너무 바빠 차일피일 미뤘다. 투르트는 30여 년만에 책을 냄으로써 벨랴예프의 꿈을 대신 이룬 셈이다.

한편 이 해 3월 고르바초프가 서기장에 오르며 개혁과 개방 정책을 폈지만 결국은 소련의 붕괴로 이어지면서 경제도 파탄났다. 연구소의 연구비도 끊기면서 직원을 내보내는 건 물론이고 나중에는 여우 사료도 다 떨어져 여우가 굶어죽는 사태에 이른다. 700마리 수준을 유지하던 개체수는 1999년 초 암컷 100마리, 수컷 30마리까지 떨어졌다.

50년 가까이 진행되고 있던 프로젝트가 좌초될 위기에 처하자 트루트는 마지막 희망을 걸고 미국의 과학격월간지 「아메리칸 사이언티스트」에 여우 가축화 프로젝트와 현 상황을 소개한 글을 기고했다. 다행히 3/4월호에 글이 실렸고 전 세계에서 기부금이 들어오면서 극적으로 위기를 극복했다.

2000년대 들어 트루트는 미국 연구자들과 공동으로 여우개의 유전자 변이와 형태 변이, 행동 변이 등 다각도에서 연구를 진행하며 현재에 이르고 있다. 예를 들어 정밀한 신체측정 결과 여우개는 개처럼 두개골이 작아지고 주둥이가 짧아지고 다리가 짧아지는 방향으로 체형이 바뀐 것으로 나타났다. 2017년 봄에 태어난 새끼들은 58번째 세대다.

선택 안 된 여우 분양해

2000년대 들어 연구소에서 태어나는 여우들은 초기 기준에 따르면 대부분이 합격점을 줄 수 있을 정도다. 따라서 이 가운데 교배할 개체를 선택하는 게 점점 어려워지고 있다. 탈락한 여우들은 '죽어서 모피를 남길' 운명이 되는 걸 뻔히 아는 트루트로서는 '소피의 선택'인 셈이다. 결국 트루트는 언제부터인가 선별작업에서 손을 뗐다.

여우개 강아지들. 수년 전부터 육종 선별에 탈락한 여우개들을 일반인에게 분양하고 있다. (제공 Irena Pivovarova)

털이 하얗고 반점이 있는 여우개(왼쪽)와 애지중지하는 여우개를 안고 있는 류드밀라 트루트(오른쪽).
(제공 왼쪽: 세포학·유전학연구소, 오른쪽: Vasily Kovaly)

수년 전부터는 탈락한 여우들을 반려동물로 분양하고 있는데 러시아는 물론 유럽과 북미로도 보내진다고 한다. 우리나라의 동물 반입 관련 법률을 잘 몰라 장담할 수는 없지만 트루트에게 여우개를 입양하고 싶다는 뜻을 전하면 받을 수 있지 않을까 하는 생각이 든다. 트루트는 책 말미에 "언젠가 난 죽겠지만 내 여우들은 영원히 살기를 바란다"며 그녀가 좋아하는 생텍쥐페리의 『어린 왕자』에 나오는 한 구절을 들려줬다.

"사람들은 이 진실을 잊고 있어." 여우가 말했다. "그러나 너는 그것을 잊어서는 안 돼. 네가 길들인 것은 영원히 네 책임이 되는 거야."

1-2
개도 오래 살 수 있을까

노화의 생물학 분야의 많은 전문가들은 노화를 늦추기 위한 약리적 개입이 '어쩌면(if)'이 아니라 '언제(when)'의 문제라고 생각하고 있다.
–「네이처」 2013년 1월 17일자에 실린 리뷰논문에서

'상근이'라는 개가 있었다. 그레이트 피레니즈 품종의 대형견으로 희고 풍성한 털에 점잖은 얼굴이 철없는 사람들보다 더 어른스러워 보였다. 수 년 전 〈1박2일〉 같은 예능프로는 물론 드라마 〈아현동 마님〉에도 출연해 스타덤에 올랐다. 어느 순간부터 TV에서 모습이 보이지 않던 상근이는 2014년 4월, 만 열 살 생일을 닷새 앞두고 죽었다.

사실 10년을 살았으면 개로서는, 특히 대형견으로서는 살 만큼 산 셈이다. 개는 오래 살아야 15년이 고작이다. 고양이도 개보다는 몇 년 더 살지만 사람의 수명과 비교해 볼 때는 짧아도 너무 짧다. 개나 고양이를 십 년 이상 키우다 떠나보낸 사람들은 상실감으로 힘들어하고 '다시는

지금까지 가장 오래 산 개는 오스트레일리안캐틀도그(Australian cattle dog)인 블루이(Bluey)로 1910년 태어나 29살인 1939년 죽었다(왼쪽). 가장 오래 산 고양이는 1967년 태어나 2005년 죽은 크림퍼프(Creme Puff)로 고양이 평균 수명의 두 배가 넘는 38년을 살았다(오른쪽). (제공 위키피디아)

개(고양이)를 키우지 않겠다'고 결심하기도 한다. 그런데 개나 고양이는 왜 사람에 비해서 이렇게 수명이 짧을까.

사실 이 질문은 좀 잘못됐는데 개나 고양이의 수명이 짧은 게 아니라 사람의 수명이 너무 긴 것이기 때문이다. 보통 포유류는 덩치가 클수록 수명이 긴 경향이 있지만 몸무게가 수 톤에 이르는 코끼리가 60살 정도다. 따라서 덩치를 생각할 때 사람의 수명은 두세 배 더 긴 셈이다.

덩치와 수명 꼭 비례하는 건 아냐

지난 2015년 학술지 「사이언스」에는 '노화' 특집이 실렸는데 글 가운데 "왜 우리가 반려동물보다 오래 살까"라는 제목의 기사도 있다. '정말 왜 그럴까?' 궁금해서 읽어봤다. 먼저 덩치와 수명이 대체로 비례하는 이유를 설명하는 가설 가운데 하나인 '대사의 법칙'은 이제 진부한 이론이라고 한다. 대사의 법칙, 쉽게 말해 평생 뛸 수 있는 심장의 박동수가 정

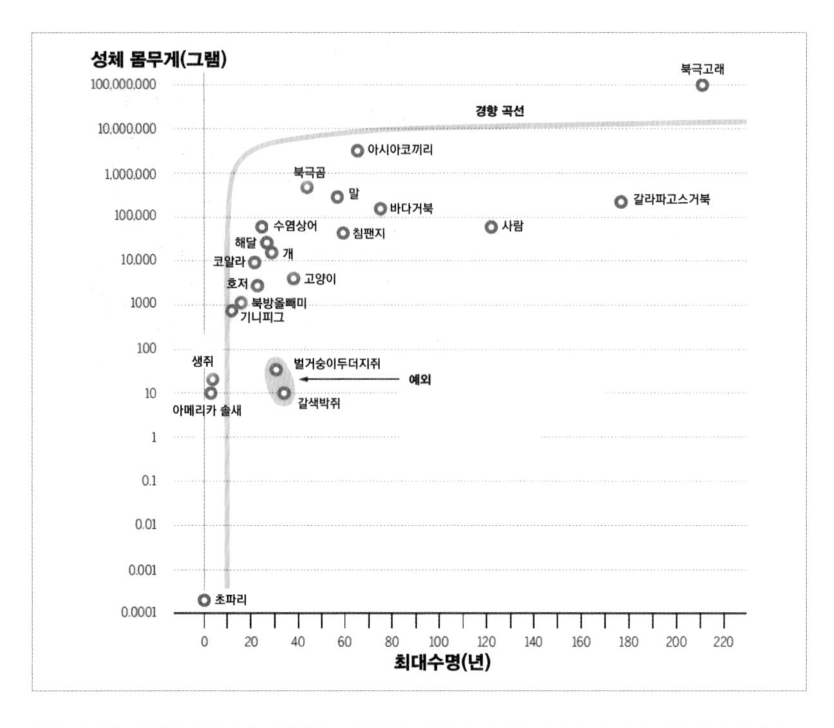

동물 수명은 대체로 몸무게에 비례한다. 예전에는 덩치가 클수록 대사율이 낮기 때문에 오래 산다고 설명했지만 지금은 잡아먹힐 가능성이 낮기 때문에 대사가 정교해져 오래 산다고 해석한다. 몸은 작지만 잡아먹힐 가능성이 낮은 벌거숭이두더지쥐나 갈색박쥐가 쥐보다 훨씬 오래 사는 이유다. 가로축이 최대수명이고 세로축이 성체의 몸무게(로그 척도)다. (제공「사이언스」)

해져 있어서 생쥐처럼 작은 동물은 대사가 왕성해(부피 대비 표면적의 비가 커 체온을 유지하기 위해) 심장이 무척 빨리 뛰어야 하므로 수명이 2~3년밖에 안 되고 코끼리는 비(比)가 작아 심장이 천천히 뛰어도 되기 때문에 오래 산다는 말이다.

그런데 앵무새의 경우는 심장이 1분에 무려 600번 뛰지만 수십 년을 산다. 따라서 이보다는 진화, 즉 유전자의 관점에서 노화를 설명하는 게 좀 더 설득력이 있어 보인다. 즉 동물이 잡아먹힐 가능성이 클수록 노화속도가 빠르다는 것이다. 잡아먹힐 가능성이 큰 쥐의 게놈에 생리반응을 정교하게 조절하는 시스템을 갖춰봤자 1회용 컵에 금테를 두르는 셈이기 때문이다. 이 경우 빨리 자라 한꺼번에 새끼를 많이 낳는 게 더 유리한 전략이다.

반면 코끼리처럼 새끼 때만 잘 넘기면 잡아먹힐 가능성이 거의 없는 동물은 오래 살면서 꾸준히 새끼를 낳아 기르는 게 더 낫다. 사람은 중형 포유류이지만 무리를 짓고 살며 머리가 좋아 먹이사슬 최정상에 군림하면서 수천만 년에 걸쳐(영장류, 유인원, 인류의 단계로 넘어가며) 수명이 점점 길어지게 진화한 것으로 보인다. 새의 경우 날아다니므로 역시 잡아먹힐 확률이 낮아 덩치에 비해 오래 산다. 같은 포유류인 박쥐가 비슷한 덩치의 쥐보다 수명이 열 배 가까이 되는 것도 날기 때문이라는 말이다.

그런데 왜 대형견은 소형견보다 오래 살기는커녕 오히려 수명이 더 짧은 것일까. 오늘날 수십 가지(넓게 봐서) 품종 대부분은 지난 수백 년 동안 선별한 '인위 선택'의 결과로, 많은 품종이 고유한 특성을 얻는 대가로 생리적 밸런스가 깨진 상태다. 대형견의 경우 성장인자의 과다분비 또는 해당 수용체의 과민화쪽으로 변이가 일어난 개체를 선별한 것일 뿐이다.

대형견들은 성장속도가 매우 빠른데 그 결과 마치 부실공사처럼 몸 이곳저곳에 하자가 있어 질병에 취약하다. 예를 들어 군견으로 사랑받는 독일셰퍼드의 경우 골반뼈와 넙다리뼈의 형태 이상으로 고관절이 제대로 맞물리지 않아 탈구나 미세골절 같은 문제가 생기기 쉽다.

고양잇과 동물도 비슷한 맥락으로 고양이와 호랑이는 몸무게가 100배나 차이가 나지만 수명은 별 차이가 없다. 고양잇과 동물의 종분화가 비교적 최근(1,000만 년 이내)에 일어났기 때문이다.

반려견 수명 2~5년 늘 듯

기사에 따르면 지난 40년 사이 반려견의 기대수명이 두 배 늘어났다. 물론 이게 개의 노화가 늦춰졌다는 뜻은 아니다. 의료기술이 발달하고 먹을 게 좋아졌기 때문이다. 20세기 100년이 지나며 인류의 기대수명이 두 배 늘어난 것과 마찬가지 이유다. 오히려 기대수명이 늘어나면서 힘든 노년을 보내는 반려견이 늘고 있다고 한다. 약에 의존해 삶의 질이 떨어진 채 노년을 보내는 사람들이 많은 것과 같은 현상이다. 따라서 개나 사람이나 건강하게 오래 살려면(사람의 경우 '9988234', 즉 99세까지 팔팔하게 살다가 이틀 앓고 3일째 죽는 것) 노화 자체를 늦추는 길을 찾아야 한다.

흥미롭게도 반려견을 대상으로 노화를 지연시키는 약물의 효과를 검증하는 임상이 2015년 진행됐다. 미국 워싱턴대 병리학과의 대니얼 프로미슬로Daniel Promislow 교수와 맷 캐벌레인Matt Kaeberlein 교수가 주도하는 '개 노화 프로젝트Dog Aging Project'다. 연구자들이 선택한 노화지연약물은 '라파마이신rapamycin'으로 원래 장기이식환자들에게 투여하는 면역억제제로 개발된 물질이다.

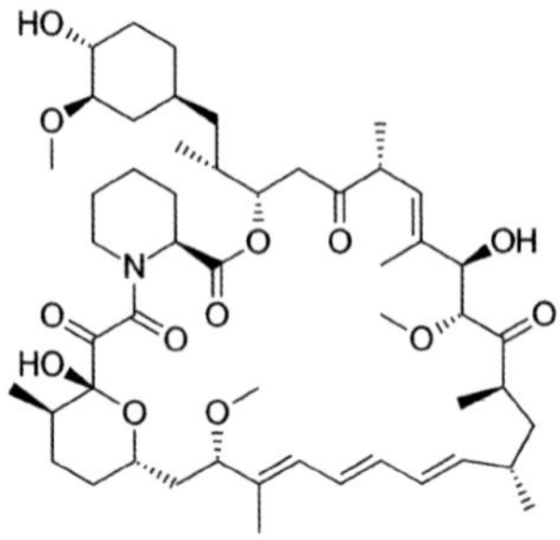

장기이식환자의 면역억제제로 쓰이는 라파마이신을 동물에게 저용량 투여할 경우 노화를 늦춰 수명이 늘어난다는 사실이 밝혀졌다. 라파마이신의 분자구조. (제공 위키피디아)

여기서 잠깐 노화 지연 연구의 역사를 살펴보자. 지금까지 동물실험을 통해 노화 지연 효과가 인정된 방법이 꽤 있다. 먼저 칼로리 제한(소식 또는 간헐적 단식)으로 많은 동물에서 노화 지연과 수명 연장이 나타났다. 운동도 꽤 효과가 있다. 다음으로 각종 약물을 대상으로 동물실험을 했는데 미 국립암연구소는 16가지 약물 가운데 다섯 가지가 효과가 있다고 발표했다. 즉 아스피린, 아카보스(당뇨병약), 17-알파에스트라디올(에스트로겐의 변형체), 노르디히드로구아이아레트산(크레오소트라는 식물에서 분리한 성분), 그리고 라파마이신이다. 반면 효과가 없다고 분류한 11가지에는 생선기름(오메가3), 녹차추출물, 커큐민(강황에서 분리한 성분), 레스베라트롤(레드와인에 있는 성분) 등이 있다.

현재 화합물 가운데 가장 강력한 노화억제약물 후보가 바로 라파마이신이다. 라파마이신은 1970년 채집한 토양미생물 스테렙토마이세스 하이그로스코피쿠스*Streptomyces hygroscopicus*가 만드는 물질로 1977년 면역억제활성이 있다는 사실이 밝혀졌고 1999년 면역억제제로 미 식품의약국FDA 승인을 얻었다. 그 뒤 항암효과도 밝혀져 여러 암에 대해 항암제로 승인이 났다. 그런데 놀랍게도 2006년 효모실험을 통해 수명을 연장하는 효과가 있다는 사실이 밝혀졌고 뒤이어 쥐, 초파리, 선충 등 여러 모델동물에서 수명 연장 효과가 확인됐다.

라파마이신은 mTOR라고 불리는 대사경로에 개입해 노화를 늦추는 것으로 밝혀졌다. 라파마이신이 mTOR경로에 개입하면 단백질과 지질 합성이 줄어들고, 자식작용autophagy이 늘어나고, 염증이 억제되고, 해당과정glycolysis이 촉진된다. 한마디로 몸이 '비움의 생리학' 상태로 들어가는 셈이다. '그럼 애초에 비우게 진화하지…' 라고 생각할 독자도 있겠지만 mTOR경로는 자연상태에서 최선의 상태로 설계된 것이다. 따라서 인위적인 삶(실험동물의 환경도 마찬가지다)에서는 약물의 개입으로 mTOR경로를 살짝 억제하는 게 더 유리할 수도 있다.

개 노화 프로젝트는 먼저 10주짜리 1차 임상을 진행했다. 체중 40파운드(약 18kg) 이상, 나이 여섯 살 이상의 중년 개를 대상으로 라파마이신을 투약해 효과와 부작용을 보는 게 목표다. 학술지 「노화과학」 2017년 4월호에 그 결과를 담은 논문이 실렸다.

연구자들은 중년의 중대형견 24마리를 세 그룹으로 나눈 뒤 한 그룹은 가짜placebo 알약을 주고 두 번째 그룹은 저용량(몸무게 1kg 당 라파마이신 0.05mg) 알약을, 세 번째 그룹은 고용량(1kg 당 0.1mg으로 면역억제제로 쓸 때와 비교하면 한참 낮은 용량이다) 알약을 줬다. 개 주인은 물론 연구자들도 어느 게 가짜인지 진짜인지 모르는 이중맹검 조건이다. 개 주인은 받은 알약을 일주일에 세 차례 10주 동안 반려견에게 준다.

임상이 끝난 다음 주 연구자들은 개 주인들에게 개를 데리고 실험실을 방문하게 해 심장과 혈액 등 여러 생리지표를 측정해 임상 전에 측정한 값과 비교했다. 그 결과 라파마이신을 복용한 개들이 가짜약을 먹은 개들에 비해 심장 기능이 개선됐고 적혈구의 상태도 더 좋아졌다. 다만 임상에 참여한 개가 너무 적고 편차가 커 라파마이신이 회춘 효과가 있다고 단정하기에는 이르다.

한편 개의 상태나 행동에 관한 개 주인들의 기록을 분석한 결과 라파마이신을 복용한 개들이 '이전보다 더 활발해졌다'는 평가를 많이 받았다. 연구자들은 염증을 억제해 관절염 같은 만성질환으로 인한 통증을 덜 느끼게 한 결과라고 추측했다. 교감능력이 더 커졌다는 언급도 있었는데 가짜약을 먹은 그룹에서는 이런 평가가 없었다. 역시 개가 너무 적어 유의미하다고 확신할 수는 없지만 라파마이신이 행동이나 인지에 긍정적인 영향을 준 것으로 보인다.

일단 1차 임상에서 긍정적인 결과를 얻었기 때문에 연구비를 확보하는 대로 2차 임상을 진행할 계획이다. 2차는 프로젝트에 등록한 반려견 수백 마리를 대상으로 1~3년 동안 진행할 예정으로 개 주인들도 적극적으로 참여해 개의 상태를 기록하고 보고해야 한다. 연구자들은 라파마이신이 개의 노화를 2~5년 늦출 것으로 예상하고 있다.

한편 반려견을 대상으로 한 라파마이신의 수명연장 연구의 결과는 사람을 대상으로 한 연구를 설계하는 데도 영향을 줄 것이다. 반려견은 사람과 많은 환경을 공유하기 때문이다. 미래에는 개도 사람도 건강하게 장수하면서 끈끈한 정을 오랫동안 나누게 되지 않을까.

1-3
개는 정말 사람 말귀를 알아들을까?

개는 꼬리, 주둥이, 발, 몸, 귀, 혀를 통해서 마음의 상태, 즉 느낌을 표현한다. 개는 자신을 감추지 않고, 또한 감추지도 못한다.

– 크리스토프 코흐, 『의식』에서

"무슨 소리에요? 다 알아듣는단 말이에요…"

키우는 개한테 마치 아이에게 하듯 '대화'를 나누는 사람을 보고 "어차피 알아듣지도 못하는데 뭘 그렇게…"라는 식으로 말하면 개를 키우는 사람에게서 이런 핀잔을 듣기 마련이다. 우리도 개가 내는 소리를 알아듣지 못하는데(물론 소리에 실린 감정은 대충 파악할 수 있다) 개가 어떻게 사람 말을 알아들을 수 있을까. 그저 개도 사람처럼 음성에 실린 감정을 눈치채는 정도가 아닐까.

최근 연구결과 개는 자신에게 반려동물어로 말하는 사람의 말에 더 관심을 보이고 애정을 느낀다는 사실이 확인됐다. 기타연주에 빠져있는 무심한 주인을 하염없이 바라보는 개의 모습을 담아봤다. 〈날 좀 바라봐〉, 캔버스에 유채, 53×33.4cm (제공 강석기)

유아어와 말투 비슷해

평소 점잖은 사람도 아기에게 말을 걸 때는 말이 느리고 (또박또박 말하다 보니) 말투가 과장되고 톤이 올라가는데 이를 '유아어infant-directed speech'라고 부른다. 흥미롭게도 키우는 개나 고양이에게 말을 할 때도 유아어와 비슷하게 말투가 바뀌는데 이를 반려동물어pet-directed speech라고 부른다. 한편 성인끼리 하는 말은 성인어adult-directed speech다.

유아어나 반려동물어를 배우지 않음에도 아기나 개에게 말을 걸 때 사람들은 본능적으로 그런 말투를 구사하는 것 같다. 성인에게 얘기하듯이 말하면 아기나 개가 알아듣지 못하거나 반응하지 않는다는 걸 경험해서일까. 실제 아기를 대상으로 실험한 결과 성인어보다 유아어에 훨씬 잘 반응하고 유아어를 구사하는 사람을 선호한다고 한다. 아기는 유아어를 들으면서 말을 배우고 상대 어른과 친밀한 관계를 맺는다는 말이다.

그렇다면 개도 반려동물어를 구사하는 사람의 말에 더 잘 반응하고 그런 사람을 더 좋아하는 것일까. 뉴욕시립대 등 미국과 프랑스, 영국의 공동연구자들은 2017년 학술지 「영국왕립학회보B: 생물과학」에 발표한 논문에서 적어도 강아지는 사람의 말귀를 알아듣는다고 주장했다.

연구자들은 아기가 유아어와 성인어에 대해 다르게 반응하듯이 설사 개가 반려동물어와 성인어에 대해 다르게 반응하더라도 강아지만이 그럴 수 있을 거라고 가정했다. 먼저 생후 2~5개월인 강아지를 대상으로 녹음한 반려동물어와 성인어를 각각 들려준 뒤 반응도를 살펴봤다. 그 결과 강아지들은 정말 반려동물어에 더 민감하게 반응했다. 그러나 성견들은 이런 차이를 보이지 않았다.

따라서 연구자들은 반려동물어가 강아지에게는 효과가 있지만 다 자란 개에게는 별 의미가 없을 것이라고 결론 내렸다. 즉 사람들이 습관적으로 반려동물어를 구사하는 것일 뿐이라는 말이다. 다만 실제 사람이 말을 하는 게 아니라 녹음한 소리를 들려준 것이기 때문에 부자연스러운 상황이라는 한계가 있음을 언급했다.

뭔가 어색함을 눈치채

학술지 「동물 인지」 2018년 3월 2일자 온라인판에는 성견도 성인어에 비해 반려동물어에 더 민감하게 반응할 뿐 아니라, 낯선 사람일지라도 반려동물어로 말하는 사람을 성인어로 말하는 사람보다 친근하게 느낀다는 연구결과가 실렸다. 즉 자신이 말귀를 알아듣게 말하는 사람을 선호한다는 말이다.

영국 요크대 심리학과 케이티 슬로콤베Katie Slocombe 교수팀은 이전 연구와 달리 사람이 직접 개 앞에서 말하는 상황을 연출해 반응을 살펴봤다. 즉 개가 자리한 곳에서 3m 앞에 두 사람이 약간의 간격을 두고 나란히 앉아 있다. 두 사람 모두 개를 향해 말을 하지만 한 사람은 반려동물어로 말하고 다른 사람은 성인어로 말한다.

강아지뿐 아니라 성견도 성인어에 비해 반려동물어를 선호하는 것으로 밝혀졌다.(제공 개떼놀이터 용인점)

먼저 두 사람이 동시에 말하고 잠깐 쉰 뒤 한 사람만 반려동물어로 말한다. 다음으로 다른 사람이 성인어로 말하고 마지막으로 두 사람이 동시에 말한다. 이후 개 목줄을 풀어 1분 동안 자유롭게 돌아다니게 둔다. 참고로 반려동물어와 성인어의 예를 들면 다음과 같다.

반려동물어: "오 착한 녀석, 이리 올래? 와봐, 나갈까? 산책 나가는 거야… 오 착한 녀석… 그래, 그래."

성인어: "어젯밤에 극장에서 정말 좋은 영화를 봤어. 정말 재미있었는데, 당신도 꼭 가서 봤으면 해. 코미디영화인데… 음… 여자가 결혼하는 얘기야."

말을 듣는 동안 개가 두 사람을 쳐다보는 시간을 비교한 결과 동시에 말할 때 반려동물어를 구사하는 사람을 보는 시간이 성인어로 말하는 사람의 두 배였다. 반려동물어를 구사하는 사람만 말할 때는 이 사람을 보는 시간이 거의 네 배나 됐다. 반면 성인어를 구사하는 사람만 말할 때는 두 사람을 보는 시간이 얼마 안 됐고 둘 사이에 차이도 없었다.

테스트가 끝난 뒤 자유가 된 개는 방을 이리저리 돌아다니다 앞의 두 사람에게 다가가기도 하는데 근처에 머무른 시간을 비교한 결과 반려동물어를 구사하는 사람 쪽에 더 오래 있었다. 즉 둘 다 처음 본 사람임에도 자기에게 친근한 말투로 말을 건넨 사람에게 더 호감을 느꼈다는 말이다. 이 결과에 대해 연구자들은 "강아지가 더 민감한 것일 뿐 성견도 반려동물어와 성인어를 구분할 수 있다"고 평가했다. 그렇더라도 이 결과로 개가 사람의 말을 알아듣는다고 말할 수 있을까. 즉 말의 내용이 아니라 독특한 어투를 선호하는 반응 아닐까.

이 의문에 답하기 위해 연구자들은 말투와 내용을 어긋나게 조합해 테스트했다. 즉 말투는 반려동물어지만 내용은 성인어인 '어긋난 반려동물어'와 말투는 성인어이지만 내용은 반려동물어인 '어긋난 성인어'를 들을 때 개의 반응을 본 것이다. 그 결과 놀랍게도 개들은 두 말에 대한 반응에서 별 차이를 보이지 않았다. 즉 '영혼이 없는' 반려동물어에는 반응하지 않았다는 말이다. 사람이 최대한 자연스럽게 말한다고 하지만 말투와 내용이 어긋날 경우 아무래도 부자연스러운 면이 있을 것이고 개들이 '귀신같이' 이를 알아차린 게 아닐까.

낯선 사람에 대해서도 이럴진데 아는 사람이 애정을 다해 건네는 말에 개가 꼬리를 흔들며 반응하는 건 '난 당신의 마음을 다 알아요.' 라는 몸짓언어가 아닐까 하는 생각이 문득 든다.

1-4
9000년 전 사냥개의 활약상 생생하게 묘사된 암각화 감상법

개의 가축화와 초기 쓸모(가축화 이유)라는 주제는 고고학 연구에서 길고도 복잡한 역사가 있다.

– 마리아 구아그닌 등, 「인류학적 고고학 저널」에 실은 논문에서.

미국 펜실베이니아주립대 인류학과 팻 시프먼Pat Shipman 명예교수는 2015년 『The Invaders』라는 제목의 책을 펴냈는데(최근 『침입종 인간』이란 제목으로 번역서가 나왔다), 흥미롭게도 '늑대-개wolf-dog'란 용어를 만들어 썼다. 즉 오늘날 벨기에 지역에서 발굴된 3만6000여 년 전 개과(科) 동물의 두개골 형태를 분석한 결과 늑대보다는 개에 가깝게 보이지만 미토콘드리아 DNA 분석 결과는 오늘날 늑대와 개 어느 쪽에도 속하지 않기 때문에(따라서 이 계열은 멸종했을 가능성이 크다) 잠정적으로 늑대-개라고 부른 것이다.

대신 행동의 관점에서는 개로 보고 있는데, 이 책의 부제가 '인간(호

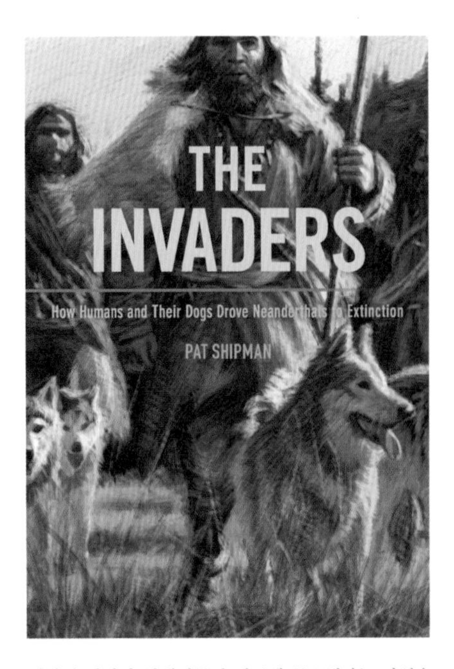

개와의 협력이 현생인류의 성공에 중요했다는 가설을 담고 있는 『침입종 인간』이 최근 번역 출간됐다. 2015년 출간된 원서의 표지로 개가 늑대처럼 생긴 것으로 묘사돼 있다. (제공 아마존)

모 사피엔스)과 그들의 개가 어떻게 네안데르탈인을 멸종으로 몰아갔나(How humans and their dogs drove Neanderthals to extinction)'인 데서도 알 수 있다(번역서에는 부제가 '인류의 번성과 미래에 대한 근원적 탐구'라는 다소 거창한 문구로 바뀌어 있다).

시프먼 교수에 따르면 유럽에 진출한 호모 사피엔스가 먼저 살고 있던 네안데르탈인을 몰아내고(그래서 침입종이다) 주인이 되는 과정에서 늑대-개가 큰 역할을 했다고 한다. 즉 인간과 협력해 사냥을 하면서 경쟁력에서 네안데르탈인을 압도할 수 있었다는 것이다. 그리고 네안데르탈인이 사라진 뒤, 사냥 동맹인 인류와 개의 삶에 가장 방해가 된 경쟁자가 늑대였고 따라서 그 뒤 늑대의 개체수도 급감했다.

그러나 뼈와 게놈 정보만 있을 뿐 3만여 년 전 늑대-개가 정말 호모 사피엔스와 협력해 사냥을 했다는 물증은 없다. 그리고 행동은 발굴할 수 없다는 게 고고학의 치명적인 단점이다. 물론 뼈나 도구를 통해 행동을 어느 정도 추측할 수 있지만, 3만여 년 전 인간과 개의 협력 사냥의 경우는 이마저도 빈약하다.

다양한 사냥 전략 구사

학술지 「인류학적 고고학 저널」 2018년 3월호에는 이와 관련해 꽤 흥미로운 논문이 실렸다. 8,000~9,000년 전 사람과 개가 함께 사냥하는 모습을 담은 암각화를 분석한 연구결과로 당시 정황이 워낙 생동감 있게 묘사되어 있어서 사냥 장면을 직접 보는 듯하다. 논문을 읽으며 당시 개와 사람이 이 정도 수준으로 협력할 수 있었다면 공동 사냥의 역사는 한참 더 거슬러 올라갈 것 같다는 생각이 들었다. 시프먼 교수의 주장이 꽤 설득력이 있다는 말이다.

고고학에서 바위에 새겨지거나 그려진 암각화나 벽화는 당시 인류나 동물의 모습과 행동을 엿볼 수 있는 자료다. 특히 문자로 기록되기 이전인 선사시대에는 그림의 가치가 더욱 소중하다.

지금은 황량한 사막지대인 사우디아라비아 북서부의 슈와이미스와 주바에는 거의 1만 년 전부터 수천 년에 걸쳐 제작된 1,400점이 넘는 암각화가 발견됐다. 이곳은 수만 년 동안 혹독한 가뭄으로 사람이 살지 않았지만 기후가 좋아지면서 대략 1만여 년 전 다시 사람이 유입됐다. 이들은 수렵채취인으로 수천 년을 보냈고 어느 순간부터 가축을 기르며 유목민으로 변신했다. 그리고 발견된 암각화 1,400여 점에는 그 과정이 그려져 있다.

사우디아라비아 정부의 의뢰로 암각화를 정리하는 작업을 해온 독일 막스플랑크 인간역사과학연구소의 고고학자 마리아 구아그닌Maria Guagnin 박사는 7,000~8,000년 전 유목민으로 바뀌기 이전의 암각화에서 유난히 개가 많이 등장한다는 사실을 깨달았다. 즉 슈와이미스의 암각화 39점에 등장하는 개는 156마리고 주바의 암각화 108점에는 193마리다.

반면 유목시대로 바뀐 이후에는 개의 출현빈도가 뚝 떨어졌다. 이게 뭘 의미하는지 궁금해진 구아그닌 박사는 막스플랑크 진화인류학연구소의 동물고고학자 안젤라 페리Angela Perri 박사를 방문했다.

고대 개의 뼈를 연구하는 페리 박사는 암각화를 보고 경악했는데, 사람과 함께 사냥에 나선 개의 모습이 너무나도 생생히 그려져 있었기 때문이다. 페리 박사는 암각화를 분석해 개의 품종은 물론 사냥감의 종류, 상황에 맞는 사냥 전략 등 뼈와 게놈 정보만으로는 어림없는 엄청난 정보들을 얻었다.

이제부터 8,000~9,000년 전 개와 사람이 한 팀을 이뤄 사냥하는 장면을 담은 슈와이미스의 암각화를 하나씩 살펴보자.

지중해 동부 레반트 지역의 토종견인 케이넌 도그(위)와 사우디아라비아 서북부의 9,000년 전 암각화에 새겨진 개(아래)가 꽤 닮았다. (제공「인류학적 고고학 저널」)

암각화에 그려진 개의 모습은 전문가가 아닌 사람이 봐도 한 눈에 개임을 알 수 있다. 뾰족한 귀와 말린 꼬리, 짧은 주둥이가 늑대나 코요테 같은 다른 개속(屬) 동물과는 뚜렷이 다르기 때문이다. 특이하게도 암각화에 등장하는 개 다수는 어깨나 가슴 쪽 돌을 깎지 않은 상태다. 이는 이 부분의 털 색깔이 다르다는 걸 부각시키기 위함으로 보인다. 왼쪽 사진에서 아래에 위치한 사진 두 장은 암각화에 등장한 개다. 그림을 잘 보이게 하기 위해 깎은 부분은 밝은 색으로 처리했다.

연구자들은 암각화에 그려진 개의 모습이 지중해 동쪽 레반트 지역의 토종개인 케이넌 도그Canaan dog와 매우 비슷하다는 사실을 발견했다. 왼쪽 그림 위의 사진 두 장이 케이넌 도그로 아래 암각화에 등장한 개와 비슷해 보이지 않는가. 케이넌 도그는 몸무게가 16~25kg인 중형견으로 레반트 지역에서 예로부터 양치기개로 길렀다.

흥미롭게도 게놈 분석 결과 케이넌 도그는 오래 전에 확립된 품종으로 나왔다. 연구자들은 암각화에 나오는 개가 케이넌 도그의 조상일 가능성도 있다고 언급했다. 즉 수렵채취인이 유목민이 되면서 사냥개도 양치기개로 '직업'을 바꾼 것이라는 말이다.

개가 21마리나 등장하는 암각화로 오른쪽은 원상태를 찍은 것이고 왼쪽은 파낸 부분을 흰색으로 칠해 눈에 잘 띄게 처리한 상태다. 이하 이미지는 처리한 상태만 보여준다. (제공 「인류학적 고고학 저널」)

앞의 그림은 한 장면에 가장 많은 개가 등장하는 암각화다. 왼쪽에 암말(말은 수천 년 뒤에야 가축이 된다)과 새끼가 보이고, 그 바로 앞에 사냥꾼이 활로 암말을 겨누고 있는데 주변을 개들이 둘러싸고 있다. 오른쪽에 또 다른 사냥꾼이 역시 활로 암말을 겨누고 있고 개 십여 마리가 사냥감을 향해 포진해 있다. 암말과 새끼의 입장에서는 절망적인 상황이다.

이 그림에서 주목할 장면은 개 세 마리가 목줄로 사냥꾼과 연결돼 있는 모습이다. 즉 사냥꾼은 목줄을 허리에 묶은 채 활시위를 당기고 있는데 이 개들은 다른 개들과 뭐가 다른 것일까. 이에 대해 저자들은 몇 가지 추측을 하고 있다. 먼저 '역할 분담론'으로 이 개들은 후각이 특히 발달해 사냥감을 추적하는 게 일이기 때문에 괜히 사냥감에 덤벼들었다가 다치면 안 되므로 목줄로 묶어둔 것이라는 해석이다. 다음으로 사냥꾼을 사냥감이나 다른 포식자의 공격으로부터 보호하기 위함이라는 '보디가드 가설'이다. 끝으로 나이가 들었거나 너무 어려 직접 사냥에 뛰어들기에는 무리인 개들을 챙긴 것이라는 해석이 있다.

한편 꽤 덩치가 큰 어미와 새끼를 목표로 하는 사냥 행태는 개와 사람의 협력이 가져다주는 이점을 잘 보여주고 있다. 말은 워낙 빠르기 때문에 사람 혼자 사냥하기는 힘들고 덩치가 꽤 커서 개가 어미를 공격하기도 쉽지 않다. 그런데 개가 새끼를 동반한 암말을 추격해 에워싸게 되면 어미는 새끼를 지키기 위해 도망치지 않기 때문에 사냥꾼의 손쉬운 표적이 된다. 그리고 개는 기회를 봐서 새끼를 물어 죽인다.

오른쪽 위의 그림은 염소의 근연종인 아이벡스ibex 두 마리(왼쪽과 가운데)가 개 여덟 마리에게 공격당하고 있는 장면이다. 아이벡스의 커다란 뿔이 잘 묘사돼 있다. 개들은 아이벡스의 목을 물어뜯고 있고 뿔의 방향

개들이 아이벡스를 공격하는 장면이다. (제공 「인류학적 고고학 저널」)

으로 봤을 때 고개가 이미 돌아간 상태라 죽음이 임박한 것으로 보인다. 한편 왼쪽 아이벡스의 경우 배도 공격을 받고 있다. 오른쪽 세 번째 아이벡스는 나중에 추가로 그린 것이다.

아래 그림은 가젤(영양)이 역시 개에게 둘러싸여 목을 물어뜯기는 장면으로, 위의 그림과 마찬가지로 사람은 등장하지 않는다. 이처럼 덩치가 크지 않고 민첩한 동물들은 개가 혼자 사냥하는 것과 마찬가지다. 개를 쫓아가기에 바쁜 사냥꾼은 개가 목을 물고 있는 사냥감에 다가가 명줄을 끊어 '마무리'를 하는 게 고작이었을 것으로 보인다.

개들이 가젤을 공격하는 장면이다. (제공 「인류학적 고고학 저널」)

뒷 페이지 마지막 그림의 사냥감은 덩치가 커다란 사자다. 왼편 사

사냥꾼과 개 두 마리가 커다란 수사자와 맞서고 있다. (제공 「인류학적 고고학 저널」)

냥꾼 한 명과 수캐 두 마리가 가운데 수사자와 마주하고 있다(생식기가 잘 묘사돼 있어 성별을 쉽게 판단할 수 있다). 그림에는 나오지 않지만 사자 뒤에도 개 다섯 마리가 더 있다. 이건 정말 사자 사냥 장면일까.

이에 대해 연구자들은 실제 장면을 묘사한 것일 수도 있고 사냥꾼의 용맹함을 드러내기 위한 상징적인 장면일 수도 있다고 해석했다. 다만 개를 동반한 사자 사냥을 언급한 문헌이 드물지 않다고 덧붙였다.

시프먼 교수의 주장에 따르면 호모 사피엔스는 이종동물(개)과 연합해 동족인 네안데르탈인을 몰아냈다. 그리고 뒤를 이어 이번엔 개가 이종동물(사람)과 연합해 동족인 늑대를 거의 절멸시켰다. 이처럼 각자 서로를 이용해 동족을 배반한 전력이 있기 때문에 오늘날 사람과 개가 이처럼 서로를 예외적인 존재로 여기며(채식주의자가 아닌 사람들도 대다수는 개고기를 안 먹는다!) 살아가는 게 아닌가 하는 생각이 문득 든다.

Part.2
핫 이슈

2-1
미세먼지가 치매도 일으킨다?

'삼한사미(三寒四微)'.

삼일은 춥고 사일은 따뜻하다는 우리나라 겨울날씨의 특징인 '삼한사온(三寒四溫)'을 대신하는 신조어로 삼일은 춥고 사일은 미세먼지가 심하다는 뜻이다. 언제부터인가 겨울이 오면 추위보다 미세먼지가 더 걱정이다. 미세먼지야 연중 시도 때도 없이 나타나지만 중국에서 난방이 시작되는 11월부터 이듬해 봄까지 그 빈도와 강도가 심해지기 때문이다. 이번 겨울 들어서도 몇 차례나 미세먼지로 하늘이 뿌옇게 됐다. 최근 조사결과를 봐도 겨울철 미세먼지의 80%가 중국발이라고 한다.

그런데 사실 미세먼지라는 게 나쁨 경보가 없다고 안심할 수 있는 건 아니다. 수치가 낮은 날에도 이동하는 차들이 많은 큰 도로 주변에는 배기가스나 타이어에서 나온 미세먼지가 꽤 되기 때문이다. 한마디로 오늘날 도시인들 가운데 다수는 고농도 미세먼지에 상시 노출돼 있다.

초미세먼지로 매년 420만 명 조기사망

의학저널 「랜싯」 2017년 5월 13일자에는 1990년부터 2015년까지 25년 동안 대기오염이 사람들의 건강에 미친 영향을 분석한 논문이 실렸는데 내용이 가히 충격적이다. 즉 대기 중 초미세먼지는 고혈압, 흡연, 당뇨, 비만에 이어 다섯 번째 사망위험인자로 2015년 한 해 동안 지구촌에서 초미세먼지 때문에 조기사망한 사람이 무려 420만 명에 이르러 전체 사망자의 7.6%를 차지했다. 이들의 평균 수명은 전체 평균 수명보다 무려 28년이나 짧다. 1990년 초미세먼지로 조기사망한 사람은 350만 명이었다. 참고로 입자 크기에 따라 10㎛(마이크로미터. 1㎛는 100만 분의 1m) 미만인 경우는 미세먼지(PM10)라고 부르고 2.5㎛ 미만인 경우는 초미세먼지(PM2.5)라고 부른다.

지구촌의 평균 '인구 가중 초미세먼지 농도'는 1990년 39.7㎍/㎥에서 2015년 44.2로 11.2% 높아졌다. 인구 가중 초미세먼지 농도란 실제로 사람들이 체감하는 값이다. 예를 들어 지구 평균의 초미세먼지 농도가 20㎍/㎥이더라도 사람이 몰려있는 좁은 땅은 50, 드문드문 사는 넓은 땅은 10이라면 실제 사람들이 느끼는 평균 농도는 40이라는 얘기다. 2015년 인구 가중 초미세먼지 농도 1위는 카타르로 107.3이나 된다. 우리나라에 큰 영향을 미치는 중국의 경우 인구 가중 초미세먼지 농도는 58.4다. 반면 캐나다나 뉴질랜드는 8이 채 안 되는 '청정국가'다.

초미세먼지로 조기사망하는 사람의 절반이 중국과 인도에서 나오는데, 각각 110만 명 내외다. 중국의 경우 초미세먼지가 첫 번째 사망위험인자이고 인도에서는 두 번째다. 아쉽게도 우리나라의 데이터는 못 찾았는데 지도를 보면 전체 사망자의 5.6~6.7%인 색깔로 칠해져 있어 2만

전체 사망자 가운데 초미세먼지로 사망한 사람의 비율을 나라별로 나타낸 지도다. 우리나라는 5.6~6.7%로 중국(8.6% 이상)보다는 낮지만 일본(4.1~4.4%)보다는 높다. (제공「랜싯」)

명에 가까울 것으로 보인다. 참고로 일본은 6만 명이다.

실제로 주변을 둘러보면 대기오염의 심각성이 피부로 느껴진다. 비염이나 천식 등 알레르기성 호흡기 질환은 물론 폐암도 꾸준히 늘고 있다. 2017년 12월 20일 보건복지부가 발표한 2014년 암 등록 통계 자료를 보면 폐암 발생이 전년 대비 2.7% 증가한 2만 4천여 건으로 전체 암에서 4위에 올랐다. 흡연율이 감소추세인 걸 감안하면 대기오염으로 눈을 돌리지 않을 수 없는 통계다.

그런데 대기오염은 호흡기 질환만 일으키는 게 아니다.「랜싯」논문을 보면 심혈관계질환도 큰 영향을 받는다. 하루가 멀다 하고 하늘이 뿌옇게 되니 우울증 같은 정신건강 문제도 나타날 수 있을 것이다. 그런데 최근 연구에 따르면 치매 같은 신경퇴행성질환이 발생할 가능성도 크게 높아진다고 한다. 한마디로 대기오염은 만병의 근원인 셈이다.

200나노미터 미만인 극미세입자가 특히 문제

학술지 「사이언스」 2017년 1월 27일자에는 "오염된 뇌(The Polluted Brain)"라는 제목의 4쪽짜리 장문 기사가 실렸다. 미세먼지에 장기간 노출될 경우 뇌가 파괴돼 신경퇴행성질환이 나타난다는 걸 보여준 여러 연구결과들을 소개하고 있다. 충격을 받은 필자는 기사에 소개된 논문들과 다른 관련 자료들을 찾아 읽어봤는데 상황이 심상치 않았다.

미세먼지가 폐뿐만 아니라 뇌에도 악영향을 미칠 수 있음을 보여준 본격적인 연구결과는 2002년 처음 나왔다. 멕시코 국립아동연구소의 신경과학자 릴리안 칼데론-가르시두에뇰라스Lilian Calderón-Garcidueñas 박사(현재는 미 몬타나대 교수) 팀과 미국, 캐나다 공동 연구자들은 대기오염으로 악명 높은 도시인 멕시코시티에서 사고로 죽은 똥개 32마리의 뇌를 검사했는데, 검사 결과 대기오염이 덜한 도시인 틀라스칼라의 개들(대조군)에 비해 멕시코시티의 개가 뇌에 문제가 많다는 사실을 발견했다.

즉 멕시코시티 개들의 뇌세포에는 염증 관련 분자의 수치가 높았고 손상된 뉴런(신경세포)과 교세포가 많이 보였다. 그리고 알츠하이머 치매의 지표인 베타아밀로이드 단백질의 침착도 관찰됐다. 개도 사람처럼 나이가 들면서 인지력이 떨어지는데 개중에는 치매 비슷한 증상을 보이는 경우도 있다. 즉 방향감각 상실과 수면장애에 심지어 주인을 잘 몰라보기도 한다. 따라서 이 실험 결과는 대기오염이 사람에서도 치매 같은 신경퇴행성질환의 위험성을 높일 수 있음을 시사하고 있다.

연구자들은 대기오염원 가운데 미세먼지와 오존이 이런 증상을 일으키는 주원인이라고 주장했다. 특히 지름이 0.2마이크로미터(200나노미터) 미만인 극미세입자가 문제다. 이런 입자들은 숨을 쉴 때 폐 깊숙이 들

대기오염물질의 침입 경로

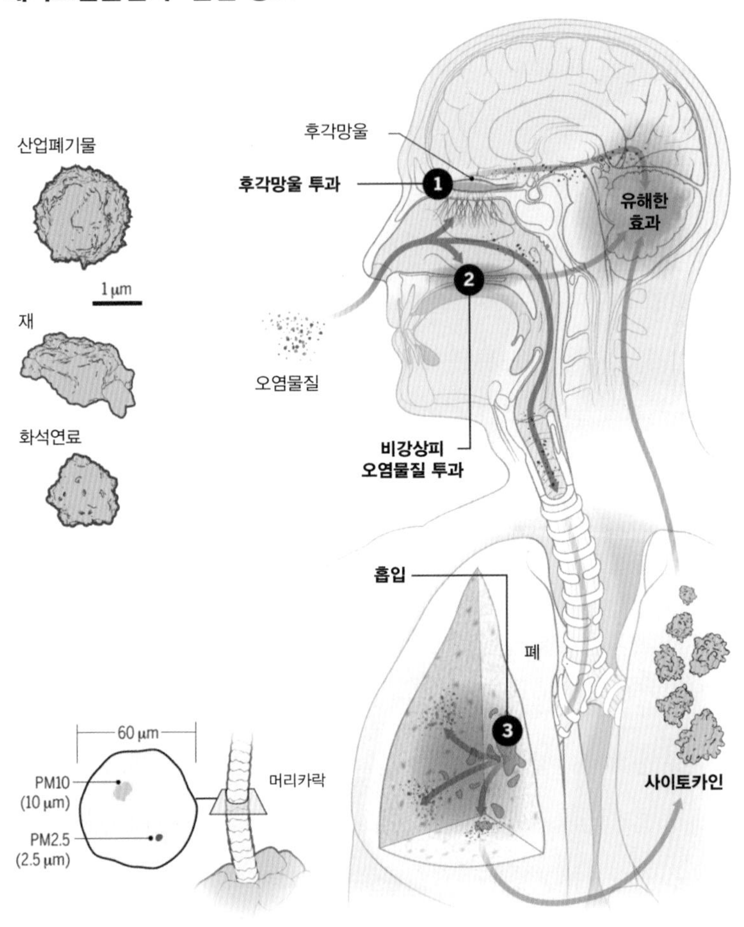

대기오염물질은 뇌에도 문제를 일으킬 수 있다. 숨을 들이쉴 때 비강을 통해 기관지를 거쳐 폐에 들어가 염증반응이 일어나면 뇌까지 영향을 미칠 수 있기 때문이다(3). 그런데 최근 연구결과에 따르면 비강상피에 염증을 일으켜 뇌를 손상시키거나(2) 심지어 후각망울을 통해 뇌로 직접 침투해 알츠하이머병 같은 신경퇴행성질환을 일으킬 수 있다는 사실이 밝혀지고 있다(1). 대기오염물질은 입자 크기에 따라 10마이크로미터 미만은 미세입자(PM10), 2.5마이크로미터 미만은 초미세입자(PM2.5)로 나뉘는데 입자가 작을수록 더 위험하다. 특히 초미세입자 가운데서도 0.2마이크로미터 미만인 극미세입자는 뇌에 직접 침투할 수도 있다는 것이다. (제공「사이언스」)

어가 세포에 침투한 뒤 다른 세포로 확산돼 사이토카인cytokine 분비를 비롯한 염증반응을 일으킨다.

결국 혈관을 따라 뇌까지 들어온 사이토카인이 뇌에도 비슷한 작용을 하면서 문제가 생겼다는 것이다. 그 뒤 칼데론-가르시두에놀라스 박사는 멕시코시티에서 사고로 죽은 어린이와 젊은이의 뇌를 조사했고 과도한 염증과 단백질 침착 등 개의 경우와 비슷한 상태임을 확인했다. 그 뒤 세계 곳곳에서 비슷한 연구가 이어졌고 대다수에서 비슷한 결론을 내리고 있다.

도로변에는 미세먼지 상존

한편 「랜싯」 2017년 2월 18일자에는 국소적인 대기오염과 치매의 관련성을 밝힌 대규모 역학조사 결과를 보고한 논문이 실렸다. 캐나다의 홍 첸Hong Chen 박사팀 등 공동연구자들은 온타리오주에 살고 있는 성인 대다수에 해당하는 660만 명을 대상으로 한 장기적인 역학조사 자료를 분석했다. 그 결과 거주지가 차가 많이 다니는 주도로에서 50m 미만 거리일 경우 200m 이상인 경우에 비해 치매에 걸릴 위험성이 12% 더 높은 것으로 드러났다. 고령사회가 되면서 치매에 걸릴 위험성 자체가 워낙 높아지기 때문에(85세 이상에서 대략 40%) 환자수로는 상당한 차이다.

그렇다면 대기오염은 어떻게 뇌에도 악영향을 미치는 걸까. 앞에도 잠깐 언급했듯이 대기오염물질 가운데서도 미세먼지, 그 가운데서도 크기가 200나노미터 미만인 극미세입자가 주범으로 여겨지고 있다. 극미세입자는 초미세먼지 가운데서도 아주 작은 것들이다.

캐나다에서 진행된 대규모 역학조사에 따르면 큰 도로에서 50m 이내에 사는 사람들은 200m 이상 떨어져 사는 사람들에 비해 치매에 걸릴 위험성이 12% 더 높다. 대기오염이 치매의 원인이 될 수 있다는 뜻이다.

가장 상식적인 설명은 폐로 들어간 미세먼지가 염증반응을 유발해 그 영향이 뇌까지 파급된 결과라는 것이다. 여기에는 비강의 상피세포에 침투한 미세먼지가 일으키는 염증반응도 포함된다. 그런데 최근에는 극미세입자가 뇌로 직접 들어가 문제를 일으킨다는 증거가 하나둘 나오고 있다. 즉 숨을 들이쉴 때 비강으로 들어간 극미세입자가 후각망울을 거쳐 신경을 타고 뇌로 들어간다는 것이다. 후각망울olfactory bulb은 냄새분자를 감지하는 수용체가 있는 세포로 이루어진 구조로 점막이 덮여있다.

2016년 9월 영국 연구자들은 사람의 뇌에서 자철석 나노입자를 발견했다고 「미국립과학원회보」에 발표했다. 이들은 멕시코시티와 랭커스터에 살았던 사람 37명의 전두피질을 조사해 주로 자동차 엔진의 연소과정에서 나오는 자철석 나노입자를 발견했다. 연구자들은 숨을 쉴 때 후각망울로 들어간 자철석 나노입자가 주변 전두피질로 유출된 것으로 추정했다.

흥미롭게도 후각은 치매와 밀접한 관계가 있다. 후각감퇴증은 치매의 주된 전조증상으로 알려져 있고 기억력 감퇴에도 연관돼 있다. 극미세입자가 후각계를 통해 침투해 뇌에 손상을 일으켜 치매를 유발한다는 메커니즘이 그럴듯해 보이는 이유다.

사우스캘리포니아대의 역학자 지우치우안 첸Jiu-Chinan Chen 박사는 최근 연구결과를 바탕으로 전 세계 치매 환자 발생의 21%가 대기오염 때문이라고 주장했다. 한편 지난 2014년 세계보건기구WHO는 흡연이 알츠하이머병 발생원인의 14%를 차지한다고 발표한 바 있다. 흡연을 통해서도 무수한 미세입자가 우리 몸으로 들어간다. 미세입자가 치매 발병의 3분의 1을 차지하는 셈이다.

대기오염은 우리가 '통제할 수 있는' 질병위험요인 가운데 9위를 차지하고 있다. 운동 부족과 나트륨 과잉섭취, 높은 콜레스테롤 수치, 마약 복용 등보다도 순위가 높다. 미세입자와 치매의 연관성 연구를 이끌어온 칼데론-가르시두에놀라스 교수는 「랜싯」 2월 18일자에 실린 해설 말미에서 "수십 년이 지나고 발생할 사태에 대응하는 것보다 지금 예방적인 대응책을 실행해야 한다"고 촉구했다.

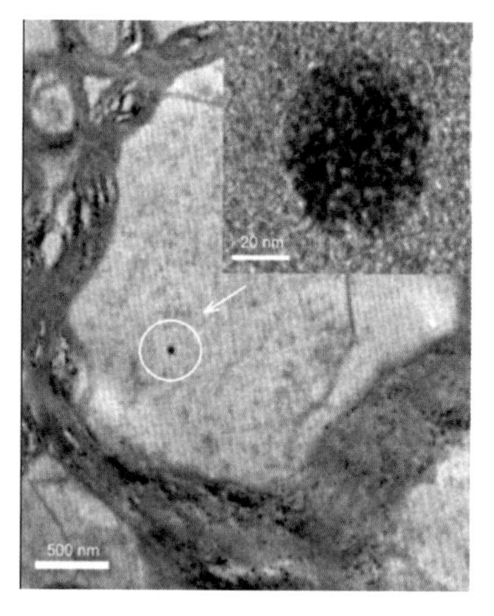

자동차 엔진에서 연료가 연소할 때 발생하는 자철석 나노입자(극미세입자)가 사람의 뇌(전두피질)에서 발견됐다는 연구결과가 2016년 발표됐다. 연구자들은 이 입자가 후각망울을 통해 들어온 것으로 추정했다. 세포내 자철석 나노입자(오른쪽 위는 확대이미지)의 전자현미경 사진. (제공 「미국립과학원회보」)

배기가스 기준 강화되자 효과 나타나

미세먼지와 관련해 다소 희망적인 내용을 담은 연구결과도 있다. 예를 들어 학술지 「네이처」 2017년 5월 25일자에는 디젤자동차 시장 규모 상위 11개 나라(유럽연합을 한 나라로 간주)의 질소산화물 배출량에 관한 경향을 분석한 논문이 실렸다. 우리나라를 포함한 11개 나라의 디젤차량 배기가스 배출량은 대형차의 경우 세계의 3분의 1에 가깝고 소형차의 경우 절반이 넘는다.

연구자들은 2015년 독일 자동차회사인 폭스바겐의 디젤게이트, 즉 디젤차량 배기가스 조작 사건을 계기로 디젤차량에서 나온 실제 배출량과 규제에 따른 이론적인 배출량의 차이를 산출했다. 분석 결과 2015년 한 해 동안 460만 톤이 추가로 배출됐고 이에 따라 3만8000여 명이 추가 배출가스에서 비롯된 초미세먼지나 오존으로 인해 조기사망한 것으로 나타났다. 디젤차량 배기가스에 포함된 질소산화물은 초미세먼지나 오존의 재료다.

그나마 다행스러운 건 디젤차량에 대한 규제가 강화되면서 차량의 질소산화물 배출량이 크게 줄어들고 있다는 점이다. 예를 들어 중국의 경우 유럽연합의 경유차 배기가스 규제 단계를 칭하는 '유로 4(2005년)'나 '유로 5(2009년)'의 규제를 받을 때 생산된 버스의 실제 배출량이 규제 기준보다 4~4.5배 더 많았다. 반면 더 엄격한 '유로 6(2014년)'의 규제를 받을 때 생산된 버스는 실제 배출량이 규제 기준의 1.5배에 불과해 버스 한 대당 배출량이 10분의 1 수준으로 줄었다.

연구자들은 앞으로 유로 6보다 더 강력한 규제가 나올 것으로 예상했고 이게 잘 지켜질 경우 2040년에는 디젤차량의 질소산화물로 인한 초미세먼지와 오존 관련 사망자수를 17만4000여 명 줄일 수 있을 것으로 예상했다.

미세먼지 농도 평가, WHO 기준으로 바꿔야

「네이처」 2017년 11월 16일자에는 독일 막스플랑크화학연구소의 대기화학자 요스 렐리벨드Jos Lelieveld와 울리히 푀슐Ulrich Pöschl의 기고문이 실렸다. 필자들은 이 글에서 WHO의 기준이 더 강화돼야 한다고 주장했다. 현재 WHO의 초미세먼지 가이드라인은 연평균 10㎍/㎥인데 최근 연구에 따르면 안심할 수 있는 기준선이 기존의 5.8~8.8에서 2.4~5.9로 확 낮아졌기 때문이다. 지구촌의 90% 이상이 현재 가이드라인인 연평균 10보다 높은 공기를 마시며 살고 있는 걸 감안하면 가혹한 수치다.

이런 상황임에도 우리나라는 WHO 기준보다 훨씬 느슨한 기준을 유지해왔다. TV나 신문에 나오는 미세먼지 농도는 한국환경공단이 제시한 기준으로 WHO의 기준보다 훨씬 느슨하다. 예를 들어 미세먼지 '보통'은 환경공단이 31~80㎍/㎥이고 WHO가 31~50이다. 초미세먼지의 경우 '보통'은 환경공단이 16~50㎍/㎥이고 WHO가 16~25이다. 우리나라에 WHO 기준을 적용해 미세먼지가 51~80 또는 초미세먼지가 26~50인 날을 '보통'에서 '나쁨'으로 바꾼다면 겨울과 봄엔 보통인 날보다 나쁨인 날이 더 많을 것이다.

그렇더라도 WHO 기준으로 강화해 경각심을 높이고 적극적인 대응책 마련에 나서야겠다. 해가 갈수록 심각해지는 미세먼지 문제에 대해 언제까지나 중국 탓만 할 수는 없지 않겠는가.

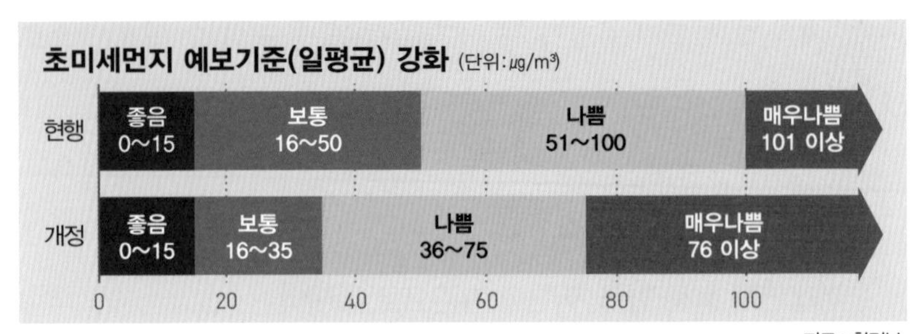

2018년 3월27일부터 우리나라의 초미세먼지 기준이 강화됐다.

PS. 2018년 3월 27일부터 우리나라의 초미세먼지 기준이 미국, 일본 수준으로 강화됐다. 이에 따르면 '나쁨'은 51~100㎍/㎥에서 36~75로 강화된다. WHO 기준에는 약간 못 미치지만 경각심을 높이는 데는 효과가 꽤 있을 것이다.

2-2
살충제 내성은 어떻게 생기는 걸까?

농업혁명은 자연과의 긴밀한 공생을 내던지고 탐욕과 소외를 향해 달려간 일대 전환점이었다.

– 유발 하라리, 『사피엔스』에서

고기를 별로 먹지 않는 필자에게 하루 한두 개 먹는 달걀은 단백질과 지방의 주요 공급원이다. 그런데 값싸고 흔한 달걀이 지난 1년 동안 끊임없이 뉴스에 오르내리고 있다. 최악의 조류독감으로 닭 수천만 마리가 매몰되면서 달걀을 외국에서 수입하는가 하면 최근에는 살충제 달걀 파동으로 소비자들이 달걀을 외면하고 있다. 달걀 하나도 마음대로 먹을 수 없는 세상인 것 같아 씁쓸하다.

그런데 살충제 달걀 사태를 지켜보니 이게 단순히 달걀의 문제가 아니라 농업 전반의 위기일지도 모르겠다는 생각이 든다. 순한(인체에 해가 적은) 살충제를 이것저것 다 써봤지만 소용이 없어 독성이 강한 살충제를 쓸

넓은 경작지에 경비행기로 농약을 살포하는 장면은 산업화된 현대 농업을 상징한다. 하지만 농약 내성이 점점 심각해지면서 오늘날 농업은 위기를 맞고 있다. (제공 위키피디아)

수밖에 없었다는(그리고 수의사도 추천했다는) 양계농장주의 인터뷰가 회피성 변명으로만 들리지 않았다.

학술지 「네이처」 2017년 3월 16일자에는 "농약이 한계에 다다랐을 때(When the pesticides run out)"라는 제목의, 농약 내성의 현주소와 그 해결책을 다룬 심층기사가 실렸다. 여기서 잠깐 용어정리를 하면 농약이라고 번역한 pesticide의 pest는 해충이나 유해동물 같은 사전적인 의미가 아니라 '인간이 존재하기 원하지 않는 생물체'를 뜻한다. 즉 잡초나 미생물도 포함되는 개념이다. 농약은 죽이는 생물의 유형에 따라 살충제insecticide, 제초제herbicide, 제진균제fungicide 등으로 나눌 수 있다.

화학이 이끈 농업혁명의 뒤끝

1만여 년 전 인류는 식물을 작물로 만들고 동물을 가축화하면서 농업을 시작해 먹을거리를 찾아 이곳저곳 떠도는 생활을 청산했지만(유발 하라리는 '농업혁명'이라고 부른다) 그 대가는 혹독했다. 즉 노동량이 크게 늘었는데 그 가운데 사람에 의존하게 된 동식물들을 공격하는 생명체, 그래서 인간이 존재하기 원하지 않는 생물체를 관리하는 일이 큰 비중을 차지했다. 주된 작업은 잡초를 뽑는 일이었는데 벌레나 미생물은 돌려짓기(윤작)나 섞어심기 같은 방법 외에는 마땅한 대처법이 없었기 때문이다. 그럼에도 이들 생물체 역시 천적이나 치명적인 기생생물이 있었기 때문에 농사를 아예 망치게 하는 일은 드물었다.

그런데 20세기 들어 화학이 농업에 개입하면서 새로운 국면이 전개됐다. 화학비료와 농약이 등장하면서 농업생산성이 비약적으로 높아지자 농업은 거대산업이 되었고, 농부들은 더 이상 돌려짓기나 섞어심기 같은 귀찮은 일은 하지 않아도 됐다. 밀이나 옥수수 같은 단일 작물이 광활한 들판을 뒤덮었고, 경비행기가 농약을 뿌리는 광경이 일상이 됐다.

그러나 농약에 대한 내성이 생긴 생명체들이 등장하면서 사태가 뒤바뀌기 시작했다. 미국의 경우 1940년대에 이미 농약 내성으로 농작물의 7%를 잃었고 1990년대에는 13%에 이르렀다. 이 기간 동안 수많은 새로운 농약이 등장했고 살포량도 훨씬 많아진 걸 생각하면 미미한 증가는

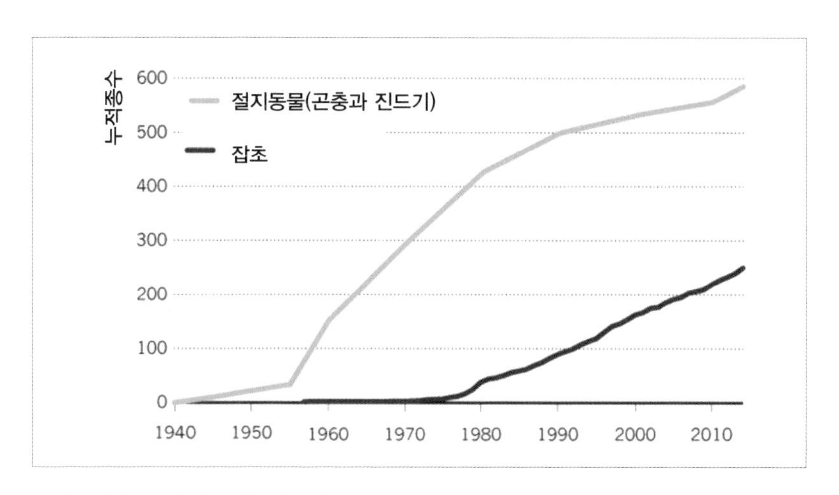

한 가지 이상의 농약에 내성을 지닌 절지동물(연두색 선)과 잡초(짙은 녹색 선)의 종수를 나타낸 그래프. 지난 수십 년 사이 내성이 급증했음을 알 수 있다. (제공 「네이처」)

아니다. 더 걱정스러운 건 2000년대 들어 작용 메커니즘이 완전히 새로운 유형인 농약이 더 이상 나오지 않고 있다는 사실이다. 따라서 농약 내성을 지닌 생명체의 비율이 늘어날수록 농작물 피해는 비례해 커질 것이다. 심층기사의 제목이 "농약이 한계에 다다랐을 때"인 이유다.

실제 한 가지 이상의 농약에 대해 내성을 지닌 것으로 보고된 생명체의 종수가 꾸준히 늘고 있다. 벨기에 브뤼셀에 있는 크롭라이프인터내셔널CropLife International이라는 기관의 집계에 따르면 현재 절지동물 586종, 곰팡이 235종, 잡초 252종이 한 가지 이상의 농약에 대해 내성을 지니는 것으로 확인됐다. 그렇다면 농약 내성은 어떻게 생기는 걸까.

해독 효소가 몸무게 1%에 이르기도

인류의 건강을 위협하는 병균의 항생제 내성과 본질적으로 같다. 즉 농약이 선택압으로 작용해 이에 대처할 수 있는 유전자를 지닌 개체가 '자연선택'되어 우점종이 되는 과정이다. 살충제 달걀을 '기념'해 살충제 내성의 유형을 살펴보자.

먼저 해독 메커니즘을 강화하는 방향의 변이로 해독 유전자의 복제 수를 늘리거나 발현량을 늘려 살충제에 대응한다. 해충 몸의 입장에서 살충제 성분은 낯선 분자, 즉 '생체이물xenobiotic'이다. 참고로 어떤 생명체의 몸을 이루는 성분이 아닌 모든 화합물은 생체이물이다.

소화계는 영양분을 소화해 흡수하고 찌꺼기를 배출하는 것뿐 아니라 이런 생체이물도 적절하게 대사해 처리하는 임무도 맡고 있다. 따라서 생체이물 분자를 파괴하거나 변형시켜 배출하는 데 관여하는 효소 유전자들이 꽤 된다. 만일 특정 농약에 대해 이를 처리하는 데 관여하는 유전자의 복제수가 많아지거나 발현량이 늘어난다면 해독 능력이 커져 웬만한 농도에는 버틸 수 있게 된다.

예를 들어 유기인계 살충제에 내성을 갖게 된 복숭아혹진드기*Myzus persicae*를 조사해보니 살충제 분자를 분해하는 효소인 에스터라제esterase 유전자가 무려 80개나 되는 것으로 밝혀졌다. 이렇게 복제수가 엄청나게 늘어난 결과 에스터라제 효소가 진드기 몸무게의 1%에 이를 정도가 됐고 따라서 살충제를 들이부어도 죽지 않게 된 것이다.

살충제의 대명사인 DDT 역시 사용하고 오래지 않아 내성을 지닌 생명체들이 나타났는데 조사결과 CYP6G1 유전자에서 발현을 조절하는

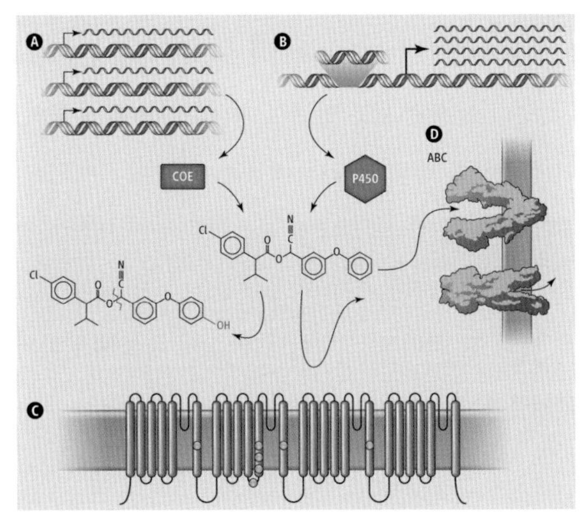

살충제 내성은 여러 경로로 일어난다. 먼저 해독 유전자의 복제수가 늘어나는 경우다. 예를 들어 이렇게 해서 COE 효소가 많이 만들어지면 살충제를 재빨리 분해할 수 있다(A). 또는 유전자 발현을 조절하는 부위에 전이성인자가 끼어들어가면서 유전자 발현이 크게 는다. P450 효소의 경우 살충제 분자를 변형시켜 쉽게 배출되게 한다(B). 한편 살충제의 표적이 되는 생체단백질 유전자에 변이가 생겨 단백질 구조가 달라지면 살충제가 달라붙지 못해 내성이 생긴다(C). 세포내 이물질(살충제)의 배출을 담당하는 ABC수송체의 활성이 커져도 내성이 생길 수 있다(D). (제공 「사이언스」)

부위인 프로모터promoter에 전이성인자transposable element가 끼어들어가 발현량을 크게 늘려 유전자 산물인 P450 단백질이 많이 만들어진 것으로 밝혀졌다. P450은 살충제에 수산기(-OH)를 붙여 배출이 잘 되는 형태로 바꾸는 해독 효소다.

살충제의 표적이 되는 생체분자 유전자의 돌연변이로 분자의 구조가 바뀌어, 살충제가 달라붙지 못하게 돼 내성을 획득하는 경우도 있다. 앞서 언급한 복숭아혹진드기는 이번 살충제 달걀 파동에서 검출된 비펜트린bifenthrin이 속하는 피레트로이드pyrethroid계 살충제에도 내성을 보인다. 피레트로이드는 절지동물 신경계의 나트륨통로sodium channel 단백질에 달라붙어 통로가 열리지 못하게 하는데, 그 결과 신경신호가 차단돼 몸이 마비된다. 그런데 나트륨통로의 유전자에 변이가 생겨 단백질의 구조가 바뀌자 살충제가 제대로 달라붙지 못하게 되면서 내성을 얻게 된 것이다.

한편 세포 내 물질을 세포 밖으로 퍼내는 ABC수송체의 유전자 복제수가 늘어 살충제를 빨리 내보내 내성을 획득하는 예도 보고됐다. 한 개체에서 여러 가지 방식으로 살충제 해독력을 높인 내성 해충들이 늘면서 살충제가 말을 안 듣자 농민들이 투여량을 크게 늘리거나 독성이 큰 다른 종류를 찾게 된 것이다. 그렇다면 살충제 내성이 악화되는 상황을 어떻게 해결해야 할까.

GMO의 두 얼굴

먼저 새로운 유형의 살충제를 만드는 방법인데 그런 분자를 찾아내기도 어렵고 설사 운 좋게 만들었다고 하더라도 지금까지 경험으로 봤을 때 내성을 띠는 생명체가 나오는 건 시간의 문제일 것이다. 따라서 많은 과학자들이 전혀 새로운 작동 방식을 보이는 살충제 개발로 눈을 돌리고 있다.

먼저 바이오살충제다. 사실 바이오살충제도 꽤 오랜 역사가 있다. 1901년 일본 세균학자 시게타네 이시와타가 죽은 누에의 몸속에서 발견한 토양 박테리아 바실러스 투린지엔시스*Bacillus thuringiensis*(이하 줄여서 Bt)는 훗날 곤충을 죽이는 것으로 밝혀졌다. 즉 Bt가 만든 Cry단백질이 몇몇 곤충의 장세포막을 뚫고 들어가 구멍을 낸다. 결국 장이 망가진 곤충(애벌레)은 먹이를 먹지 못해 죽는다.

Bt는 바이오살충제로 오랫동안 쓰였지만 다루기가 꽤 번거로웠는데, 1996년 농약회사 몬산토Monsanto가 Cry유전자를 집어넣은 옥수수(Bt 옥수수)를 출시하면서 본격적인 농산물 GMO시대를 열었다. 식물 자체가 Cry단백질을 만들어 해충에 대응하므로 따로 Bt 바이오살충제를 뿌릴 필요가 없는 것은 물론, 합성살충제도 거의 쓸 필요가 없다. 실제 미국의 옥수수 경작지에 뿌려진 합성살충제의 양은 Bt 옥수수의 비율이 늚에 따라 감소했다. 그러나 Bt 옥수수는 GMO 유해성 논란을 불러일으켰고 최근에는 Cry단백질에 내성을 지닌 해충들도 나오고 있다.

최근 연구자들은 새로운 유형의 바이오살충제를 개발하고 있다. 예를 들어 마론바이오이노베이션스Marrone Bio Innovations라는 회사에서는 1만8000종의 미생물 게놈을 분석해 해충을 죽일 수 있는 물질을 만드는 미생물을 선별해 이미 5가지 제품을 시장에 내놓았다. 이렇게 선별된 미생물인 부르크홀데리아*Burkholderia*의 한 균주는 다양한 유형의 농약 분자를 만들 수 있다.

RNA 가닥이 저승사자

다음으로 RNA간섭RNAi 살충제다. 2006년 노벨생리의학상 업적이기도 한 RNA간섭은 염기 20여 개 길이의 짧은 RNA가닥이 상보적인 염기서열이 있는 전령RNAmRNA에 달라붙어 파괴해 단백질로 번역되지 못하게 하는 현상이다. 따라서 해충의 유전자를 표적으로 한 RNA가닥을 만들어 살충제로 쓴다는 전략이다.

1990년대 RNA간섭 현상이 발견된 뒤 인간의 질병 치료에 큰 도움이 될 것으로 여겨졌지만 인간 세포에 RNA조각을 넣는 일이 꽤 까다로운 것으로 드러났다. 반면 절지동물의 경우는 RNA를 먹이면 장에서 쉽게 흡수되는 것으로 밝혀졌다. 또 농작물에 농약을 치듯 RNA조각이 든 물을 뿌려주면 식물이 뿌리로 흡수하고 이를 먹은 해충이 RNA간섭으로 죽게 된다.

RNA간섭이 기대를 받는 이유는 특정 염기서열을 표적으로 하므로 다른 생물체에 해를 끼칠 가능성이 낮기 때문이다. 또 해충이 내성을 획득할 경우 변이에 맞춰 RNA가닥을 새로 만들면 되므로 해충으로서는 죽을 맛이다.

몬산토는 꿀벌의 해충인 진드기*Varroa destructor*와 유채를 공격하는 벼룩잎벌레를 표적으로 하는 RNA간섭 살충제를 개발하고 있는데 2020년 중반쯤 시장에 나올 것으로 예상하고 있다. 한편 또 다른 거대 농약회사인 신젠타Syngenta는 콜로라도감자잎벌레를 대상으로 RNA간섭 살충제를 개발하고 있는데 2020년 초 출시를 목표로 하고 있다.

한편 최신 기술뿐 아니라 과거 조상들의 지혜도 되살려야 한다는 목소리가 높다. 즉 생산성은 좀 떨어지더라도 돌려짓기와 섞어심기를 통해 해충들이 '예측 가능한' 환경에서 편안하게 번식할 수 없게 해야 한다는 것이다. 또 과일나무의 경우 가지치기를 제때 해 공기가 잘 통하고 햇빛이 충분히 들어오게 해야 곰팡이 감염 위험성을 낮출 수 있다. 또 과수 사이에 자생하는 풀들(잡초)이 자라게 두면 천적의 서식지가 돼 해충의 수를 조절할 수 있다고 한다.

아무튼 최신 농약과 전통 농법을 총동원해 머리를 짜야 '농약이 한계에 다다랐을 때'에도 농업은 계속 살아남을 수 있다는 얘기인데 만만치 않은 일로 보인다. 인류가 농사를 짓기 시작한지 1만 년이 흘렀지만 농부의 고민은 그때나 지금이나 여전한 것 같다는 생각이 문득 든다.

2-3
과학 재현성 위기, 답이 없다?

의학의 발전 속도를 끌어올리려면 생명의학연구는 오히려 속도를 늦춰야 한다. 즉 진행하는 프로젝트 수를 줄이고 하나하나를 좀 더 엄밀히 수행해야 한다.

– 리처드 해리스, 『사후경직』에서

자연과학, 특히 실험과학이 다른 학문에 비해 엄격하다고 여겨지는 이유는 재현성에 있다고들 한다. 즉 언제 어디서 누가 실험을 하든 같은 재료와 장치를 써서 원 논문에 나와 있는 방법대로 하면 같은(적어도 꽤 비슷한) 결과가 나오기 때문이다. 미국 과학자들이 얻은 실험결과와 한국 과학자들이 얻은 실험결과가 다르다면 과학이 아니라는 말이다. 과학자들이 최초의 발견자로 인정받기를 그렇게 원하는 이유이기도 하다.

그런데 언제부터인가 과학계에서 '재현성 위기reproducibility crisis'라는 말이 들리고 있다. 특히 생명과학 분야에서 두드러지는데 얘기를 들어보면 상황이 꽤 심각한 것 같다. 즉 유명한 학술지에 논문을 실으려고 데이터를 조작한 결과라면 개인의 도덕성 문제로 취급할 수 있지만 많은 경우 연구자의 '게으름과 무식함'이 재현성 없는 실험결과들을 양산한다고 한다. 여기서 말하는 게으름은 느지막이 실험실에 나와 두세 시간 실험하는 척하다 슬쩍 퇴근하는 그런 게 아니다. 주말도 없이 매일 밤 12시까지 실험하는 사람도 게으를 수 있다. 무식함 역시 아무 생각 없이 보스가 시키는 대로 일하는 사람을 의미하는 게 아니다. 연구주제에 대해 고도의 지식을 지닌 사람도 무식할 수 있다.

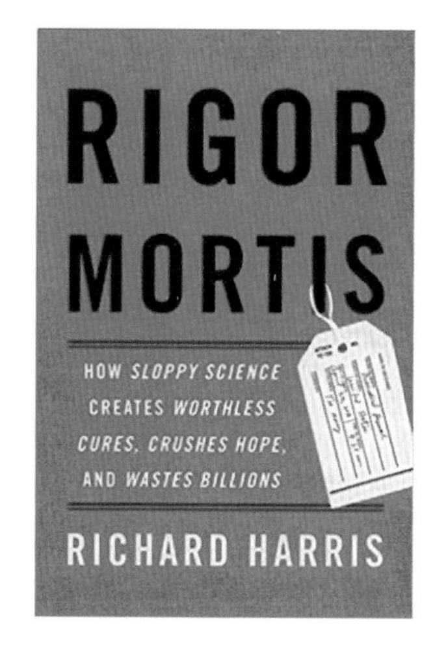

과학계에 만연한 재현성 위기를 파헤친 책『사후경직』이 최근 출간돼 화제가 되고 있다. (제공 amazon.com)

여전히 암이 정복되지 않고 있는 이유

생물의학biomedicine을 중심으로 과학의 재현성 위기를 실감나게 그린 책『사후경직(Rigor Mortis)』이 2017년 4월 출간돼 화제가 되고 있다. 미국 공영라디오의 과학저널리스트인 리처드 해리스Richard Harris는 이 책에서 엉성한 과학이 양산해낸 쓸모없는 연구결과들 때문에 아까운 국민 세금 수십억 달러가 낭비되는 현실을 폭로하고 있다. 갖고 있으면 언젠간 쓸데가 있을 것 같아 주문해 서문이나 읽어보자고 책을 펼쳤다가 너무 재미있어서(이러면 안 되는데…) 끝까지 다 봤다.

먼저 책의 제목인 의학용어(라틴어) '사후경직'이 재현성 위기와 무슨 관계가 있는지 의아한 독자가 있을 텐데 영어를 생각하면 이해가 된다. '굳다(경직)'는 뜻의 라틴어 rigor에서 '엄격함'을 뜻하는 영어 rigor가 나왔다. 즉 오늘날 재현성 위기는 실험할 때(살아있을 때) 엄격함이 없는 데서 비롯됐다는 뜻이다.

1986년부터 과학기자로 일하며 주로 의학 분야를 다룬 저자는 어느 날 문득 의문에 사로잡힌다. '획기적인 항암제' 같은 요란한 연구성과들이 그렇게 많이 나왔음에도 왜 의학의 발달은 이렇게 더딘 것일까. 연구 발표대로라면 암은 벌써 몇 번은 정복됐어야 하지 않을까. 리처드 해리스는 생물의학 분야의 적지 않은 연구자들이 이미 같은 의문을 제기했고 재현성 없는 부실한 실험을 주원인으로 꼽는다는 사실을 발견하고 본격적으로 취재에 들어가 이 책을 완성했다.

해리스는 재현성 위기 원인을 크세 세 가지로 보고 있다. 먼저 과학자들의 게으름과 무식함으로 고의성은 없다. 다음으로 데이터 조작 같은 도덕적 타락이다. 끝으로 오늘날 상황을 이런 방향으로 이끌어가는 과학계의 구조적인 문제다. 이런 요인들이 얽히면서 과학논문의 질이 형편없이 떨어지고 있다는 것이다.

엉뚱한 세포를 사용한 논문 7,000편 넘어

과학자의 게으름과 무식함이 재현성의 문제로 이어진다는 인식이 있기 전에 과학자들은 자신들이 그런지도 몰랐다. 배운 대로 했을 뿐 결코 게으름을 피우지 않았기 때문이다. 그런데 의심 없이 해오던 실험 방법 곳곳에 치명적인 문제가 숨어있다는 사실이 하나둘 밝혀지면서 이런 실험에서 얻은 데이터가 쓰레기일 뿐이라는 충격적인 결론에 이르고 있다. 그럼에도 여전히 적지 않은 과학자들은 이런 사실을 외면하고 심지어 이런 문제가 제기되고 있다는 사실조차 모른 채 하던 대로 일하고 있다.

예를 들어 신약이 개발되는 과정을 보면 먼저 동물실험으로 약효와 부작용을 검토해 추린 뒤 사람을 대상으로 임상에 들어간다. 그런데 동물실험이 임상시험에서도 재현돼 성공할 확률은 극히 낮다. 엄청난 연구비를 쏟아 붓고도 성과가 초라한 이유다. 실제 미국 식품의약국FDA의 신약허가 건수는 1950년대 이래 줄곧 하향곡선을 그리고 있다.

이 과정을 자세히 들여다본 결과 많은 경우 동물실험 과정이 문제투성이인 것으로 밝혀졌고 따라서 이를 토대로 진행된 (비용이 많이 드는) 임상시험은 실패가 예정된 수순이었다. 한 조사에 따르면 미국에서 해마다 280억 달러(약 30조 원)가 이런 식으로 낭비되고 있다.

동물실험의 문제는 크게 두 가지로 볼 수 있는데 하나는 설계의 문제로 실험동물의 숫자가 너무 적거나(시간과 비용을 아끼기 위해) 연구자의 편견이 개입된 경우다(예를 들어 도망치거나 공격하는 동물은 피하고 온순한 동물을 잡아서 실험에 이용한다). 한편 예상치 못한 변수도 드러나고 있는데 생쥐의 경우 케이지(우리)를 사육장 어디에 두느냐에 따라 생리적 차이가 생기고(불빛 가까이 있는 경우 스트레스를 많이 받아 면역력이 낮다), 심지어 실험자가 남자냐 여자냐에 따라서도 영향을 받는다. 따라서 이런 요인이 약물보다 더 큰 변수가 될 수 있다.

다음으로 구조적인 문제다. 실험동물과 사람은 생리가 워낙 달라 동물실험을 제대로 했더라도 사람에서 결과가 재현된다는 보장이 없다.

심지어 생쥐mouse를 대상으로 한 실험결과가 같은 설치류인 쥐rat에서 재현되는 경우가 60%에 불과하다는 연구결과도 있다. 역으로 말하면 동물실험에서 약효가 없거나 부작용이 커 탈락한 약물 후보 가운데 사람에게 썼다면 기적의 약물로 평가됐을 것들도 분명 있을 거란 말이다.*

저자는 아스피린을 예로 들고 있는데, 지금 신약개발 방식을 따랐다면 결코 시장에 나오지 못했을 것이라고 말한다. 사실 1950년대에 지금보다 훨씬 더 많은 좋은 약물들이 나온 것도 당시에는 동물실험 없이 사람을 대상으로 바로 약물 효과를 시험하는 경우가 많았기 때문이라고 한다. 물론 오늘날 결코 적용할 수 없는 방식이다. 대신 최근 연구자들은 줄기세포로 만든 인공장기를 대상으로 한 실험을 주목하고 있고, 최근 FDA도 인체의 장기를 모방한 칩organ-on-a-chip으로 독성실험을 한 결과를 인정할지 여부에 대한 검토에 들어갔다.

다음으로 실험에 쓰인 재료나 장비의 문제다. 생물의학 분야의 연구자 대다수는 물리학이나 화학에 대한 지식이 깊지 않기 때문에 다른 실험실이나 업체에서 공급하는 실험 재료나 장비를 믿고 쓰는데 여기서 문제가 있을 경우 실험 데이터 전체가 무의미해지기도 한다.

세포 오염 문제를 예로 들어보자. 항암물질을 스크린할 때 특정 암세포를 배양해 효과를 보는 경우가 많다. 그런데 어딘가에서 착오가 생겨 엉뚱한 암세포로 실험을 했다면? 실제 후두암 조직에서 얻은 암세포(HEp-2)로 알고 쓴 시료가 알고 보니 자궁경부암 조직에서 얻은 세포(헬라세포)로 밝혀져 학계가 발칵 뒤집힌 사례가 있다. 엉뚱한 암세포로 실험해 발표한 논문이 7,000편이 넘고 허무하게 쓰인 연구비가 7억 달러가

* 동물실험의 문제점에 대한 자세한 내용은 『사이언스 칵테일』 319쪽 "생쥐를 너무 믿지 마세요" 참조.

넘는다. 여기에 인생을 바친 연구자들의 심정은 또 어떨까. 2007년 발표된 연구결과에 따르면 세포실험 가운데 18~36%가 엉뚱한 세포를 쓴 것으로 추정된다고 한다.

그런데 이런 문제는 예방할 수 있다. 즉 실험에 들어가기 전에 세포의 정체성을 확인하는 절차를 거치면 되기 때문이다. 직접 하기 어려우면 이런 일을 대행하는 곳에 맡기면 되는데 몇 푼 아끼려다가 실험 전체를 망치는 셈이다. 게다가 상당수 연구자들은 자신이 엉뚱한 세포로 실험을 할 수도 있다는 가능성 자체를 생각하지 못한다. 여기서 말하는 과학자들의 '게으름과 무식함'은 이런 것들이다.

재료를 공급하는 업체들도 문제가 많은데 대표적인 예가 항체다. 특정한 분자의 구조를 인식해 달라붙는 단일클론항체는 표지label로 널리 쓰이는데 문제는 그 전제가 충족되지 않는 경우가 많다는 것이다. 즉 특정한 분자의 구조만을 인식해야 하는데 다른 생체분자들에도 달라붙을 경우 데이터가 엉망이 된다. 한 조사에 따르면 시판되는 항체의 60~70%가 이런 문제를 안고 있다고 한다.

예를 들어 지난 2012년 발견된 호르몬 이리신Irisin은 운동을 할 때 분비돼 백색지방조직을 갈색지방조직으로 바꿔 지방 대사율을 높이는, 즉 살을 빼는 것으로 밝혀져 큰 화제가 됐다. 그런데 이리신을 정량적으로 분석하기 위해 쓴 항체가 다른 분자에도 달라붙는 것으로 밝혀지면서 큰 논란이 됐다. 리처드 해리스는 잘못된 세포와 항체를 쓴 게 논문 재현성 실패 원인의 25%를 차지할 것으로 추측했다.

한편 데이터를 분석하는 과정에서도 문제가 많다고 한다. 빅데이터 시대임에도 여전히 생물학 연구자들 다수가 수학과 통계학에 무지하다 보니 초보적인 실수를 범하고, 이런 논문들을 검토하는 사람들도 생물학자이다 보니 오류를 알지 못하고 넘어간다는 것이다. 열 마리도 안 되는 동물로 실험한 결과를 통계적으로 유의미하다며 발표하는 경우 이런 문제점이 있을 가능성이 농후하다.

저자는 과학자들의 '게으름과 무지함'이라는 문제를 해결하기 위해서는 먼저 대학원 교육과정을 뜯어고쳐야 한다고 강조한다. 즉 오늘날 대학은 관련분야의 지식(사실)을 가르칠 뿐 실험방법에 대해서는 사실상 교육과정이 전무한 상황이다. 그러다보니 학생 대다수가 자신이 사용하는 재료나 기기에 대한 기본 지식조차 없는 상태에서 주어진 과제를 해내는 데 급급하다. 이렇게 학위를 받고 설사 운 좋게 과학자로 자리를 잡더라도 하던 대로 하다 문제가 터지면 열에 아홉은 내 잘못이 아니라며 외면한다는 것이다.

논문 철회 건수 10년 새 열 배

다음으로 데이터 조작 문제인데 우리나라는 황우석 사태라는 뼈아픈 기억이 있기 때문에 굳이 길게 언급하지는 않겠다. 실험을 하는 학생 또는 박사후연구원이 몰래 사고를 치거나 교수가 데이터 조작을 진두지휘하는 경우는 흔치 않다. 그러나 데이터 조작의 범위를 넓히면 얘기가 달라진다. 한 조사에 따르면 연구자의 72%가 논문을 쓸 때 가설을 지지하지 않는 실험데이터를 뺀 적이 있다고 한다(물론 논문에서 언급하지도 않는다). 가설에 맞지 않는 데이터를 포함하면 논문의 '가치'가 떨어지기 때문이다.

데이터 조작이 만연하다 보니 논문 철회 건수도 급격히 늘고 있는데 '철회 감시Retraction Watch'라는 블로그에 실린 조사결과를 보면 2001년 40여 건에서 2010년에는 400여 건으로 열 배 급증했다. 더 놀라운 사실은 논문을 쓴 연구자나 실은 학술지가 마지못해 결정한 결과가 이렇다는 것이다. 즉 저자나 학술지는 웬만하면 논문 철회를 안 하고 유야무야 넘어가는 쪽을 모색한다. 그러다 보니 심지어 몇몇 학술지는 논문의 오류를 지적하는 서신을 싣는 데 최대 2,100달러(약 230만 원)의 돈을 요구하기도 한다.

어디에 실었느냐가 중요

2017년 2월 26일 미국의 언어학자이자 사업가인 유진 가필드Eugene Garfield가 92세로 타계했다. 필자는 「네이처」에 실린 부고를 보기 전까지 이름도 들어본 적이 없었는데 알고 보니 과학계에 엄청난 영향을 끼친 사람이다. 1955년 가필드는 학술지 「사이언스」에 임팩트팩터impact factor를 낳게 될 과학인용색인SCI을 고안한 논문을 발표했다.*

『사후경직』에서 저자는 오늘날 과학이 재현성 위기를 맞게 된 결정적인 원인이 바로 임팩트팩터라고 한탄한다. 많은 과학자들의 평생 소원이 임팩트팩터가 높은 NSC(「네이처」, 「사이언스」, 「셀」)에 논문 한 편 싣는 거라는 말도 있듯이 과학계에서 '모든 길은 임팩트팩터로 통한다'고 할 정도다. 임팩트팩터가 높은 학술지에 논문을 실어야 졸업도 빨리 되고 교수 자리도 얻을 수 있고 정년도 보장받고 연구비도 쉽게 딸 수 있다. 심

* 유진 가필드의 삶과 업적에 대해서는 343쪽 참조.

지어 NSC에 논문을 실으면 마음대로 쓸 수 있는 두둑한 보너스를 주는 대학들도 많다.

그런데 NSC가 아무 논문이나 받아주는 게 아니다. 엄청난 내용을 담고 있거나 아니면 기발해서 대중들도 흥미를 느낄 만한 얘깃거리여야 한다(그래야 많이 인용되고 저널의 임팩트팩터를 유지할 수 있다). 이러다 보니 많은 과학자들이 평범한 연구결과를 놀라운 연구결과로 환골탈태하려는 유혹에 시달리고 결국 해서는 안 될 일까지 손을 대게 된다. 또 경쟁이 치열한 시간싸움이라 실험에서 가장 중요한 엄밀함을 챙길 여유가 없다.

저자는 임팩트팩터를 향한 미국 과학자들의 갈망을 한탄하며 그래도 동아시아보다는 낫다고 위안하고 있다. 즉 중국과 한국에서 임팩트팩터는 '신성한 숫자'로 추앙받고 있다는 것이다. 이들 나라에서 모든 평가의 기준은 논문의 내용이 아니라 게재된 저널의 임팩트팩터 숫자라는 것이다. 임팩트팩터가 높은 저널에 논문을 싣기 위해 몸부림치고 있는 필자의 친구들을 떠올리면 씁쓸한 웃음이 나올 뿐이다.

또 다른 근본적인 구조적 문제는 오늘날 과학자가 너무 많은 데 비해 연구비는 정체돼 있다는 것이다. 미국의 경우 생명의학 분야의 박사후연구원이 적어도 4만 명은 될 것으로 추정되는데 이 가운데 교수나 연구원 등 정규직이 될 확률은 20%에 불과하다. 결국 일자리를 얻기 위해 임팩트가 큰 결과를 내야 한다는 압박감에 시달리면서 실험의 엄격함은 고사하고 데이터 조작을 안 하면 다행인 수준으로 내몰리고 있다.

또 자리를 잡아도 연구비를 따내는 게 하늘의 별따기라 정작 연구는 뒤로한 채 연구제안서를 쓰는 게 일이다. 예를 들어 미국립보건원NIH에 제안서를 쓴 연구자의 17%만이 연구비를 따낸다. 한편 연구자를 선정할 때 기준 역시 제안서 자체의 창의성이나 잠재력보다는 제안한 사람의 경력(임팩트팩터와 발표한 논문 수가 주요 기준이다)이 고려사항이다. 이런 상황에서 제대로 된 연구를 할 수 없는 게 오히려 자연스러운 게 아니냐는 말이다.

그럼에도 상황을 더 이상 방치할 수 없다는 반성의 목소리가 나오면서 문제를 개선하려는 움직임이 나타나고 있다. 즉 많은 학술지들이 동물실험 규정을 정해 논문을 실으려는 연구자들에게 배포하고 있고 데이터를 공개해 공유할 수 있게 해야 한다는 조건을 다는 경우도 있다. 열린 과학만이 많은 잠재적 문제들을 사전에 예방할 수 있기 때문이다.

그럼에도 평가문제(임팩트팩터 맹신)나 과학자 수급 조절 등 구조적인 문제는 과학자들이 해결할 수 있는 범위 밖에 있는 게 현실이다. 대학 정원을 크게 늘린 것이 오늘날 우리나라 청년실업문제를 초래한 구조적인 문제임에도 누구 하나 손을 대지 못하는 것과 비슷한 맥락 아닐까.

지난 2013년 타계한 영국의 생화학자 프레더릭 생어Frederic Sanger는 노벨상을 두 번이나 탄 인물이다. 인슐린 단백질의 아미노산 서열을 규명해 1958년 화학상을, DNA염기서열분석법을 개발해 1980년 역시 화학상을 받았다. 각각 10년이 넘는 기간 동안 끈질기게 매달린 결과다. 2002년 노벨생리의학상 수상자인 싱가포르 분자세포생물학연구소의 시드니 브레너Sydney Brenner 박사는 「사이언스」에 기고한 부고에서 "생어 같은 과학자는 (보고서와 논문을 끊임없이 써야 하는) 오늘날 과학계 풍토에서는 살아남지 못할 것"이라고 썼다.

과학자들이 호기심에 이끌려 살았던 좋은 시절은 결코 다시 오지 못할 것이라는 예감이 든다.

2-4
섹스와 젠더의 과학

대중 심리학은 남자와 여자의 뇌가 다르다는 아이디어를 좋아한다.
– 마시아 스테패닉, 스탠퍼드대 의대 교수

미국의 월간 과학지 「사이언티픽 아메리칸」은 매년 9월호를 한 가지 주제를 잡아 특집으로 꾸민다. 따라서 어떤 해에는 읽을 게 넘치지만 어떤 해에는 훑어보다 그냥 집어던지기도 한다. 2017년 9월호 제목은 "섹스와 젠더의 새로운 과학"이다. 보통 섹스sex는 생물적 성을, 젠더gender는 사회문화적 성을 뜻한다. 이번 특집은 최근 수년 사이 과학계에서 일어나고 있는 섹스와 젠더에 관한 패러다임의 전환을 다루고 있다.

성, 즉 남녀의 차이는 너무 뻔한 것처럼 보이지만, 사실 사람들이 이런 생각을 하게 된 데에는 과학이 큰 역할을 했다. 특히 진화심리학과 뇌과학이 다양한 측면에서 남녀에서 보이는 행동의 차이를 '설명'하면서 남녀의 전형을 구축해왔다. 그런데 최근 몇몇 과학자가 이런 설명이 그다지 과학적이지 못하다는 연구결과를 속속 발표하면서, 과연 우리가 남녀의 전형적인 모습으로 받아들이고 있는 특성들이 정말 사실인지에 대한 의문이 커지고 있다.

남자는 바람둥이, 여자는 요조숙녀?

남녀 행동의 차이를 설명하며 '정당화한' 일등공신은 진화생물학일 것이다. 그 가운데 가장 유명한 게 남자의 바람기를 설명하는 이론이다. 예를 들어 파트너가 있으면서도 끊임없이 다른 여자에게로 눈이 돌아가는 건 남자의 마음이 진화적으로 그렇게 생겨먹었기 때문이라는 식이다. 즉 남자는 정액만 투자하면 자기 유전자를 퍼뜨릴 수 있지만 여자는 열 달 동안 임신해 힘들게 아이를 낳고 오랜 기간 키워야 하기 때문에 최대한 좋은 유전자를 고르기 위해 신중해야 한다는 것이다.

이를 '입증'하는 실험들이 많은데 가장 노골적인 예로는 캠퍼스에서 남자 대학생에게 낯선 젊은 여성이 다가가 성관계를 제의할 경우 절반 이상이 응하는 반면 여자 대학생에게 낯선 젊은 남성이 다가가 성관계를 제의할 경우 100% 거절한다는 '연구결과'가 있다.

호주 멜버른대의 과학철학자 코르델리아 파인Cordelia Fine과 진화생물학자 마크 엘가Mark Elgar는 기고한 글에서 이런 비현실적인 상황설정으로 '가벼운casual' 성관계에 대한 남녀의 선호도 차이를 증명하는 건 넌센스라는 입장이다. 상대에 대해 전혀 정보가 없는 상황에서는 폭력, 몰래카메라 등 치명적인 결과를 초래할 수도 있기 때문에 거절하지만 실제 상황에서는 그렇지가 않다는 말이다.

지난 수십 년 사이 성관계에 대한 자기결정력이 커지고 피임이 쉬워지면서 혼전 성생활이 활발해졌고 특히 여성에서 성관계 파트너 수가 크게 늘고 있다는 것이다. 필자가 젊은이였던 한 세대 전만 해도 이런 모습은 서구사회의 일이었지만 이제는 우리나라도 일상이 됐다(유교문화 때문에 차마 고등학교에서 콘돔을 나눠주지는 않고 있지만). 결국 여성이 괜찮은 남편을 만날 때까지 '정숙하게' 지내는 건 여성의 마음이 그렇게 진화한 게 아니라 그 여성이 속한 사회문화가 그렇게 요구한 것일 뿐이다.

한편 수년 전 화제가 된 일본의 '초식남' 현상은 남성 가운데 상당수(대략 30%였던 걸로 기억한다)가 바람둥이 짓은 고사하고 여성에게 접근을 시도조차 하지 않을 수도 있음을 보여주고 있다. 당시 일본 현지 인터뷰에서 한 여성이 "남자가 대시를 해야지 연애를 하든 말든 하죠…"라는 취지의 말을 하며 씁쓸해 하던 표정이 기억난다.

진화심리학에 따르면 번지점프는 위험을 감수하는 전형적인 수컷의 행동이지만 실제로는 많은 남성이 사양하는 반면 많은 여성이 즐긴다. 즉 특정 위험 행동에 대한 선호도는 섹스가 아니라 개인차일 뿐이다. (제공 위키피디아)

남자는 모험심이 강하고 위험을 무릅쓰는 경향이 큰 반면(마음에 드는 짝을 차지하려는 동기에서 진화한 마음) 여자는 조심스럽고 겁이 많다는 것도 막상 근거가 약하다. 즉 위험을 무릅쓰려는 경향은 '특정한' 위험에 대해 그런 것이지 위험 '자체'를 즐기는 건 아니다.

이는 개인의 성향일 뿐이다.

예를 들어 해외여행을 가서 낮에는 호기롭게 번지점프를 한 사람이 밤에는 도박장에서 혹시라도 잃을까봐 남이 돈을 거는 걸 구경만 할 수도 있다. 그리고 번지점프 같은 생물적인 위험조차 남자가 여자보다 더 대범한 건 아니다. 필자는 돈을 내는 게 아니라 받더라도 번지점프는 사양할 것이다. 즉 진화심리학이 정당화한 남녀심리의 상당부분은 사실 섹스가 아니라 젠더에 기반한 특성일 가능성이 크다는 게 최근의 연구 결과다.

여성 필즈상 수상자가 한 명 뿐인 이유

남녀의 차이라는 고정관념의 대표적인 예인 '천재성'에 대한 글도 꽤 흥미롭다. 미국 뉴욕대의 심리학자 안드레이 심피언Andrei Cimpian과 프린스턴대의 철학자 사라-제인 레슬리Sarah-Jane Leslie는 사람들이 알게 모르게 천재는 소수 남성의 특성이라는 생각에 사로잡혀 있다고 주장한다. 결국 많은 재능있는 여성들이 천재들의 학문이라고 여기는 분야에 뛰어들려는 용기를 잃게 되고 그 결과 그런 분야에 여성 비율이 낮은 악순환이 반복된다는 것이다.

필자는 대학생 때 '과학자가 되려고 하는데 천재가 아니라면 물리학은 절대 해서는 안 되고, 화학은 수재까지는 가능하고, 그것도 아니면 생물학밖에 할 게 없다'는 얘기를 들은 적이 있다. 천재들의 학문이란 이런 식의 얘기로 자연계에서는 주로 수학과 물리학, 인문계에서는 철학 같은 학문을 말한다.

21세기 들어 여성의 대학진학률이 크게 늘어 많은 학과에서 여성의 비율이 50%를 넘었지만 공교롭게도 '천재들의 학문'에서는 여전히 남성의 비율이 꽤 높다. 글을 보니 이런 현상은 우리나라뿐 아니라 미국도 마찬가지다.

흥미롭게도 저자 두 사람 가운데 여학생이 70%가 넘는 심리학과의 교수인 심피언은 남성이고 30% 수준인 철학과의 교수인 레슬리는 여성이다. 두 사람은 수년 전 한 학회에서 만나 담소를 나누다 우연히 이런 발견을 했다고 한다. 즉 심리학은 1800년대 중반까지만 해도 철학의 한 분과였고 실제 두 학문의 연구방법론이 여전히 매우 비슷함에도 어떻게 남녀 학생의 선호도가 이렇게 다를 수 있는가라는 의문이 들어 그 원인을 추적하기로 했다는 것이다.

그 결과 이는 천재성은 남자의 특성이고 특정 학문이 천재들의 영역이라는 사람들의 고정관념이 아이의 성장과정에서 주입된 것이라는 결론을 얻었다. 즉 여섯 살만 돼도 여자아이는 자기 성이 정말 똑똑할 수 있다는 생각을 하는 비율이 남자아이에 비해 낮다고 한다. 그 결과 초등학교 저학년에 벌써 '수학은 남자의 공부'라는 고정관념에 사로잡히게 된다. 결국 수학이나 물리과학에 흥미가 있음에도 '재능도 없는데 괜히…'라는 생각에 지레 겁먹고 다른 분야로 발길을 돌리는 여학생이 많다는 게 저자들의 결론이다.

미국 스탠퍼드대의 심리학자 캐럴 드웩Carol Dweck은 "자신의 능력에 대한 믿음이 궁극적인 성공의 가장 큰 요인"이라고 주장했다. 즉 자기 능력을 정해진 특성이라고 생각하는 사람(고정된 사고방식)은 흥미를 억누르고 실수를 피하려는 경향이 큰 반면, 현재 능력이 발달과정일 뿐이라고 생각하는 사람(성장하는 사고방식)은 흥미를 추구하고 더 많이 노력해 결국은 더 큰 성취를 이룬다는 것이다.

놀랍게도 21세기가 한참이나 지났음에도 우리사회는 여전히 천재성이 소수 남성에게 주어진 것이라는 '고정된 사고방식'에 지배되고 있다는 게 저자들의 진단이다. 따라서 사회문화적으로 천재성을 너무 부각하지 않는 게(과학 분야에서는 아인슈타인의 신격화) 재능 있는 여학생들이 이런 선입견의 희생양이 되지 않게 하는 길이라고 덧붙였다.

섹스를 무시해온 의학계

이처럼 젠더의 문제를 섹스의 문제로 여기는 경향이 큰 반면 정작 섹스의 문제는 둔감해 무시하곤 한다. 미국 스탠퍼드대 의대 마시아 스테패닉Marcia Stefanick 교수는 이런 대표적인 예로 의학을 들고 있다. 즉 남녀의 생리적인 차이가 뚜렷함에도 불구하고 치료나 처방에서 이를 반영하지 않는다는 것이다.

이런 문제는 특히 약물 복용에서 심각한데, 기본적으로 대부분의 약물이 수컷(동물실험)과 남성(임상시험)을 대상으로 테스트를 한 결과를 바탕으로 승인이 되고 용량이 결정되기 때문이다. 따라서 체중, 근육 및 체지방 비율, 호르몬의 조성이 남성과 꽤 다른 여성에서 문제가 생길 수 있다. 실제 여성이 남성에 비해 약물 부작용을 호소하는 사례가 50~70% 더 많다.

대표적인 예가 수면제인 졸피뎀Zolpidem으로 많은 여성들이 다음날 오전에도 운전을 제대로 못할 정도로 정신이 흐릿하다는 부작용을 호소

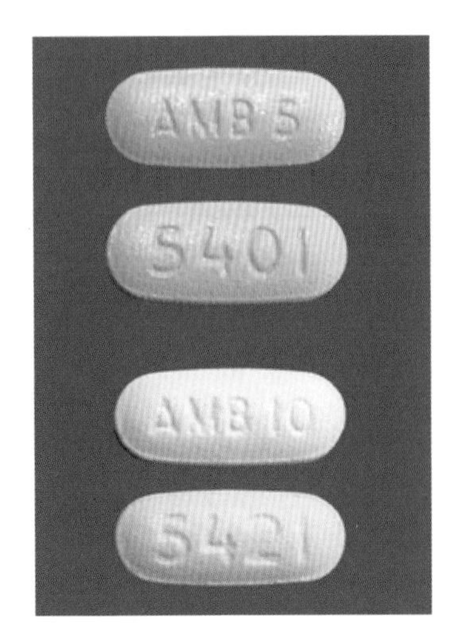

수면제 졸피뎀은 2013년부터 남녀용이 따로 만들어지고 있다. 여성용 알약(위)은 5mg이고 남성용 알약(아래)은 10mg이다. 여성의 경우 약물의 대사속도가 느리기 때문이다. 최근 의학연구에 섹스의 차이를 반영하는 움직임이 일고 있다. (제공 위키피디아)

했다. 결국 미 식품의약국FDA은 전면적인 재조사에 들어갔고 여성이 이 약물을 대사하는 속도가 남성에 비해 꽤 느리다는 사실을 발견했다. 결국 FDA는 여성의 경우 복용량을 기존의 절반으로 줄이게 했다.

스테패닉 교수는 "2016년 미 국립보건원NIH은 성별sex을 생물적 변수로 명시할 것을 요구했다"며 이제 의학에서 섹스의 중요성이 인식되기 시작했다고 평가했다. 이래저래 과학에서도 젠더와 섹스가 제대로 정립되고 있는 것 같아 다행이다.

2-5
왜 어떤 사람들은 오이를 싫어할까

뉴스나 예능프로그램을 보면 등장인물이 말을 할 때 자막이 같이 나오는 경우가 있다. 잘못된 표현을 할 때는 고쳐져서 나오는데 흔한 예가 '틀리다'로 "대저토마토는 다른 토마토와 맛이 틀려요"라고 말할 때 자막은 "대저토마토는 다른 토마토와 맛이 달라요"라는 식이다.

그러고 보면 우리는 나와 다름을 틀림으로 보는 생각이 배어있는 것 같다. 선호도의 문제를 선악의 문제로 보다 보니 남이 나와 같은 선택을 하지 않으면 못 견뎌 한다. 특히 조직의 위에 있는 사람이 이런 성향이 강하면 아래 있는 사람들이 피곤해진다. 오늘날 우리사회의 혼란이 이런 독선에서 비롯된다는 각성이 일면서 '나와 다름'을 인정하는 여유를 갖자는 목소리가 점점 커지고 있다.

이런 맥락에서 최근 TV뉴스에 나온 얘기가 꽤 흥미로웠다. 페이스북에 '오싫모'라는 페이지가 개설됐는데 일주일도 안 돼 10만 명에 가까운 사람들이 모였다는 것이다. 오싫모는 '오이를 싫어하는 사람들의 모

최근 페이스북에 개설된 오싫모(오이를 싫어하는 사람들의 모임)에 많은 사람들이 참여해 화제다. 이처럼 취향의 다양성을 인정해달라는 목소리가 커지고 있다.

임'의 약자다. 필자도 같이 밥을 먹는 사람이 오이를 싫어한다며 골라내는 걸 본적이 한두 번 있지만 이 정도일지는 몰랐다. 아무튼 뉴스에 소개된 사연을 들으니 필자에게는 싱그러운 오이향이 어떤 사람들에게는 견디기 힘든 냄새인가 보다.

사실 필자 역시 냄새 때문에 꺼리는 음식이 있다. 바로 굴로 씹는 순간 굴 특유의 향기가 올라오면 그 강렬함에 머리가 어질어질해진다. 예전에는 작은 걸 골라 초고추장을 듬뿍 찍어 억지로 먹었지만 남 눈치 볼 일이 없어진 지금은 그냥 안 먹는다. 보통 횟집에서 회 나오기 전에 사람 수에 맞추어 굴이 나오는데 필자가 양보하면 앞사람이 넙죽 집어가곤 한다.

아마 많은 사람들이 이처럼 꺼리는 음식이 한두 가지는 있을 것이다. 그냥 맛이 없어 안 먹는 수준에서 오싫모의 어떤 사람들처럼 억지로 먹었다가 토하기도 하는 수준까지 폭은 다양하겠지만 말이다. 그렇다면 특정 음식에 대한 선호도의 차이는 어디에서 비롯되는 것일까.

냄새와 맛 다르게 느껴

2016년 출간된 책 『다중감각적 풍미 지각(Multisensory Flavor Perception)』의 10장 '다중감각적 풍미 지각의 개인차'는 이런 현상의 생물적 배경에 대한 최근 연구결과를 소개하고 있다. 즉 음식에 대한 선호도의 차이는 경험이나 심리 측면만 고려해서는 제대로 설명할 수 없고 우리의 유전자를 들여다봐야 한다는 것이다. 이에 따르면 우리 각자는 맛과 향을 감지하는 유전자가 조금씩 다르고 따라서 음식의 맛과 향을 다르게 느끼기 때문에 결국 선호도도 다를 수밖에 없다.

먼저 음식에 맛taste이 아니라 풍미 또는 향미로 번역하는 flavor라는 단어를 쓴 건 우리가 음식의 맛이라고 생각하는 건 미각뿐 아니라 후각의 정보가 통합된 결과이기 때문이다. 즉 풍미는 넓은 의미의 맛이다. 후각과 미각은 화학적 감각으로 냄새분자나 맛분자가 직접 수용체 단백질에 달라붙어야 신호가 뇌로 전달된다. 냄새수용체는 무려 400가지나 되고 맛수용체도 수십 가지인데 특히 쓴맛수용체가 30여 가지에 이른다.

따라서 풍미의 개인차는 냄새수용체나 맛수용체 유전자의 차이 또는 해당 정보를 뇌에서 처리하는 경로의 차이에서 비롯된다. 실제 유전자의 서열을 비교한 결과 개인에 따라 차이가 꽤 큰 것으로 나타났다. 즉 유전자의 염기서열의 차이인 단일염기다형성SNP이 광범위하게 존재한다. 만일 아미노산으로 번역되는 부분(엑손)에 SNP가 있어 아미노산이 바뀌면 수용체 단백질의 구조가 바뀌어 리간드ligand(달라붙는 냄새분자나 맛분자)의 결합력이나 심지어 종류까지 바뀔 수 있다. 엑손 주변에 있는 SNP는 유전자 발현에 영향을 미쳐 세포 표면의 수용체 밀도, 즉 민감도의 차이로 이어질 수 있다.

오싫모의 경우 많은 사람들이 오이의 향을 싫어하는 것으로 보인다. 즉 냄새부터 거부감이 드니 먹을 마음이 생기지 않는 것이다. 오이 같은 담백한 음식에서 냄새라고 해봐야 특유의 싱그러운 향으로(실제 오이

향을 테마로 한 향수도 있다!) 노나디에놀nonadienol과 노나디엔알nonadienal이 주성분이다. 아마도 오이 냄새를 싫어하는 사람들은 이 분자들에 결합하는 냄새수용체 유전자의 SNP 때문에 예민하거나 불쾌하게 느끼는 것일지 모른다.

아쉽게도 노나디에놀과 노나디엔알이 결합하는 냄새수용체의 유전자 정보는 찾지 못했다. 사실 냄새수용체 400가지 가운데 리간드가 밝혀진 건 10%인 40여 가지에 불과하다. 그럼에도 이런 관계를 살펴보면 오싫모의 생물적 기반을 어느 정도 짐작할 수 있다.

유전자의 SNP가 냄새지각에 영향을 미치는 대표적인 예로 냄새수용체 OR7D4가 있다. OR7D4는 수퇘지의 페로몬인 안드로스테논andro-stenone을 감지하는데 수용체 단백질의 88번째 아미노산이 아르기닌(R)이냐 트립토판(W)이냐에 따라 민감도에 큰 차이가 난다. 즉 부모 양쪽으로부터 아르기닌을 받은 RR형은 이 냄새를 역겹게 느끼는 반면 양쪽에서 트립토판을 받은 WW형은 냄새를 못 느끼거나 오히려 향기롭다고 느낀다. 참고로 수퇘지의 페로몬 냄새를 웅취boar taint라고 부른다.

안드로스테논은 수퇘지의 몸에 배어있기 때문에 고기를 구울 때 냄새가 올라오기 마련이다. 따라서 RR형은 수퇘지 고기를 먹기 어렵다. 그럼에도 지금까지 별 문제가 없는 건 수컷 대부분을 거세해 사육하기 때문이다. 그런데 유럽연합이 동물권 보호차원에서 2018년부터 수퇘지의 거세를 하지 않게 권고한다고 하니 RR형인 사람들은 머지않아 유럽산 돼지고기에서 웅취의 진수를 경험할 수 있을지도 모른다.

채소를 꺼리는 이유

한편 오이 특유의 쓴맛에 민감해 오이를 싫어하는 경우도 있을지 모른다. 오이를 싫어하지 않는 사람들도 어떤 오이의 경우 꼭지 가까운 부분에서 꽤 쓴맛을 느낀 적이 있을 것이다. 오이를 포함한 박과식물의 쓴맛은 커커비타신cucurbitacin이라는 분자에서 온다. 커커비타신은 식물의 방어물질로(너무 써서 벌레들도 피한다) 인류는 육종을 통해 커커비타신을 덜 만드는 쪽으로 품종을 개량했다. 따라서 커커비타신에 민감한 유형의 쓴맛수용체를 지닌 사람은 오이를 싫어할 수 있다.

이와 관련해 가장 유명한 예가 쓴맛수용체 TAS2R38이다. 일찍이 1930년대 화학자 아서 폭스와 유전학자 알버트 블레이크슬리는 페닐티오카바마이드phenylthiocarbanide, PTC라는 쓴 물질에 대한 민감도에 개인차

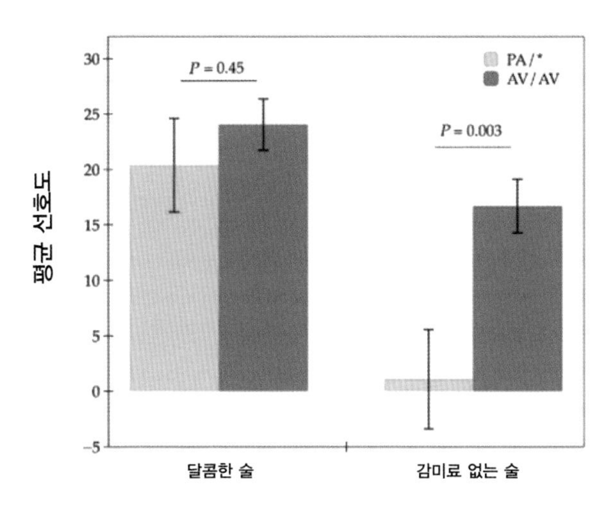

쓴맛수용체 TAS2R38의 유형에 따라 쓴맛 민감도가 다르고 이는 술에 대한 선호도로 드러난다. 즉 스위트와인이나 많은 칵테일처럼 달콤한 술은 민감한 유형(PA/*, 양쪽 다 또는 한쪽이 PA라는 뜻)이나 둔감한 유형(AV/AV)와 별 차이가 없다(왼쪽). 그러나 드라이와인이나 보드카처럼 감미료가 거의 들어 있지 않은 술은 선호도에 큰 차이를 보인다(오른쪽). (제공『다중감각적 풍미 지각』)

가 크고 이런 특징이 유전된다는 사실을 발견했다. 2005년 마침내 PTC가 결합하는 쓴맛수용체가 TAS2R38이고 민감도에 관여하는 SNP 세 곳도 찾았다. 즉 PAV(프롤린-알라닌-발린)형은 PTC에 민감하고 AVI(알라닌-발린-이소류신)형은 쓴맛을 느끼지 못할 정도로 둔감하다. 따라서 부모 양쪽에서 PAV형을 받은 경우(PAV/PAV) 쓴맛에 아주 민감하다.

천연물 가운데 TAS2R38에 결합하는 분자는 고이트린goitrin으로 배추나 무 같은 십자화과 식물에 존재한다. 따라서 PAV형은 십자화과 채소가 쓰게 느껴져 잘 안 먹게 된다. 보통 꽃등심은 소금에 살짝 찍어 먹어도 삼겹살은 쌈을 싸 먹는 경우가 많은데 삼겹살도 그냥 먹는다면 당신은 PAV/PAV일 가능성이 있다.

'다중감각적 풍미 지각의 개인차'를 읽어보면 특정 음식에 대한 선호도에는 후각이나 미각 한 가지보다는 두 감각이 복합적으로 관여하는 게 더 일반적일 것으로 보인다. 다만 아직까지 수용체가 제대로 규명이 안 돼 그 전모를 파악하지 못하고 있을 뿐이다. 그런데 최근 음식 선호도에 두 감각이 작용하는 예가 보고되기 시작했다.

바로 향신료 고수cilantro에 대한 선호도로 냄새수용체와 맛수용체가 복합적으로 작용한다는 사실이 밝혀졌다. 즉 냄새수용체인 OR4N5와 OR6A2의 SNP 유형에 따라 상쾌한 향기라고 느끼는 사람에서 비누냄새가 난다는 사람까지 반응이 극단적이다. 또 TAS2R1이라는 쓴맛수용체도 관여해 역시 SNP 유형에 따라 고수가 들어있는 음식을 먹었을 때 쓴맛을 느끼는 정도가 다르다. 따라서 세 수용체 모두 고수에 대해 부정적인 반응을 하는 유형으로 조합된 경우 고수가 들어간 음식엔 손도 대지 않을 가능성이 높다.

극복을 하거나 꼼수를 부리거나

이처럼 음식에 대한 선호도에 생물적 기반이 큰 역할을 한다는 사실이 밝혀지고 있지만 동시에 사람은 타고난 선호도를 극복할 수 있는 것도 사실이다. 즉 어떤 음식이 맛의 불쾌함을 능가하는 다른 유쾌함을 준다면 반복경험(학습)을 통해 불쾌한 맛을 극복할 뿐 아니라 그 맛이 유쾌하게 느껴지기도 한다. 이런 대표적인 예가 커피와 술(에탄올)이다.

다양한 이차대사물(주로 방어용 무기)이 들어있는 커피는 맛이 꽤 쓰고 이를 감지하는 데 쓴맛수용체 TAS2R3, TAS2R4, TAS2R5가 관여하는 것으로 알려져 있다. 따라서 커피의 쓴맛을 전혀 느끼지 못하는 유전형이 나오기는 어려울 것이다. 그럼에도 많은 사람들이 커피를 달고 사는 건 그 쓴맛을 견뎠을 때 보상으로 얻는 카페인의 각성효과 때문이다(물론 이를 의식하지는 못한다). 여기에 향기도 꽤 기여를 한다.

그런데 쓴맛에 민감한 유형인 경우는 각성효과나 향기로 쓴맛의 거부감을 끝내 극복하지 못한다. 그 결과 커피를 마시지 않는 사람도 있지만 대부분은 설탕이나 지방(우유나 크리머)을 넣어 쓴맛을 가리는 방법을 쓴다. 특히 젊은 사람들이 이런 경향이 많은데 나이가 듦에 따라 쓴맛에 대한 거부감이 줄어드는 현상(필자처럼 아무 것도 넣지 않은 드립커피를 선호하는 경우)은 정확히 설명하지 못하고 있다.

술에 대한 선호도 역시 꽤 복잡한 작용의 결과로 쓴맛수용체와 단맛수용체에 온도수용체까지 관여하는 것으로 밝혀졌다. 즉 에탄올은 쓴맛수용체 TAS2R38, TAS2R16에 달라붙고 단맛수용체 TAS1R3도 관여하는 것으로 보인다. 한편 열수용체인 TRPV1에도 영향을 준다(알코올 도수가 높은 술을 마실 때 식도가 타들어가는 느낌이 나는 이유다).

따라서 쓴맛수용체와 열수용체가 민감한 유형은 에탄올에 대한 거부감이 크고 단맛수용체가 민감한 사람은 덜 불쾌하게 느낀다. 물론 술 역시 이 부분을 극복하면 쾌감(술에 취했을 때 기분 좋은 느낌?)을 주기 때문에 반복학습을 통해 불쾌함을 극복할 수 있다. 그러나 에탄올의 불쾌함에 민감한 유형인 사람은 이를 넘어서기가 쉽지 않기 때문에 알코올 도수가 낮거나 칵테일처럼 다른 맛으로 쓴맛을 가린 술을 선호한다.

『다중감각적 풍미 지각』의 10장 '다중감각적 풍미 지각의 개인차'를 쓴 미국 모넬연구소의 코델리아 러닝Cordelia Running과 존 헤이스John Hayes는 글 말미에 음식의 선호도에서 선천적인 요소가 크게 작용하지만 전부는 아니라고 언급했다. 음식이 웬만하면 먹고살기 마련이라는 것이다.

그럼에도 오싫모의 경우처럼 어떤 음식을 강하게 거부한다면 거기에는 그럴만한 이유가 있을 것이고 아마도 그 배경에는 생물적 기반이 있을 것이다. 자신의 감각세계 경험을 일반화할 수 없다는 사실을 인식한다면 다른 사람들의 취향을 존중할 수 있게 되지 않을까.

Part.3
건강·의학

3-1
구충제가 항암효과도 있다?

2017년 11월 13일 판문점 공동경비구역JSA을 통해 북한 병사 한 명이 귀순한 사건은 영화보다도 비현실적으로 느껴졌다. 북한 병사가 몰던 차를 버리고 뛰어서 도망친 것이나 북한군의 총알 세례 속에서 우리 병사들이 목숨을 걸고 쓰러져 있는 북한 병사를 구한 것도 그렇다.

총상을 입고 목숨이 경각에 달린 북한 병사는 지난 2011년 소말리아 해적의 총탄을 맞고 사경을 헤매던 석해균 선장을 살린 아주대병원 이국종 교수에게 보내졌고, 두 번의 수술을 마친 상태에서 패혈증까지 나타났지만 다행히 고비를 넘기고 목숨을 건졌다.

그런데 15일 2차 수술을 마친 뒤 이 교수는 기자 브리핑 자리에서 뜻밖의 사실을 얘기했다. 병사의 장에서 기생충이 너무 많이 나와 수술에 애를 먹었다는 것이다. 그 가운데는 길이 27cm에 이르는 것도 있었는데 이 교수는 "외과 의사 경력 20년에 이렇게 큰 기생충은 처음 봤다"며 의아해했다.

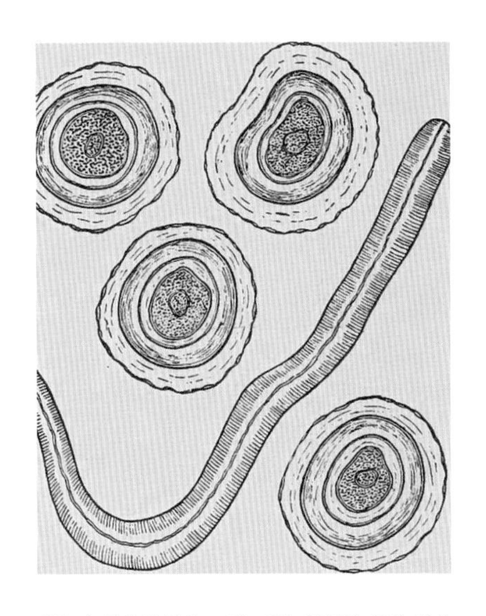

회충과 회충의 알을 그린 그림. 탈북한 북한 병사의 몸에는 회충이 너무 많았다고 한다.

이에 대해 기생충학자인 단국대 의대 서민 교수는 "27cm짜리 회충은 보통 크기"라며 별일 아니라고 촌평했다. 바꿔 말하면 우리나라 사람의 몸에서 회충 같은 기생충이 없어진지 오래됐기 때문에 전문가가 아니고서는 의사들도 본 적이 없다는 말이다.

사실 필자가 어렸을 때만 해도 봄가을로 채변봉투(신문지 위에 대변을 본 뒤 성냥으로 콩알만큼 떠서 비닐봉지에 담은 뒤 성냥불로 입구를 녹여 밀봉한다!)를 제출했고 기생충 검사를 한 뒤 기생충이 있는 아이들은 기생충약(구충제)을 받아 복용했다. 그런데 언제부터인가 기생충은 사람들의 관심에서 멀어졌고 이번 사건이 나기 전까지 기억 저편으로 사라졌다. 아마도 구충제 복용과 함께 농부들이 비료로 인분을 더 이상 쓰지 않게 되면서 기생충의 순환주기가 깨진 게 가장 큰 이유일 것이다.

그래서인지 20년 가까이 과학 기사와 에세이를 썼지만 기생충이나 구충제를 다룬 적이 거의 없는 것 같다. 물론 단세포 진핵생물(원생생물)인 말라리아원충도 기생체parasite이므로 이를 포함하면 여러 번 다뤘지만, 기생충을 맨눈에 보이는 벌레(蟲)로 한정했을 때 그렇다는 얘기다. 지난 2015년 실명이나 상피증을 일으키는 사상충의 구충제인 이버멕틴Ivermectin을 개발하는 데 기여한 오무라 사토시Omura Satoshi와 윌리엄 캠벨William Cambell이 노벨생리의학상을 탔을 때 글감으로 삼은 게 유일한 것 같다.

이번 북한군 병사 기생충 뉴스도 있고 해서 모처럼 구충제에 대한 최근 연구결과 두 편을 소개한다. 그런데 뜻밖에도 기생충에 대한 게 아니라 암에 대한 내용이다. 구충제와 암이 무슨 관계가 있을까.

구충제 NTZ, 항바이러스효과에 항암효과까지

학술지 「네이처 화학생물학」 2018년 1월호에는 구충제 니타족사나이드nitazoxanide(이하 NTZ)가 특정 유형의 대장암과 전립선암을 치료하는 항암제로 유력하다는 연구결과를 담은 논문이 공개됐다. 1974년 파스퇴르연구소의 화학자이자 의사인 장-프랑수아 로시뇰Jean-Françoise Rossignol이 개발한 NTZ는 장에 서식하는 촌충과 회충 같은 기생충뿐 아니라 와포자충증을 일으키는 와포자충 같은 원생생물에도 듣는 구충제로 지금까지 널리 쓰이고 있다. 그 뒤 B형 간염과 C형 간염, 심지어 인플루엔자(독감) 같은 바이러스질환에도 효과가 있는 것으로 나타나 임상이 진행되고 있다.

노르웨이 베르겐대와 중국 상하이대 등 다국적 공동연구자들은 기존에 나와 있는 약물 가운데 세포의 'Wnt/베타-카테닌 신호 경로'에 문제가 생겨 발생한 암을 효과적으로 치료하는 약물을 찾다가(이를 약물재활용drug repositioning이라고 부른다*) NTZ를 '발견'했다. 2000년대 들어 게놈

* 약물재활용에 대한 자세한 내용은 『과학을 취하다 과학에 취하다』 37쪽 "이제는 약물도 재활용하는 시대!" 참조.

DNA과 단백질 분석 기술이 발전하면서 이런 연구가 많이 진행되고 있다. 이미 쓰이고 있는 약물은 안전성이 검증돼 있어서 새로운 용도를 찾을 경우 쉽게 적용할 수 있기 때문이다.

'Wnt/베타-카테닌 신호 경로'는 체세포의 분열에 관여하는 회로로 이 경로가 활성화되면 세포가 왕성하게 분열한다. 암은 세포 분열이 통제가 안 된 결과이고 따라서 이 신호 경로에 문제가 생긴 경우가 많다는 사실이 알려지고 있다. 세포분열은 정교하게 조절되는 과정이므로 여러 유전자가 'Wnt/베타-카테닌 신호 경로'에 관여하면서 이중삼중으로 관리하고 있다.

Wnt/베타-카테닌 신호 경로에서 게놈에 직접 달라붙어 세포분열 관련 유전자의 발현을 유도하는 단백질은 베타-카테닌beta-catenin이다. 대장암의 경우 베타-카테닌의 분해에 관여하는 APC라는 유전자에 돌연변이가 생겨 베타-카테닌이 지나치게 활성화된 경우가 많다. 그런데 이런 암세포에 NTZ를 투여할 경우 베타-카테닌의 양이 줄어들면서 암세포의 분열이 억제되는 것으로 밝혀졌다.

연구자들은 NTZ가 베타-카테닌을 억제하는 또 다른 단백질인 PAD2의 활성을 촉진해 이런 효과를 낸다는 사실을 밝혀냈다. PAD2는 베타-카테닌의 구조를 살짝 바꿔주는 효소로 그 결과 베타-카테닌이 불안정해져 파괴된다. 그런데 APC가 고장날 경우 PAD2만으로 베타-카테닌을 통제하는 데 역부족이어서 암세포가 되는 것이다. 이때 NTZ가 들어가 PAD2에 결합하면 '슈퍼 PAD2'가 돼 베타-카테닌에 대한 통제권을 되찾는다.

NTZ가 처음 목표인 촌충뿐 아니라 회충 같은 기생충은 물론이고

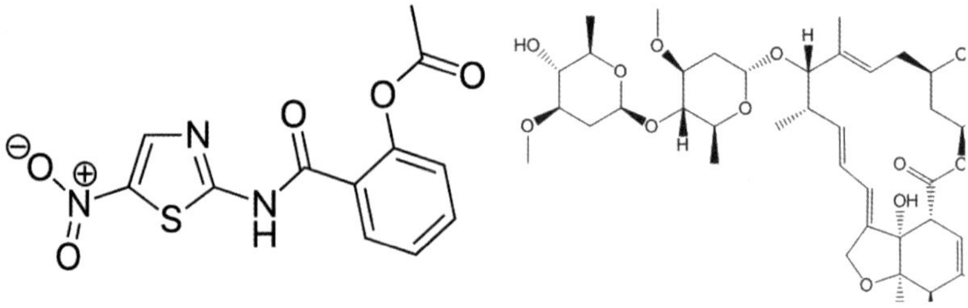

최근 항암효과가 있는 것으로 밝혀진 구충제 니타족사나이드(왼쪽)과 이버멕틴(오른쪽)의 분자구조. (제공 위키피디아, 브리스톨대)

원충이나 바이러스 등에도 효과가 있는 이유는 이 분자가 다양한 단백질(효소)에 달라붙어 그 활성에 영향을 미치기 때문이다. 예를 들어 NTZ는 와포자충의 에너지대사에 관여하는 효소에 달라붙어 그 활성을 억제해 약효를 낸다.

이버멕틴, 항암 칵테일 요법에 활용될 듯

한편 학술지 『미국립과학원회보』 2017년 8월 29일자에는 2015년 노벨생리의학상에 빛나는 구충제 이버멕틴이 난소암에 대한 항암효과가 있다는 연구결과가 실렸다.* 미국 휴스턴감리교도연구소와 일본 오사카대 등 공동연구자들은 난소암에 관여하는 단백질들 가운데 효과적인 약물 표적을 찾는 연구를 진행했다.

암세포의 유전자 발현 패턴을 분석한 결과 HER2 유전자의 발현 증가가 가장 두르러졌다. 이 유전자의 산물인 HER2 단백질은 세포막에 있

* 2015년 노벨생리의학상에 대한 자세한 내용은 『티타임 사이언스』 264쪽 "신토불이 과학연구 노벨상 거머쥐다!" 참조.

는 수용체형인산화효소로, 지나치게 많이 만들어질 경우 세포분열 신호가 증폭돼 암세포가 된다. 유방암이나 난소암의 대략 30%가 이 유전자의 변이 때문이라고 알려져 있다. 제품명 허셉틴Herceptin으로 유명한 트라스투주맙trastuzumab은 HER2 단백질에 달라붙어 작용을 억제하는 표적항암제다.

HER2 다음으로 KPNB1 유전자의 발현량이 많이 늘어난 것으로 나타났다. KPNB1는 연구가 별로 되어 있지 않은 유전자인데 조사결과 몇몇 암에서 그 산물인 KPNB1 단백질의 농도가 높았다. KPNB1 단백질은 세포분열을 촉진하고 세포사멸을 억제하는 기능이 있는 것으로 밝혀졌다. 따라서 이 단백질의 기능을 억제할 경우 암세포의 증식을 막을 수 있을 것이다.

연구자들은 기존 약물 가운데 그런 작용을 하는 약물을 찾았고 구충제인 이버멕틴이 걸렸다. 원래 이버멕틴은 무척추동물(기생충)의 신경세포와 근육세포의 막에 있는 염소이온통로 단백질에 달라붙어 통로를 옮음으로써 신경신호전달을 차단해 근육을 마비시켜 작용한다. 그런데 KPNB1 단백질에도 달라붙어 그 작용을 방해한 것이다.

다만 이버멕틴 단독으로는 항암 효과가 충분하지 않았고 파클리탁셀paclitaxel(제품명 택솔) 같은 기존 항암제와 함께 쓸 때 시너지 효과가 큰 것으로 나타났다. 최근 이처럼 두 가지 이상의 항암제를 같이 써 효과를 극대화한 '칵테일 요법'이 주목받고 있다. 예를 들어 유방암의 경우 팔보시클립palbociclib(제품명 입랜스)과 호르몬요법을 병행하는 치료법이 2017년 3월 미 식품의약국FDA의 승인을 받았다. 연구자들은 파클리탁셀과 이버멕틴 칵테일 요법의 임상을 기대하고 있다.

문득 구충제가 항암제로도 작용한다는 게 그렇게 이상한 일도 아니라는 생각이 든다. 암이란 결국 인체의 구성요소로서 역할은 망각한 채 인체를 숙주로 여겨 영양분만 빨아먹고 자기 증식에만 열중하는, 기생충 같은 존재가 된 변이 세포들이 모인 덩어리이기 때문이다.

3-2
식물인간은 깨어날 수 있을까?

의식이 없는 상태인 사람들... 의식이 일부 회복된 사람들... 두 그룹 사이의 가장 중대한 차이는 전두엽 및 측두엽 영역, 감각피질 영역 사이의 정보 교환 유무... 이러한 되먹임이 존재한다면 의식은 보존된다. 그렇지 않다면 의식은 사라진다.

– 크리스토프 코흐, 『의식』에서

우리나라 드라마에서 자주 나오는 장면 가운데 하나가 오랫동안 식물인간 상태로 있던 사람이 깨어나면서 이야기가 새로운 국면을 맞는다는 설정이다. 얼마 전 인기리에 종영된 한 일일드라마에서도 교통사고로 10년 넘게 식물인간으로 있던 사람이 깨어났지만 치매 상태였는데 다시 교통사고를 당해 그 충격으로 정신이 돌아와 과거를 기억하게 되면서 결정적인 역할을 하는 장면이 나온다. 개연성이 희박한 상황을 이중으로 넣은 작가의 무심함이 대단하다.

그런데 한 TV 프로그램에서 어떤 할머니의 사연을 보다가 이런 일이 실제로 일어날 수도 있겠다는 생각이 들었다. 허리가 아파 15년째 지팡이 없이는 제대로 걷지도 못하던 90세 할머니가 교통사고로 쓰러져 머리가 깨지고 갈비뼈가 부러지는 큰 부상을 입고 119 구급차에 실려 병원에 가서 치료를 받았다. 그런데 회복 중 침대 위에서 식사를 한 뒤 할머니는 무심코 식판을 내다놓다가 깜짝 놀랐다. 침대에서 병실 밖 복도까지 허리를 편 채 걸어갔기 때문이다.

이런 현상에 대해 의사들은 "사고 충격으로 신경을 누르던 게 풀린 것 같다", "충격으로 놀란 근육이 척추를 꽉 잡아줘서 그런 것 같다"는 등 별로 와닿지 않는 추측을 했다. 한마디로 잘 모르겠다는 것이다.

그렇다면 식물인간 상태로 있다가 깨어나는 건 어떨까? 사고 등으로 의식을 잃은 뒤 이를 회복하지 못하는 기간이 1년이 넘어가면 의사들은 보통 깨어날 가망성이 없는 것으로 판단한다. 그래서인지 가끔 식물인간으로 수년을 보내다가 깨어나면 기적이라며 해외토픽감이 된다. 실제 작년인가 TV에서 그런 사람 얘기를 본 적이 있는 것 같다.

말은 못하지만 눈짓으로 반응해

학술지 「커런트 바이올로지」 2017년 9월 25일자에는 15년이나 식물인간 상태로 있던 사람이 미약하나마 의식을 회복했다는 '연구결과'가 실렸다. 이게 왜 연구냐 하면 의료진이 이 사람을 깨우기 위해 어떤 조치를 취했기 때문이다. 즉 환자의 미주신경에 전극을 박아 지속적으로 전류를 흘려보냄으로써 잠자는 뇌를 깨운 것이다.

프랑스 국립과학연구소 CNRS 부설 인지과학연구소의 안젤라 시리구Angela Sirigu 박사팀은 20세 때 사고로 식물인간 상태가 된 뒤 15년째 누워있는 한 남성을 대상으로 '미주신경자극'이라는 치료법을 적용해보기로 했다. 미주신경vagus nerve이란 뇌의 숨뇌(연수)에서 나오는 신경으로 여러 갈래로 갈라져 심장, 인두, 성대, 위, 장 등의 장기에 연결돼 해당 부위의 감각과 운동에 관여한다. 최근 '제2의 뇌'라고 불리는 장과 뇌의 의사소통도 주로 미주신경을 이용한다.

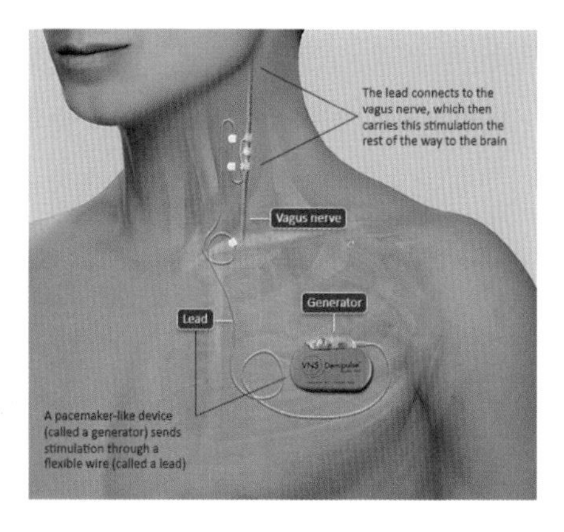

미주신경자극장치는 왼쪽 가슴에 심은 전류발생기와 목의 미주신경에 연결된 전극으로 이뤄져 있다. 스위치를 켜 전류를 흘려보내 미주신경을 자극한다. (제공 Cyberonics)

그런데 미주신경에 전극을 꽂아 자극하면 그 자극이 뇌로 전달돼 뇌의 몇몇 부위의 활동이 변화된다는 사실이 밝혀졌다. 즉 뇌에 직접 전극을 집어넣지 않아도 목에 있는 미주신경을 건드리면 되는 것이다. 그 결과 뇌전증(간질) 같은 신경질환이나 우울증 같은 정신질환의 증상이 심할 경우 몸에 미주신경자극장치를 부착해 이상 조짐이 느껴지거나 증상이 나타날 때 의료진 또는 환자 스스로가 작동시켜 미주신경을 자극해 사태 전개를 막거나 증상을 완화한다. 현재 미주신경자극장치는 미국의 한 회사에서만 생산하는데, 회사 사이트를 보면 지금까지 10만 명 이상이 치료를 받은 것 같다.

연구자들은 35세인 식물인간 환자의 몸에 장치를 부착한 뒤 정기적으로 미주신경을 자극했고 6개월이 넘도록 상태를 관찰했다. 또 뇌파를 측정해 뇌의 활동량과 활동패턴에 변화가 있는지 확인했다.

식물인간 상태는 호흡이나 심장박동 같은 기본적인 생리활동을 담당하는 부분들이 제대로 작동해 삶을 지속할 수 있지만(물론 외부에서 위로 음식을 공급해야 한다) 거기까지다. 우리가 잠을 잘 때와 비슷하게 뇌의 여러 부분 사이의 연결, 즉 네트워크가 끊어져 있기 때문이다.

의식consciousness을 명쾌하게 정의하기는 어렵지만 '주체가 자기정체성을 유지한 채 주변의 상황을 파악할 수 있는 상태'라고 볼 수 있다. 설사 아무 일을 하지 않는 소위 '멍때리고' 있는 상태라고 할지라도 뇌의 회로는 부지런히 돌아가는데 이를 '디폴트모드 네트워크default mode network'라고 부른다. 즉 전두엽과 두정엽, 측두엽, 후두엽 등 뇌의 여러 부분이 상호 정보를 주고받으며 '나'라는 주체가 모습을 드러내는 것이다. 매일 아침 우리가 잠에서 깨는 것도 밤사이 꺼져있던 디폴트모드 네트워크가 다시 켜지는 일에 다름 아니다.

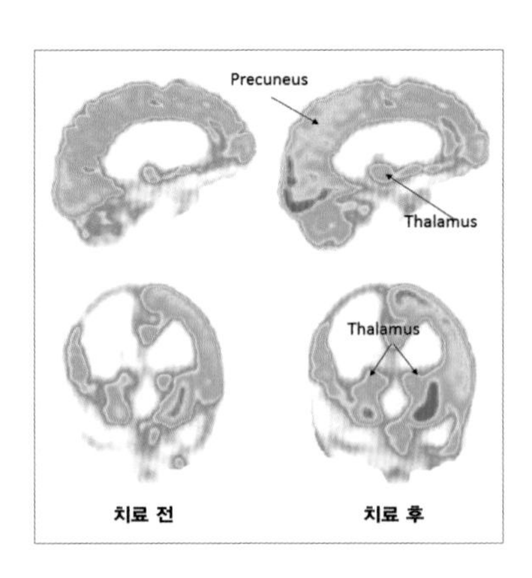

15년 동안 식물인간 상태로 있던 35세 남성에게 미주신경자극 치료법을 쓴 결과 뇌의 활동이 활발해졌다. 대사량을 보는 FDG-PET 데이터로, 오른쪽 두정엽과 후두엽, 시상(thalamus), 설전부(precuneus)의 증가가 두드러진다. (제공 「커런트 바이올로지」)

수개월 동안 지속적으로 미주신경을 자극한 뒤 뇌파를 측정해 얻은 데이터를 분석하자 놀랍게도 환자의 디폴트모드 네트워크가 미미하나마 다시 활성화된 것 같다는 결과가 나왔다. 즉 파장이 4~7Hz(헤르츠)인 세타파가 크게 증가했다. 보통 뇌파의 파장으로 뇌의 활동성을 추정하는데 파장이 짧은 알파파나 베타파가 우세할수록 각성상태이고 파장이 긴 델타파나 세타파가 많을수록 이완상태다. 깊은 잠을 잘 때는 파장이 가장 긴 델타파가 우세하다. 식물인간 상태였던 환자는 미주신경자극으로 델타파가 줄고 세타파가 늘어난 것이다.

또 뇌의 활동 정도를 반영하는 대사량을 측정할 수 있는 FDG-PET 영상을 찍은 결과도 미주신경자극 치료를 받은 뒤에 오른쪽 두정엽과 후두엽, 시상, 선조체에서 대사량이 크게 늘었음을 보여줬다. 연구자들은 논문에서 "미주신경자극으로 가장 활성화된 부분인 오른쪽 하두정엽과 두정엽-측두엽-후두엽 경계는 의식적 각성에서 가장 중요한 곳"이라고 설명했다.

한편 환자의 행동을 관찰한 결과 역시 측정결과와 일맥상통했다. 즉 환자는 여전히 말을 하지는 못했지만 보이는 대상의 동선을 눈으로 따라가고 의료진의 요청에 따라 베개 위의 머리 방향을 돌렸다. 또 책을 읽어주면 유심히 듣는 것 같았다. 한번은 의료진이 무심코 환자의 얼굴 가까이로 순간 다가갔는데 환자가 눈을 크게 뜨며 깜짝 놀라는 반응을 보이기도 했다.

이런저런 이유로 식물인간 상태로 지내고 있는 사람들 가운데 이 논문의 환자처럼 미주신경을 자극할 경우 희미하나마 의식을 회복할 수 있을지도 모른다고 생각하니 우리나라에서도 이런 시도를 해봤으면 좋겠다는 생각이 든다.

3-3

뇌는 이런 운동을 원한다

인간 생리는 매일 상당한 수준의 유산소 활동을 하는 맥락에서 진화했고 따라서 건강을 유지하기 위해 운동을 해야 하는 건 진화가 우리에게 남긴 유산이다.

– 데이비드 라이크렌 & 진 알렉산더

2018 러시아월드컵 지역 예선을 지켜보며 2002 한일월드컵 무렵이 우리나라 축구의 전성기였다는 생각이 새삼 들었다. 당시 활약한 박지성, 안정환, 이영표, 차두리 선수의 멋진 플레이가 그립다. 이들은 현역에서 은퇴한 뒤에도 다른 영역에서 활발히 활동하고 있는데 특히 이영표 선수는 지난 2014년 브라질월드컵에서 '예언자' 경지의 해설을 해 큰 화제가 되기도 했다.

최근 한 TV 프로그램에서 이영표 선수가 강연자로 나섰다. '스포츠 복지'라는 낯선 개념을 주제로 한 강연이었는데 꽤 흥미로웠다. 고령화가 급속히 진행되면서 노인 의료비용도 급증해 머지않아 우리나라 건강보험 재정이 파탄날 지경이라고 한다. 결국 의료복지는 '밑 빠진 독에 물 붓기'라는 것이다.

최근 이영표 선수는 한 TV 프로그램에서 스포츠복지를 주제로 흥미로운 강연을 했다. (제공 KBS)

의료지출을 줄이기 위해서는 건강한 노년을 보내는 길을 찾아야 하고 그게 바로 스포츠복지라고 이영표 선수는 주장했다. 즉 사람들이 운동을 일상화할 수 있는 여건이 조성돼 건강한 노년을 보내면 당사자는 삶의 질이 높아지고 국가 재정에는 큰 도움이 된다는 말이다. 그러면서 캐나다를 비롯한 선진국들의 스포츠복지 현황을 소개했다.

강연 가운데 우리나라가 (특히 노약자들에게) 바깥에서 운동하기에 여건이 안 좋은 곳이라는 대목이 가장 인상에 남았다. 겨울과 여름은 추위와 더위 때문에, 봄은 미세먼지 때문에 그렇다는 것이다. 그러면서 캐나다의 한 스포츠센터를 소개하고 있는데 건물이 꽤 큰지 창가를 따라 트랙을 깔아 달리기까지 할 수 있게 해 놓았다. 이영표 선수가 직접 달리며 우리나라에도 이런 시설이 있어야 한다고 강조하는 모습을 보니 정말 부러웠다.

평소 앞산 산책 정도의 운동을 하는 필자는 찜통더위로 녹초가 되는 칠팔월에는 이마저도 안 하는 '운동 휴식기'를 보내곤 했는데 이럴 땐 실내 운동이라도 해야 한다는 이영표 선수의 강연을 들으며 '내일 바로 헬스클럽에 등록해야겠다'고 결심했다. 그런데 이런저런 이유로 미루다가 비가 몇 번 오고난 뒤 고온다습한 날씨가 시작되자 결국 운동 휴식기에 들어갔다.

그런데 최근 새로운 관점에서 운동의 중요성을 강조한 논문을 읽으며 다시 정신을 차렸다. 오전 중으로 이 논문을 소개하는 글을 마무리하고 오후에 꼭 헬스클럽에 등록해 하루 30분이라도 운동을 해야겠다.

안 쓰면 필요 없다고 판단

미국 애리조나대의 인류학자 데이비드 라이크렌David Raichlen 교수와 뇌과학자 진 알렉산더Gene Alexander 교수는 학술지 『신경과학 경향』 2017년 7월호에 운동과 뇌 건강의 관계를 진화 신경과학의 관점에서 설명하는 논문을 실었다.

2000년대 들어 운동이 인지력을 높여주고 알츠하이머병 같은 신경퇴행성질환을 예방하는 효과가 있다는 사실이 알려지기 시작했다. 2005년 나이 든 생쥐에게 운동을 시키자 학습능력이 향상됐는데 뇌를 조사해보니 해마에서 신경생성이 활발하게 일어났음이 확인됐다. 해마는 뇌에서 기억을 담당하는 부분으로 성체에서도 신경생성, 즉 뉴런이 새로 만들어진다는 사실이 1990년대 밝혀졌다. 운동이 해마의 신경생성을 촉진해 뉴런의 수를 많이 늘려 그 결과 똑똑해진다는 것이다.

그러나 아직 운동과 뇌의 연결을 설명하는 명쾌한 메커니즘이 나와 있지는 않다. 아울러 운동이 뇌에 미치는 효과에 대한 실험결과도 들쭉날쭉하다. 회춘이라고 부를 정도로 극적인 효과를 보이는가 하면 운동을 하지 않은 대조군과 유의적인 차이가 없는 경우도 있다.

인류는 대략 200만 년 전 호모 에렉투스가 등장한 이래 오랫동안 수렵채취 생활을 유지해왔다. 따라서 몇몇 과학자들은 수렵채취 활동과 비슷한 운동을 꾸준히 해야 몸과 뇌가 건강한 상태를 유지할 수 있다고 설명한다. 오늘날에도 수렵채취인으로 살고 있는 탄자니아의 하드자 사람들. 뒷모습만 봐도 대사질환이나 신경퇴행성질환과는 거리가 멀 것 같다. 실제 이들이 심혈관계질환에 걸리는 경우는 드물다고 한다. (제공 Brian Wood)

라이크렌과 알렉산더는 이런 현상을 설명하기 위해 운동, 즉 신체활동과 뇌의 관계를 진화의 관점에서 통찰했고 그 결과 '적응능력모형adaptive capacity model'이라고 부르는 아이디어를 떠올렸다. 적응능력이란 우리 몸의 능력이 필요(자극)에 맞춰 유연성을 보이는 현상으로 에너지최소화전략energy-minimizing strategy에서 비롯된다. 쉽게 말해 자꾸 쓰거나 외부에서 자극이 오면 필요하다고 판단해 능력을 키우고 안 쓰면 필요가 없다고 판단해 능력을 줄인다는 말이다.

우리 몸은 꼭 필요한 곳에만 에너지를 쓰는 전략을 구사하고 있다. 예를 들어 늘 정적인 생활을 하면, 즉 신체활동이라는 자극이 없으면 몸에 많은 피를 공급할 필요가 없어진다. 따라서 심혈관계는 말단의 혈관을 줄이고 혈관의 탄력도 떨어진다. 그 결과 나이가 들수록 심혈관계질환에 걸릴 위험성이 높아진다. 운동을 안 하면 근육량이 줄어들고 뼈에 구멍이 숭숭 뚫리는 것도 마찬가지 원리다.

그런데 뇌는 이런 경향에 더 취약할 수 있다. 뇌의 무게는 몸무게의 2%에 불과하지만 에너지 소모량은 전체 에너지 소모량의 20%나(쉬고 있을 때) 되기 때문이다. 따라서 머리를 쓸 일이 없으면 뇌가 정말로 쪼그라든다(즉 신경생성이 줄어들고 뉴런 사이의 연결인 시냅스가 끊어진다).

사람은 뇌가 유난히 큰 동물이지만 그렇다고 우리 뇌가 영어 단어를 외우고 수학 문제를 풀라고 진화한 건 아니다. 다른 동물들과 마찬가지로 먹이를 찾고 짝을 만나 자손을 보는 과정에서 필요한 여러 행동을 잘 해낼 수 있게 진화한 것뿐이다(다만 몸이 약하므로 다른 동물들보다 머리를 더 써야한다).

적응능력모형에 따르면 일상에서 이런 행동을 계속하면 뇌가 유지되지만 하지 않으면 퇴화된다. 알다시피 현대인들 다수는 수렵채취인 시절 인류와 비교할 수 없을 정도로 신체활동이 적고 따라서 뇌가 일찌감치 쪼그라들 가능성이 높다. 실제 21세기 들어 지구촌 차원에서 알츠하이머병을 비롯한 신경퇴행성질환 환자가 급격히 늘고 있는 현상은 이런 가설에 힘을 실어주고 있다.

러닝머신이나 고정된 사이클을 이용한 지루한(인지력을 요구하지 않는) 운동은 뇌 기능 향상에는 큰 도움이 되지 않는다. 그러나 운동 직후 머리를 쓰는 활동을 하면 인지력 향상에 시너지 효과를 내는 것으로 나타났다. (제공 Nellis Air Force Base)

수렵채취인들이 우리처럼 따로 운동을 하는 것도 아니고 그저 먹고살기 위해 하루에 몇 시간씩 돌아다니며 사냥을 하고 채집을 하는 신체활동을 하는 게 전부인데 그렇다면 이런 일상의 '활동'이 각종 기구와 스포츠과학이 뒷받침하는 운동보다도 뇌 건강에 더 좋다는 말인가. 라이크렌과 알렉산더에 따르면 '당연히 그렇다'.

러닝머신 위를 달리거나 바벨을 드는 것도 물론 좋은 운동이지만 여기에는 목적의식이 없다. 그러나 사냥이나 채집 활동은 단순히 몸을 움직이는 게 아니라 동시에 끊임없이 머리를 굴려야 하는 작업이다. 때로는 재빨리, 때로는 조심스레 이동해야 하고 지형지물을 익혀야 하며 과거의 기억을 되살릴 필요도 있다. 한마디로 머리를 같이 쓰지 않으면 큰 소득을 기대할 수 없는 활동이다.

운동이 인지력 향상에 효과가 있다는 연구결과가 있는 반면 없다는 연구결과 역시 있는 것도 실험에 적용한 운동이 머리를 쓰게 하는 건지 아닌지 여부를 보면 어느 정도 설명이 된다. 예를 들어 3개월 동안 고정된 자전거를 타는 운동을 했을 때 인지력에 미치는 영향을 본 결과 그냥 자전거를 탄 사람들보다 가상투어를 체험한 그룹이 훨씬 효과가 컸다. 최근에는 자전거를 타며 비디오게임을 할 경우 가상투어를 할 때보다도 더 효과가 크다는 연구결과도 나왔다.

한편 적응능력모형은 운동 강도가 뇌에 미치는 영향도 잘 설명한다. 즉 운동의 강도가 클수록 인지력이 향상에 더 도움이 되는 게 아니라 적당한 강도의 운동이 가장 효과적이라는 연구결과가 있다. 즉 6주 동안 러닝머신을 달리는 운동을 할 때 적당한 속도가 빠른 속도보다 인지력 향상 효과가 더 컸다. 이는 수렵채취 활동의 대부분이 산소 소모량이 최대치의 40~85%인 적당한 강도의 운동에 해당한다는 점과 일맥상통하는 결과다.

근육에서 뇌 기능 올리는 물질 분비

'인지력을 높이려면 굳이 운동을 안 해도 바둑을 두든 고스톱을 치든 어쨌든 머리를 쓰면 되는 것 아닌가.' 이렇게 반문할 독자도 있을 것이다. 물론 멍하니 앉아 있는 것보다는 이런 활동이 당연히 인지력 유지에 도움이 된다. 그러나 운동과 결합됐을 때보다는 효과가 덜하다. 운동을 하면 근육에서 마이오카인myokine이 분비되고 이게 혈관을 타고 뇌로 들어가 뇌유래신경영양인자BDNF 같은 뉴로트로핀neurotrophin과 성장인자를 만드는 유전자의 발현을 촉진해 그 결과 신경생성과 시냅스형성 같은 인지력 향상이 이뤄지기 때문이다.

즉 머리를 안 쓰는 운동을 하거나 몸을 움직이지 않는 정신활동을 하는 게 나름 인지력 향상에 도움이 되지만, 운동과 정신활동을 결합하면 훨씬 큰 시너지 효과를 볼 수 있다는 말이다. 미래에는 가상현실로 사냥을 하거나 채집을 하는 상황을 설정한 상태에서 러닝머신 위를 걷거나 달리는 운동이 널리 퍼질지도 모르겠다.

한편 당장 이런 환경이 안 된다고 실망할 필요는 없다. 진화는 약간 허술한 면도 있어서 뇌는 운동과 정신활동이 가까운 시간 간격 안에서 일어나면 이 둘이 서로 연결된 것으로 '착각해' 수렵채취 활동을 할 때처럼 인지력이 향상된다는 연구결과가 나와 있기 때문이다. 헬스클럽을 다녀와서 바로 낱말퀴즈를 풀면 된다는 말이다. 이런 효과는 두 활동의 간격이 수 시간을 넘으면 나타나지 않는다.

한편 운동 강도와는 달리 운동 유형은 인지력 향상에 큰 변수가 되지 않는 것으로 나타났다. 즉 걷거나 달리거나 자전거를 타거나 일정 시간 이상 적당한 강도로만 운동을 하면 다들 효과가 있다는 말이다.

적응능력모형에 따르면 수렵채취 활동처럼 적당한 운동 강도와 머리를 쓰는 활동이 몸과 뇌의 건강에 가장 좋다. 하루 반나절 경치 좋은 길을 걷는 게 이런 운동 아닐까. 제주 올레길 전경.

제주 올레길이 유명해진 뒤 각 지자체마다 걷기 좋은 길들을 많이 만들어놓았다. 이런 길을 찾아가 반나절 걷는 게 수렵채취 활동과 가장 비슷한 운동이 아닌가 하는 생각이 든다. 올 가을에는 시간이 날 때마다 가까운 곳부터 걷기 좋은 길들을 섭렵해야겠다(인지력 향상을 위해서는 낯선 환경에 놓이는 게 중요하므로).

3-4
면역계가 우리 몸을 낯설게 느낄 때 일어나는 일들

'자아'를 '비자아'와 구별해 인식하는 것이 아마도 면역학의 기초일 것이다.

– 맥팔레인 버닛

아토피, 천식, 비염.

이 질환들의 공통점을 찾으라고 하면 많은 사람들이 금방 '알레르기(알러지)'를 떠올릴 것이다. 그렇다면 다음 질환의 공통점은?

류머티스 관절염, 크론병, 제1형(소아) 당뇨병, 갑상샘기능저하증.

별로 관계가 없어 보이는 신체부위의 질병들이라 고개를 갸웃할 독자들도 있겠지만 '자가면역질환autoimmune disease'이라는 범주에 속하는 병들이다. 알레르기와 자가면역질환 모두 면역계 이상으로 인한 질병이지만 작동 양식은 다르다. 즉 알레르기는 별 것도 아닌 외부 물질에 과민하게 반응해 신체에까지 악영향을 미친 결과이지만('빈대 잡자고 초가삼간 태운

격'이라는 속담에 해당), 자가면역질환은 면역계가 내 몸의 물질을 외부 물질로 인식해 공격한 결과 신체가 손상을 입는 현상이다('자중지란(自中之亂)'이란 사자성어에 해당).

자가면역질환이 생소한 독자들도 많겠지만 이 질환은 대체로 알레르기보다 증세가 더 심각하고 사실상 완치가 되지 않는 만성질병이다. 미국의 경우 여성의 사망원인 10위 안에 들어간다. 알레르기도 근본적인 치료제는 없지만 어쨌든 알레르기 유발물질(항원)과 접촉하지 않으면 되는데(물론 쉽지는 않다), 자가면역질환은 내 몸이 항원이기 때문에 방법이 없다. 면역계가 오작동을 해 공격하는 신체 부위에 따라 다양한 질병으로 나타나며 현재 자가면역질환 목록에 오른 질병은 80가지가 넘는다.

게다가 자가면역질환은 알레르기와 마찬가지로 환자가 점점 늘고 있다. 미국의 경우 2,400만 명으로 추정돼 전체 인구의 7%에 이른다. 이런 추세는 범세계적이서 홍콩의 경우 염증성장질환(자가면역질환인 크론병이 포함돼 있다) 환자수가 수십 년 사이 30배가 됐다. 우리나라 통계는 찾지 못했지만 이런 추세의 예외는 아닐 것이다. 필자 주변을 봐도 갑상샘기능저하증(가장 흔한 하시모토갑상샘염이 자가면역질환이다)이나 갑상샘기능항진증(역시 가장 흔한 그레이브스씨병이 자가면역질환이다)인 사람이 여럿이다.

지난 2014년 자가면역질환의 역사를 다룬 책 『불관용의 몸』이 출간됐다. 표지에 류머티스 관절염을 앓는 환자의 손이 보인다. (제공 amazon.com)

자가면역autoimmunity이란 용어는 1957년 5월 25일자 의학 학술지 『랜싯』에 처음 등장했다. 2017년은 자가면역질환이 의학계에 데뷔한지 60년이 되는 해다. 자가면역 60주년을 맞아 지난 2014년 출간된, 자가면역의 역사를 다룬 『불관용의 몸(Intolerant Bodies)』의 내용을 중심으로 자가면역질환의 현주소를 살펴본다.

자가면역 용어 데뷔 60주년

자가면역질환에 시달리는 사람들이 상당히 많고 병도 수십 가지나 되지만 불과 60년 전에야 의학계에서 공식적으로 용어가 쓰이게 된 데에는 크게 두 가지 이유가 있다. 먼저 병의 원인을 엉뚱한 데서 찾았기 때문이다. 즉 류머티스 관절염이나 낭창(루푸스) 같은 과도한 염증을 증상으로 하는 질환은 당연히 바이러스나 세균에 감염된 결과라고 가정했기 때문에 연구자들은 병원체를 찾는 데만 집중했고 항생제 투여 같은 효과 없는 치료에 매달렸다.

다음으로 면역계에 대한 굳은 믿음이 걸림돌이었다. 20세기 들어 이런 질환을 앓는 환자의 혈청에서 인체 분자에 대한 항체가 존재한다는 발견이 간헐적으로 보고됐다. 그럼에도 주류 의학계는 무시했는데 면역계가 자신이 속한 몸을 공격한다는 발상은 말이 안 된다고 여겼기 때문이다. 그러나 1940년대 들어 이런 예가 여럿 보고되면서 면역학자들은 서서히 현실을 받아들이게 됐고(그럼에도 알레르기의 일종이라고 얼버무렸다) 1951년에야 '자가면역autoimmune'이라는 형용사적 표현이 문헌에 처음 등장했다.

자가면역질환을 확립하는 데 가장 큰 공헌을 한 사람은 호주의 의

사 맥팔레인 버닛Macfarlane Burnet이다. 버닛은 면역관용의 메커니즘인 클론선택이론을 제안해 1960년 노벨생리의학상을 받은 사람이다. 면역관용이란 우리 면역계가 자기, 즉 우리 몸을 공격하지 않는 현상이다. 따라서 자가면역질환은 우리 몸에 대한 면역관용을 잃어 발생한 질환이다. 자가면역질환의 역사를 다룬 책의 제목이 '불관용의 몸'인 이유다.

호주의 바이러스 학자 맥팔레인 버닛은 1950년대 면역관용이론을 제안해 1960년 노벨생리의학상을 받았다. 버닛은 면역관용 실패의 결과인 자가면역질환 분야도 개척했다. (제공 위키피디아)

면역관용 현상을 오랫동안 고민하던 버닛은 어느 날 클론선택이라는 기발한 아이디어를 떠올렸다. 즉 개체발생과정에서 유전자 재조합으로 각각 고유한 항체를 만들 수 있는 수백만 가지 면역세포가 만들어지는데 우리 몸의 물질과 결합할 수 있는 세포(클론)는 소멸되거나 활성을 잃게 된다. 따라서 남아 있는 면역세포들은 우리 몸에 대해 관용을 지니게 된다는 설명이다.

흥미롭게도 버닛이 이런 이론을 내놓을 때 실험실의 연구원들은 몇몇 만성염증 환자의 혈청에서 인체조직을 항원으로 하는 항체를 발견했고 버닛은 면역관용에서 면역불관용으로 관심을 돌려 자가면역질환의 개념을 확립하게 된다. 그렇다면 왜 우리 면역계는 자기 조직에 대해 관용을 버리게 되는 것일까.

지카바이러스와 길랭-바레증후군

실망스럽게도 이 과정에 대해서는 아직까지도 명쾌하게 설명하고 있지 못하고 있다. 다만 원인이 매우 다양할 것으로 추정되는데, 알레르기도 그렇지만 이럴 때 흔히 써먹는 '유전과 환경의 복합요인'이라는 표현에 해당한다. 아무튼 자가면역질환이 꾸준히 늘고 있고 이는 환경요인의 비중이 꽤 큼을 시사한다. 즉 음식, 감염, 흡연 등 생활방식이 발병률과 관련이 있다고 알려져 있다. 또 하나 특기할 사실은 여성이 남성에 비해 발병률이 세 배 정도 더 높다는 것이다.

자가면역이 유발되는 주요 메커니즘의 하나가 분자구조의 유사성 molecular mimicry에서 비롯된 면역계의 착각이다. 즉 외부 물질(음식이나 병원체)을 항원으로 하는 항체가 형성될 때 불운하게도 이 항원의 구조가 우리 몸의 물질과 비슷할 경우, 이 항체를 만드는 림프구가 우리 몸의 물질을 항원으로 인식해 계속 항체를 만들어내면서 문제가 시작된다.

지난 2015년 브라질을 강타해 소두증 공포를 불러일으킨 지카바이러스의 경우 임신부가 아니면 몸살을 앓고 지나가는 수준이라 별로 걱정할 게 없다고 하지만(이런 증상을 지카열이라고 부른다), 소수의 사람들에게서 길랭-바레증후군이라는 신경계질환을 일으키는 것으로 밝혀졌다. 길랭-바레증후군은 면역계가 신경계(뉴런의 축삭을 둘러싸고 있는 수초)를 공격해 염증과 마비가 일어나는 자가면역질환으로 심할 경우 호흡근육이 마비돼 목숨을 잃을 수도 있다. 즉 지카바이러스를 항원으로 하는 항체가 수초를 공격했다는 말이다.*

* 지카바이러스와 길랭-바레증후군에 대한 자세한 내용은 『티타임 사이언스』 14쪽 "지카바이러스와 소두증" 참조.

스테로이드 약물 치료의 효시

그렇다면 자가면역질환에 걸린 사람들은 자신의 운명을 하늘의 뜻에 맡겨야 하는 걸까(증상의 정도와 병의 진행속도에 개인차가 크다). 물론 그렇지는 않다. 비록 완치할 수 있는 약물은 없지만(물론 치료를 통해 증상이 사라진 경우도 있다) 증상을 완화하는 약물은 많이 나와 있다. 즉 비스테로이드계 소염진통제에서부터 스테로이드제제, 면역억제제 등 다양한 치료법을 병행하고 있다.

한편 증세가 나타났을 때는 이미 해당 조직이 많이 파괴된 경우도 있는데 하시모토갑상샘염(갑상샘기능저하증)이나 제1형 당뇨병(췌장의 베타세포가 파괴됨)이 그런 병들다. 이 경우 갑상샘호르몬이나 인슐린호르몬을 평생 투여해야 정상적인 삶을 살 수 있다.

흥미롭게도 각종 염증질환의 '특효약'인 스테로이드제제의 발견이 자가면역질환을 치료하는 과정에서 나왔다. 1948년 미국 메이요클리닉의 류머티즘 전문의 필립 헨치Philip Hench에게 '진상' 환자가 배정된다. 극심한 류머티스 관절염을 앓고 있던 이 젊은 여성은 치료가 효과가 없음에도 병실을 떠나지 않고 무슨 수를 써서라도 고쳐달라고 떼를 썼다.

고민에 빠진 헨치는 마침 같은 병원의 생화학자 에드워드 켄들Edward Kendall이 부신에서 '화합물E'라는 물질을 분리했다는 얘길 듣고 이를 써보기로 한다. 힘들게 추출한 물질이었기 때문에 켄들은 마지못해 미량을 나눠줬고 헨치는 이를 환자에게 투여했다. 침대에 누워있던 이 여성은 48시간이 지나자 통증이 완전히 사라졌다며 헨치에게 같이 춤을 추자고 농담을 던졌다.

화합물E의 실체는 코티손cortisone으로 이 무모한 임상 이후 기적의 염증치료제로 널리 쓰이게 된다. 이처럼 황당한 생체실험을 한 헨치와 망설이다 시료를 건네 준 켄들은 이 업적으로 1950년 노벨생리의학상을 함께 받았다. 스테로이드 약물은 효과에 상응하는 엄청난 부작용이 있다는 사실이 곧 밝혀졌기 때문에 오늘날 의사들은 불가피한 경우에만 주의해서 쓰고 있다.

자가면역질환의 증상이 심각할 경우 스테로이드제제와 면역억제제를 번갈아 쓰면서 부작용을 최소화하는 전략을 택하고 있지만 그럼에도 근본적인 치료제가 아니기 때문에 많은 환자들이 힘든 삶을 살아가고 있다. 물론 새로운 치료제를 찾으려는 노력이 수십 년째 진행되고 있지만 이렇다 할 소득은 없는 상태다.

신경에 전기충격 줘 면역계 진정시켜

학술지 「네이처」 2017년 5월 4일자에는 자가면역질환을 치료하는 전혀 새로운 접근법을 소개하는 심층기사가 실렸다. 신경에 전기쇼크를 줘 이에 연결돼 있는 면역계의 활동성을 낮춤으로써 염증반응을 줄여 증상을 완화하는 방식으로, 미국 페인스타인의학연구소 케빈 트레이시Kevin Tracey 박사가 개발했다.

1998년 트레이시 박사는 면역세포가 분비하는 염증반응을 촉진하는 물질인 종양괴사인자알파TNF-α의 작용을 억제하는 CNI-1493이라는 약물을 연구하고 있었다. 하루는 이 약물을 쥐의 뇌에 넣어 뇌졸중이 일어났을 때 항염증 효과를 보려고 했는데 뜻밖에도 몸 전체에서 TNF-α의 수치가 떨어지는 현상을 관찰했다. 추가 연구를 통해 이 약물의 신호가 미주신경을 통해 몸 전체로 전달된다는 사실을 발견했다. 미주신경은 뇌와 몸 곳곳을 연결하는 신경계로 심장박동과 호흡, 장운동 등 불수의(의지와 무관) 운동 기능을 담당한다.

트레이시 박사는 약물이 아니라 미세한 전류를 일으키는 장치를 미주신경에 부착해 자극을 주면 염증반응이 억제된다는 사실도 발견했다. 트레이시 박사는 2011년 류머티스 관절염 환자 18명을 대상으로 임상을 시작했는데 12명에서 상당한 증상 개선효과가 나타났다. 크론병 환자를 대상으로 한 다른 연구진의 또 다른 임상에서도 7명 가운데 5명에서 증상이 호전됐다. 아직은 임상규모가 미미하지만 희망적으로 바라보는 시선이 많다.

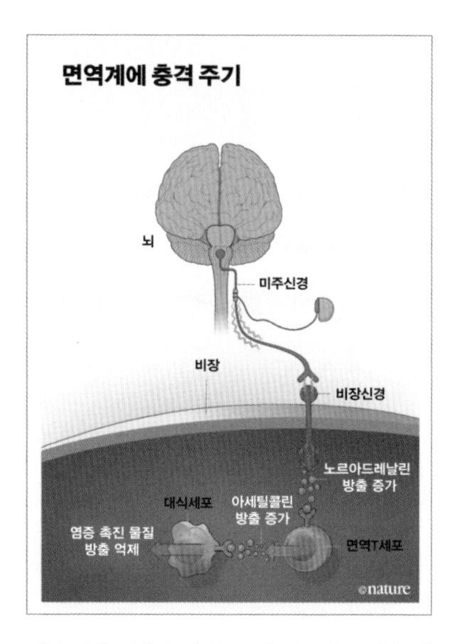

쇄골 아래 미세한 전기쇼크를 일으키는 작은 장치를 넣어 미주신경을 자극해 면역계의 염증반응을 억제. 류머티스 관절염이나 크론병 같은 자가면역질환 증상을 완화하는 소규모 임상이 성공을 거뒀다. 전기쇼크로 자극된 미주신경의 신호가 비장으로 전달돼 면역세포(대식세포)의 활동을 억제하는 메커니즘을 도식화했다. (제공 「네이처」)

기능의학적 접근도 활발

아직까지 이렇다 할 치료법이 없는 상태에서 생활습관을 개선해 증상을 완화하고 더 나아가 치유에 이르고자 하는 움직임도 일고 있다. 미국 마운트시나이대 예방의학부 수잔 블룸Susan Blum 교수는 오랫동안 만성피로에 시달렸고 체중조절에 애를 먹었는데 어느 날 검진결과 자신이 하시모토갑상샘염에 걸렸음을 알게 된다. "별 거 아니니 걱정 말고 갑상샘호르몬약을 복용하면 된다"는 주치의의 말에 반발심을 느낀 블룸은 그 뒤 자가면역질환에 대해 본격적으로 관심을 갖게 되면서 많은 사람들이 고통 받고 있는 현실을 발견한다.

블룸은 일시적인 증상 완화에 그치는 부작용이 많은 약물치료로는 희망이 없다고 보고 환자가 능동적으로 참여하는 기능의학에 주목한다. 즉 식생활 등 생활습관을 바꿔 몸의 자연치유력(이 경우 면역계 균형)을 회복해야 한다는 것이다. 2013년 블룸은 10년간의 치료경험을 담은 책을 출간했다(최근 『면역의 배신』이라는 제목으로 번역서가 나왔다).

이 책에서 블룸은 식단조절과 금연, 운동, 스트레스 관리 등 생활습관을 개선하면 자가면역질환 증상이 상당히 개선될 수 있음을 여러 임상사례를 곁들여 보여주고 있다. 사실 현대인들 다수가 겪고 있는 대사질환에 대한 처방과 겹치는 면이 많은데 어찌 보면 당연하다.

이 책을 보면 자가면역질환의 전조증상으로 만성피로, 두통, 메스꺼움 등을 들고 있는데 현대인들이라면 다들 겪고 있는 것들이다. 어쩌면 우리 몸 안에서 면역계가 우리 자신을 조금씩 허물고 있는 게 아닐까 하는 걱정이 된다. 앞으로 더욱 바른 생활을 해서 면역계가 몸을 배신할 마음을 먹지 않게 해야겠다.

3-5

약초 족도리풀, 알고 보니 독초?

> 우리가 가진 최대의 잘못된 생각들 가운데 상당수 역시 타인으로부터 배운 것이다. 사회적인 영향력 때문에 사람들이 거짓 믿음 혹은 편향된 믿음을 갖게 되었다면 특정한 넛지가 도움이 될 수 있을 것이다.
>
> – 리처드 탈러 & 캐스 선스타인, 『넛지』에서

2017년 노벨상은 농사로 치면 대풍이다. 과학상 세 부문 모두 대단한 업적인데다 사람들의 관심도 큰 주제였다(화학상은 아닌 것 같다). 문학상을 받은 가즈오 이시구로Kazuo Ishiguro 역시 작품성과 대중성을 겸비한 소설을 쓴 일본계 영국 작가다. 그의 대표작 『나를 보내지 마』(2005)는 복제인간의 사랑과 슬픔을 그린 일종의 SF다.

경제학상 역시 큰 화제가 됐는데 행동경제학을 개척한 공로로 수상한 미국 시카고대 리처드 탈러Richard Thaler 교수가 베스트셀러 『넛지

(Nudge)』(2008)의 저자이기 때문이다(하버드대 캐스 선스타인Cass Sunstein과 공저). 2009년 번역 출간된 『넛지』는 우리나라에서도 베스트셀러가 됐는데 당시 필자는 왠지 처세술을 다뤘을 것 같아 읽어보지는 않았다. 그런데 이번에 탈러의 수상 소식을 듣고 책을 사서 읽고 있다.

책은 뜻밖에도 무척 재미있는데 내용이 심리학에 가깝다(사실 행동경제학은 사회심리학의 또 다른 이름이라고도 볼 수 있지 않을까). 책의 제목인 '넛지nudge'는 원래 '팔꿈치로 슬쩍 찌르다'는 뜻으로 책에서는 '타인의 선택을 유도하는 부드러운 개입'이라는 의미로 쓰이고 있다.

저자들에 따르면 사람들은 '상당히 형편없거나 잘못된 결정'을 내리는 경우가 많다. 일상에서 마주치는 그 많은 선택의 순간에서 매번 '완벽한 정보를 가졌거나, 엄청난 인식 능력과 완벽한 자기 통제력을 지닐 수는 없기' 때문이다. 심지어 사람들 대다수는 타성에 젖어 주변에 정보가 널려 있어도 보려하지 않는다.

저자들은 많은 영역에서 일반적인 소비자들은 '초보자'이며, 따라서 능력(안목)을 지닌 사람 또는 조직이 사람들이 제대로 된 선택을 내릴 수 있도록 '정황이나 맥락'을 만들어줘야 살기 좋은 사회가 되고, 이게 곧 '유익한 넛지'라고 말한다. 물론 실제로는 이들이 잘못된 선택을 하도록 하는 '유해한 넛지'가 도처에 있다(주로 사람들이 돈을 더 쓰게 만드는 게 목적).

책에는 사람들이 비합리적인 선택을 하는 수많은 예들이 소개돼 있는데 '이 정도인가' 싶을 정도로 기가 찬 경우가 많다. 3장 "인간은 떼지어 몰려다닌다"에서 저자들은 사람들이 "다른 사람들이 기대한다고 생각되는 바에 부합하려 노력"하기 때문에 터무니없는 일임에도 남들을 따라하는 경우가 많다고 설명한다.

1992년 다이어트 약물 부작용 사례 나와

문득 얼마 전 학술지 「사이언스 중개의학」에 실린 논문이 생각났다. 동아시아에서 약재로 쓰이는 몇몇 약초가 간암을 일으킨다는 충격적인 내용이다(특히 대만과 중국 사람들이 피해가 컸다). 그런데 사실 이 약초 가운데 하나가 이미 20여 년 전 많은 사람들에게 신부전증을 일으키는 게 밝혀져 사용이 금지됐음에도 여전히 널리 쓰였고 약성이 비슷한 다른 약초는 이런 제한도 없이 쓰여 그 결과 최근 간암과의 연관성까지 밝혀진 것이다.

약초는 천연물인데다 수천 년 동안 약재로 쓰였으니 몸에 안전할 거라는 사람들의 막연한 믿음이 화를 키운 셈이다. 논문에 실린 도표를 보면 대만의 경우 간암 환자의 무려 78%, 중국은 47%가 쥐방울덩굴과(科) 약초 복용으로 일어난 유전자의 돌연변이가 관여된 것으로 나타났다. 지나친 음주나 간염바이러스 감염을 간암 발생의 주된 환경 요인으로 알고 있었던 필자로서는 충격적인 수치다. 한편 우리나라의 경우는 간암의 13%가 이 약초와 관련이 있었다. 20년 전 이미 심각한 문제를 일으킨 약재가 이런 엄청난 결과를 초래하게 방치했다니 이게 어떻게 된 일일까.

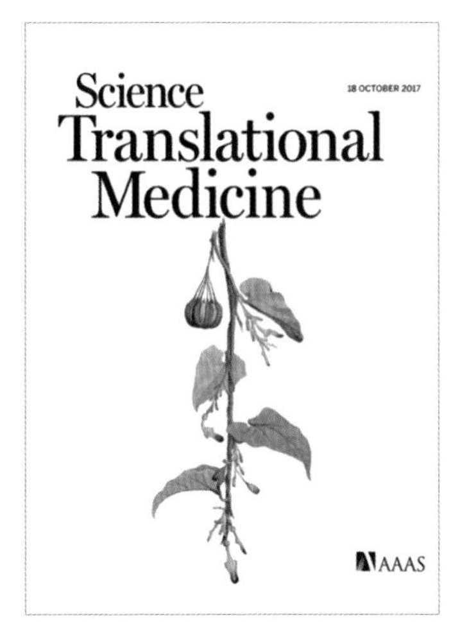

「사이언스 중개의학」 2017년 10월 18일자 표지. 쥐방울덩굴속 식물을 그린 아름다운 세밀화이지만 정작 관련 논문은 이 약초가 간암을 일으킨다는 내용을 다루고 있다. (제공 「사이언스 중개의학」)

쥐방울덩굴이라는 귀여운 이름으로 불리는 식물의 어두운 면이 처음 드러난 건 1992년으로 거슬러 올라간다. 1991년 벨기에 브뤼셀의 한 자연요법 병원에서 체중감량 프로그램에 참여했던 여성 두 명이 이듬해 급성 신부전증으로 신장이 완전히 망가져 투석을 받아야 하는 신세가 됐다.

조사 결과 이 병원에서는 1990년 6월 체중감량 약물의 처방을 바꿔 중국 약재 두 종을 추가했는데, 한방기(漢防己, 분방기(粉防己)라고도 부르며 학명은 *Stephania tetrandra*이다)와 후박*Magnolia officinalis*의 뿌리 추출물이다. 그 뒤 이 다이어트 천연조제 약물을 복용하다 신장이 망가져 투석에 이른 여성 일곱 명이 추가로 확인됐고, 이에 대해 '중국약초신장병'이라는 이름이 붙었다. 벨기에 당국은 1992년 말 두 약재의 판매를 금지했다.

그럼에도 중국약초신장병 환자가 계속 나와 1998년에 이르러 100명이 넘었고 이 가운데 70%가 투석을 받는 상황에 이르렀다. 또 다수에게서 훗날 방광암이나 요로암이 발생했다. 벨기에 당국은 정밀조사에 들어갔고 이 과정에서 뜻밖의 사실이 밝혀졌다. 다이어트 약물에서 신장을 망가뜨린 게 한방기가 아니라 광방기(廣防己, 학명은 *Aristolochia fangchi*이다)였다. 한방기로 알고 쓴 약초가 실은 광방기였던 것이다. 어떻게 이런 일이 일어났을까.

중국에서는 생김새가 비슷한 여러 약초를 아울러 방기(防己)라는 이름으로 불렀고 이 가운데 한방기와 광방기도 포함돼 있다. 이처럼 중국의 약초 가운데는 식물분류학적으로는 별 관계가 없더라도 생김새가 비슷해 같은 계열의 이름을 갖게 돼 혼용될 가능성이 높은 것들이 있다. 참고로 방기는 관절통, 수족경련, 중풍, 부종 등 여러 증상에 대해 쓰였다. 아마도 벨기에의 자연요법의사가 한방기가 살을 빼는 효과가 있다는 얘기를 듣고(붓기를 빼주는 것과 관련이 있을까?) 다이어트 약물 처방에 추가했을 것이다.

한편 유럽 발칸반도의 나라들인 세르비아, 보스니아, 크로아티아, 불가리아, 루마니아에서도 일종의 토착병으로 심각한 신장질환과 요로암 발생이 알려져 있었는데, 정밀조사 결과 광방기와 같은 속의 식물이 원인인 것으로 밝혀졌다. 즉 밀을 수확할 때 함께 자라던 잡초 아리스톨로키아 클레마티티스*Aristolochia clematitis*의 씨앗도 밀알에 섞여 들어갔고 이를 먹은 사람들이 탈이 난 것이다. 물론 이 경우는 섭취하는 양이 적어 수십 년이 지나서야 증상이 나타난다. 연구자들은 이를 '발칸-토착신장병'이라고 불렀다.

결국 중국약초신장병과 발칸-토착신장병은 둘 다 *Aristolochia*, 즉 쥐방울덩굴속(屬) 식물이 원인이라는 말이다. 이에 따라 많은 나라에서 쥐방울덩굴속 식물의 유통이 금지됐다. 그렇다면 쥐방울덩굴속의 어떤 성분이 문제를 일으킨 것일까.

DNA에 달라붙어 변이 일으켜

이 약초에는 아리스톨로크산aristolochic acid이라는 폴리페놀분자와 관련 분자들이 존재하는데(이하 뭉뚱그려 AA라고 부른다), 벨기에 처방에 쓰인 광방기 분말에는 1그램 당 0.65밀리그램 수준으로 들어있었다. 그리고 AA가 바로 문제를 일으키는 것으로 밝혀졌다.

AA는 세포핵에 있는 게놈 DNA의 퓨린 염기(아데닌이나 구아닌)에 달라붙는다. 그 결과 DNA를 복제하는 과정에서 착오가 일어나 아데닌이 티민으로 바뀌면서 해당 유전자에 돌연변이가 생긴다. TP53 같은 암억제 유전자에 이런 사고가 나면 암세포가 될 수 있다. 우리 몸의 입장에서

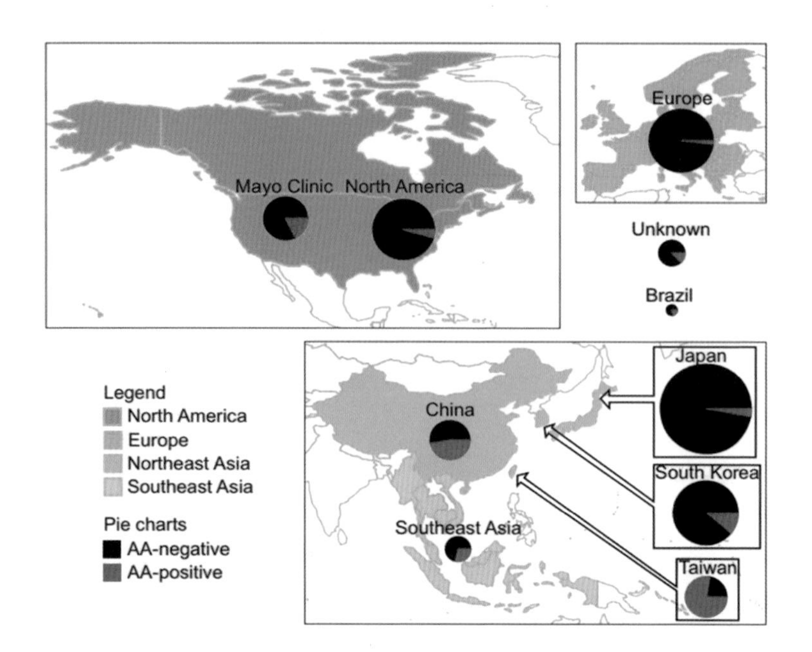

동아시아의 전통처방에 약재로 쓰이는 쥐방울덩굴과 식물에 들어있는 아리스톨로크산(AA)은 DNA를 공격해 변이를 일으킨다. 전체 간암에서 AA 관련 간암(빨간색)의 비율을 나타낸 도표로 대만은 78%, 중국은 47%에 이르고 우리나라도 13%를 차지한다. 원의 크기는 조사한 간암 건수에 비례한다. (제공 「사이언스 중개의학」)

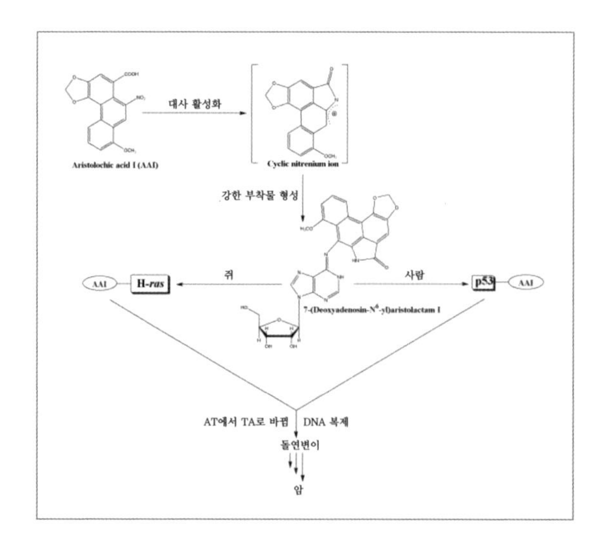

AA가 돌연변이를 일으키는 메커니즘. AA가 대사되는 과정에서 중간 산물이 DNA의 아데닌(A) 염기에 달라붙는다. 그 뒤 DNA를 복제하는 과정에서 상보적인 가닥에 티민(T) 대신 아데닌이 들어와 결국 A에서 T로 바뀌는 변이가 일어난다. TP53 같은 암억제 유전자에 이런 변이가 일어나면 암이 생길 수 있다. (제공 미국 보건사회복지부)

는 AA가 생체이물xenobiotic이므로 이를 대사하는 과정에서 AA와 접촉하는 신장이나 요로, 간의 세포가 변이를 겪을 가능성이 높고 따라서 이 부위에서 암이 생기는 것이다.

싱가포르와 대만의 공동연구자들은 먼저 대만의 간암 환자 98명을 대상으로 암세포의 전체 엑솜(게놈에서 유전자가 있는 부위)을 분석해 이 가운데 76명(78%)의 암 관련 유전자에서 AA가 일으킨 돌연변이를 발견했다. 그 뒤 네트워크를 동원해 세계 각국의 간암 환자 1,400명의 암세포 전체 엑솜 데이터를 입수해 분석했다.

그 결과 중국 간암 환자의 47%가 AA와 관련이 있게 나왔고 화교들이 많이 사는 동남아시아도 29%나 됐다. 그다음이 우리나라로 13%(231명 가운데 29명)였고 일본은 2.7%에 불과했다. 한편 유럽은 1.7%였고 북미의 경우는 그 세 배인 4.8%였지만 아시아계 87명의 22%가 AA 관련 변이가 있는 걸로 설명이 된다. 즉 동아시아의 전통 약초 처방이 많은 곳일수록 AA 관련 간암 발생의 위험성도 높다는 게 뚜렷이 입증된 것이다. 실제 연구자들은 1997년에서 2003년 사이 대만의 전통의학 처방을 조사한 결과 인구의 3분의 1이 AA가 포함된 약초를 복용했을 것으로 추정했다.

논문 말미에서 저자들은 또 다른 충격적인 사실을 얘기하고 있는데 AA가 쥐방울덩굴속 약초에만 들어있는 게 아니라는 것이다. 즉 분류학적으로 한 단계 위인 쥐방울덩굴과(科) 식물 다수가 AA를 지니고 있고, 역시 약재로 쓰이는 족두리속*Asarum* 식물에도 들어있다는 것이다. 족두리풀이라고 부르는 이 식물의 약재명은 세신(細辛)이다. 세신 역시 각종 통증과 호흡기질환, 부종 등에 쓰인다.

논문에서 저자들은 전통의학 처방에서 광방기보다 세신이 더 널리

「사이언스 중개의학」에 발표한 논문에서 저자들은 대만에서 2003년 쥐방울덩굴속 약초의 유통이 금지된 뒤에도 AA관련 간암이 만연한 주된 이유가 역시 AA를 함유한 족도리속 약초가 제한 없이 널리 쓰였기 때문이라고 추정했다. 족도리풀(학명 *Asarum sieboldii*)의 모습으로, 약재로 쓰이는 뿌리줄기를 세신(細辛)이라고 부른다. (제공 위키피디아)

쓰이고 있다며 그럼에도 쥐방울덩굴속인 광방기와는 달리 족두리속인 세신은 중국약초신장병 사태 이후에도 여전히 아무런 규제 없이 사용되고 있다고 개탄했다. 우리나라의 경우도 2005년 쥐방울덩굴속 약재의 유통과 사용을 금지했지만 세신에 대해서는 아직 규제가 없는 것 같다.

우리는 언제부터인가 특히 약의 경우 '천연은 좋고(부작용이 적고) 합성은 나쁘다', '(여러 성분이 섞여 있는 상태인) 식물추출물은 안전하고 정제된 약물은 해롭다'는 편견에 사로잡혀 있는 것 같다. 약물의 부작용(독성)은 개별 약물(분자)의 속성이지, 이게 천연인지 합성인지는 본질적인 문제가 아닌데도 말이다. 사실 아스피린이나 메트포르민(당뇨병약)처럼 합성약물 가운데 상당수는 천연물(각각 살리실산나트륨과 구아니딘)의 부작용을 줄이기 위해 구조를 살짝 바꾼 분자들이다.

그럼에도 매체, 특히 건강 프로그램을 많이 내보내는 종편 등에서는 오늘도 약초 전문가들이 나와 천연이 좋다고 줄기차게 '그릇된' 넛지를 하고 있다. 다음은 이번 논문의 마지막 구절로 보건당국이 '유익한' 넛지를 구상하는 데 도움이 되기를 바란다.

"AA를 함유한 식물을 쉽게 구할 수 있다는 점을 고려할 때, 일차적인 예방을 위해서는 교육과 대중의 자각이 시급하다. 아울러 전통 약재 이름이 혼란스러워 소비자와 공급자 모두 식물의 실체를 확실히 알기 어렵고 한 약재에 여러 식물이 섞여 있기도 하고 심지어 엉뚱한 이름이 붙어있기도 하다. 따라서 약재의 성분을 확인할 수 있는 크로마토그래피 같은 분석법과 약재 유통을 관리하는 규제가 병행돼야 AA에 대한 노출을 줄이는 데 도움을 줄 수 있다."

나쁜 넛지하는 중국 정부

쥐방울덩굴과(科) 약초와 간암의 관계를 밝힌 「사이언스 중개의학」 논문이 나가고 한 달 쯤 지난 2017년 11월 30일자 학술지 「네이처」에는 전통중의학에 대한 규제를 대폭 완화하기로 한 중국 정부의 방침을 비판하는 사설과 기사가 실렸다.

이에 따르면 중국은 2018년부터 전통 처방에 충실할 경우 안전성이나 효과에 대한 임상시험 없이도 기업체가 약품으로 팔 수 있게 된다. 또 전통중의학 의료진을 대폭 늘리기 위해 이를 전공하는 학생들은 2017년 7월부터 서구의학 중심의 의사자격국가고시를 치르지 않고 도제수업을 받아 권위자의 시험을 통과하면 전통중의학 의사가 될 수 있다. 한마디로 서구의 영향력이 미치지 않았던 19세기 이전으로 회귀하겠다는 것이다.

이런 정책변화의 배경에는 '중국굴기'를 부르짖는 시진핑 국가주석이 있다. 시 주석은 의료비가 많이 드는 서구의학 대신 전통중의학을 부흥해 중국인들이 더 많은 의료혜택을 누리게 하겠다고 약속했다. 이를 위해서 수백~수천 년 동안 쓰여 약효와 안전성과 입증된 처방에 대해 비용과 시간이 많이 드는 임상시험을 면제해주고(다만 전통 처방을 충실히 따른다는 전제는 있다) 현재 인구 1만 명 당 세 명이 채 안 되는 전통중의학 의사들을 1만 명 당 네 명으로 늘리기 위해 자격조건을 완화한 것이다.

많은 의사들이 이런 움직임을 우려하고 있지만 내놓고 말하지 못하고 있다. 여전히 전체주의 국가인 중국에서는 고위급이 민감하게 반응하는 사안에 대해서는 다른 목소리를 내기 어렵고 설사 발언하더라도 바로 삭제된다. 쥐방울덩굴과 약초와 간암의 관계를 밝힌 논문을 소개한 뉴스도 사람들의 관심이 높아지자 모습을 감췄다.

의료산업의 국가경쟁력을 높이기 위해서라는 명분으로 우리나라 정부에서도 비슷한 규제완화를 검토하는 일이 일어나지 않기를 바란다.

Part.4
인류학

4-1
4만 년 전 네안데르탈인 화석, 알고 보니 30만 년 전 호모 사피엔스!

고인류학 분야에서 획기적인 연구 성과는 크게 두 가지 유형이 있는 것 같다. 하나는 전혀 예상치 못한 발견으로 최근 호모 날레디가 불과 30만 년 전에 살았다는 논문 발표가 그런 예다(학술지 「이라이프」 2017년 5월 9일자). 2015년 호모 날레디를 처음 소개하며 연구자들은 호모속(屬)으로 분류했지만 작은 뇌 용량 등 오스트랄로피테쿠스속과 과도기적인 특징을 보인다고 설명했다. 당시 연대측정은 안 됐지만 200만 년 전은 되지 않을까 추측했다. 그런데 이번에 연대측정을 제대로 한 결과 이런 원시적인 외모의 인류가 불과 30만 년 전에 살았던 것으로 밝혀진 것이다. 연구자들은 호모 날레디가 현생인류와 한동안 공존했을 것이라고 추측했다.*

두 번째 유형은 '이런 화석이 있으면 딱 좋을 텐데…'라고 생각하는 화석이 정말 발견된 경우로 학술지 「네이처」 2017년 6월 8일자에 실린

* 호모 날레디에 대한 자세한 내용은 142쪽 "호모 날레디, 고인류학을 비추는 별이 될까" 참조.

30만 년 전 현생인류 화석을 보고한 논문이 그런 경우다. 앞에 언급했듯이 30만 년 전 호모 날레디가 현생인류와 공존했을 거라는 시나리오는 당시 호모 사피엔스가 살고 있었다는 말이지만 이전까지는 동아프리카 에티오피아에서 발굴된 20만 년 전 호모 사피엔스 화석이 가장 오래된 것이었다.

따라서 호모 사피엔스의 '공식적인' 역사는 20만 년이고 실제 대부분의 문헌은 그렇게 쓰고 있었다. 그럼에도 호모 날레디를 발견한 고인류학자들을 비롯해 많은 사람들은 호모 사피엔스의 역사가 그보다 더 오래됐다고 생각했다. 따라서 확실한 증거, 즉 화석이 나오기만 기다리고 있었다.

이런 배경에는 게놈 정보를 해석해 인류 진화의 연대를 추정한 결과에 대한 믿음이 있다. 2000년대 들어 네안데르탈인의 게놈이 해독되면서 이들과 현생인류의 공통조상이 대략 60만 년 전에 갈라진 것으로 나왔기 때문이다. 물론 게놈에서 일어나는 DNA 염기의 임의 돌연변이 속도를 특정한 값으로 놓고 산출한 결과이기 때문에 엄밀히 말하면 추정일

30만 년 전 호모 사피엔스의 화석이 발굴된 모로코 제벨 이르후드의 발굴 현장. 북서아프리카에서 가장 오래된 화석이 발견되면서 현생인류의 동아프리카 기원설이 타격을 입었다. (제공「네이처」)

뿐이다. 아무튼 이에 따르면 60만 년 전에서 20만 년 전 사이 호모 사피엔스가 등장했다는 말이다.

이런 중에 30만 년 전에는 현생인류가 아프리카 대륙을 누비고 다녔을 거라는 강력한 '간접증거'를 담은 논문이 2013년 발표됐다. 즉 아프리카 카메룬에 사는 음보족Mbo의 6.3%가 다른 인류와 대략 34만 년 전(뒤에 28만 년으로 약간 줄어듦)에 공통조상에서 갈라진 Y염색체를 지니고 있는 놀라운 내용이었다. 이들도 당연히 호모 사피엔스이므로(아니라면 인류학 최대의 발견이다!) 늦어도 30만 년 전에는 현생인류가 확립됐을 거라는 말이 된다. 이번 발견으로 더 오래된 화석이 나오기 전까지는 '30만 년 전 등장한 현생인류'라는 표현이 공식적으로 쓰일 것이다.

23andMe가 밝혀낸 인류역사의 놀라운 비밀

2013년 학술지 「미국인간유전학저널」에는 아프리카계 미국인의 일부가 현생인류의 것이라고 볼 수 없는 Y염색체를 갖고 있다는 놀라운 연구결과가 실렸다.

미토콘드리아 게놈이 모계를 통해 전달된다면 Y염색체는 부계를 통해 이어진다. 감수분열 과정에서 Y염색체 가운데 일부는 X염색체와 재조합을 하지만 대부분의 영역은 재조합이 안 된다. 각각 성을 결정하는 데 중요한 역할을 하게 독자적으로 진화했기 때문이다. 따라서 Y염색체 역시 현생인류의 여정을 추적하는 데 유용한 지표가 되고 있다. 그리고 지금까지의 염기서열 데이터는 미토콘드리아 게놈과 마찬가지로 전부 현생인류의 범주 안에 있었다.

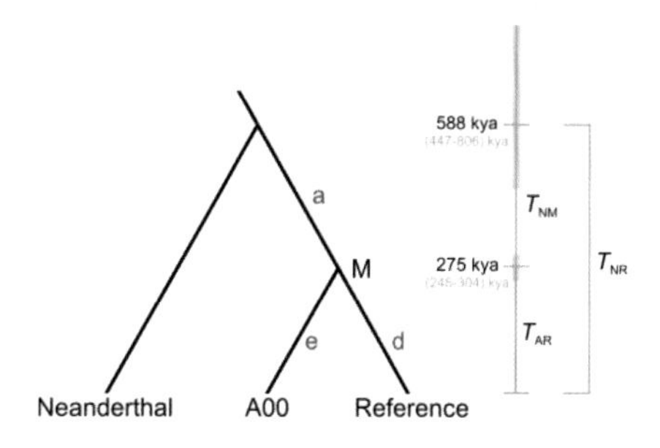

아프리카계 미국인 일부가 오늘날 인류의 범주 밖의 Y염색체를 갖고 있다는 사실이 밝혀진 뒤 아프리카인 수천 명의 Y염색체를 분석한 결과 카메룬의 음보족 가운데 11명의 Y염색체도 그렇다는 사실이 확인됐다. (제공「미국인간유전학저널」)

그런데 수년 전부터 '23앤드미(23andMe)' 같은 개인 게놈을 분석해 결과를 알려주는 회사들이 생기면서 많은 사람들이 이용하고 있다. 이 업체들은 단일염기다형성SNP 분석을 통해 주로 특정 질병에 걸릴 가능성 같은 건강정보를 제공하는 한편 의뢰자의 계보도 알려준다. 대다수가 이민자의 후손인 미국인들은 이를 통해 자신의 조상을 찾는 데 관심이 많다고 한다.

그런데 아프리카계 미국인 고객들 가운데 일부에서 Y염색체의 SNP 데이터가 현생인류의 범주를 벗어난 것으로 나타난 것이다. 깜짝 놀란 회사는 이 결과를 미국 애리조나대 생명공학부 마이클 햄머Michael Hammer 교수팀에 알려줬고 연구자들은 이들의 Y염색체를 좀 더 자세히 분석해 정말 그렇다는 결론을 얻었다. 즉 이들에게 Y염색체를 준 조상은 오늘날 다른 인류의 조상과 대략 34만 년 전에 갈라진 인류였다는 것이다. 연구자들은 이들을 'A00'이라고 명명했다.

그렇다면 오늘날 아프리카에 살고 있는 사람들 가운데서도 A00의 Y염색체를 지닌 사람이 있지 않을까. 이를 알아보기 위해 연구자들은 아프리카 10개국 5,648명의 시료를 분석했고, 그 가운데 11명(0.19%)이 A00에 가까운 Y염색체를 갖고 있다는 사실을 발견했다. 이들 11명은 모두 카메룬 서부지역에 살고 있는 음보족에 속해 있었다. 시료 가운데 174개가 음보족의 것이었으므로, 이들 가운데 6.3%가 오늘날 인류와 다른 Y염색체를 지니고 있는 셈이다.

한편 아프리카계 미국인 가운데 일부가 A00 유래의 Y염색체를 갖는 건 15~19세기 서아프리카에서 노예사냥꾼에게 잡혀 미국으로 건너온 이들 조상의 일부가 이 염색체를 갖고 있었기 때문이다. 아이러니하게도 인류 최악의 반인륜적 범죄의 결과가 놀라운 인류의 비밀을 밝히는 데 일조한 셈이다.

Y염색체 게놈을 분석한 결과 현생인류와 네안데르탈인은 공통조상에서 약 59만 년 전 갈라졌다. 한편 카메룬 음보족의 6.3%가 다른 인류와 약 28만 년 전 갈라진 Y염색체를 지니고 있다는 사실이 밝혀졌다. 이는 늦어도 30만 년 전에는 호모 사피엔스가 등장했음을 뜻한다. (제공 「미국인간유전학저널」)

흥미로운 사실은 오늘날 음보족이 살고 있는 곳에서 800킬로미터도 떨어지지 않은 나이지리아의 '이워 엘레루Iwo Eleru' 지역에서 약 1만3000년 전 인류의 뼈가 발견됐는데 형태를 분석한 결과 현생인류와 고인류의 특징이 섞여 있었다는 것이다. 이는 음보족 일부가 오늘날 인류의 것이 아닌 Y염색체를 갖고 있다는 결론에 신빙성을 더해주고 있다. 연구자들은 앞으로 사하라 사막 이남 아프리카인과 아프리카계 사람들의 게놈을 더 분석해보면 이들의 계보에 대한 좀 더 명확한 그림이 그려질 것으로 예상했다.

「네이처」 6월 8일자에는 이번 발견을 담은 논문 두 편과 이에 대한 해설이 실렸다. 읽어 보니 50년이 넘는 꽤 복잡한 역사가 얽혀 있고 그사이 논란도 있었던 것 같다. 해설과 논문의 내용을 바탕으로 이번 발견의 의미를 소개한다.

눈 위 뼈 융기 뚜렷해 네안데르탈인으로 착각

1961년 모로코 제벨 이르후드Jebel Irhoud의 한 채석장에서 사람 뼈 화석이 발견됐다. 이 소식을 듣고 프랑스의 고인류학자들이 현장을 찾았고 이듬해까지 거의 완전히 보존된 두개골을 포함해 화석 여러 점과 석기들을 수습했다. 연구자들은 화석을 분석한 결과 4만 년 전 살았던 네안데르탈인이라고 발표했다. 당시는 네안데르탈인에서 현생인류가 진화했다고 생각하고 있었고 두개골에서 보이는 안와 상부의 융기(눈 위에 툭 튀어나온 뼈)가 네안데르탈인의 전형적인 특징이었기 때문이다. 연구자들은 이 화석을 '아프리카의 네안데르탈인'이라고 불렀다.

그러나 1970년대 들어 화석을 좀 더 면밀히 관찰한 연구자들은 이 화석의 주인공이 네안데르탈인이 아니라 현생인류, 즉 호모 사피엔스라고 결론을 내렸다. 즉 안와 상부의 융기가 보이지만 그 정도가 네안데르탈인보다 덜하고 무엇보다도 뺨과 턱, 치아 등 얼굴의 전반적인 특징이 억센 네안데르탈인보다는 섬세한 현생인류에 더 가까웠기 때문이다. 다만 얼굴이 좀 더 넓적하고 컸다.

2007년 학술지 「미국립과학원회보」에 발표한 논문에서 연구자들은 1968년 발굴된 아이의 턱뼈를 상세히 조사한 연구결과를 실었다. 즉 치아의 성장패턴을 분석한 결과 호모 사피엔스가 확실하다는 사실을 밝혔다. 현생인류의 치아 발달은 호모 에렉투스나 네안데르탈인보다 천천히 진행된다. 한편 전자스핀공명연대측정법으로 연대를 측정한 결과 16만 년 전 인류로 밝혀졌다.

그런데 이번에 추가 발굴의 결과가 발표되면서 연대가 거의 두 배나 더 오래됐다는 결과가 나온 것이다. 독일 막스플랑크진화인류학연구소와 프랑스 콜레주드프랑스 등의 공동연구자들은 제벨 이르후드 유적지를 추가 발굴하는 과정에서 보존이 잘 돼 있는 7번 층에서 인골 화석을 여러 점 수습했다. 아울러 6번 층과 7번 층에서 이들이 사용한 것으로 보이는 석기들을 무더기로 발굴했다.

석기 중에는 불에 탄 흔적이 있는 부싯돌이 여러 점 있었는데, 연구자들은 6번 층의 시료 8점, 7번 층의 시료 6점을 대상으로 열발광연대측정법을 써서 연대를 측정했다. 광물이나 토기 같은 물질의 결정에는 결함이 존재하는데, 주위의 방사성 동위원소가 붕괴할 때 나오는 방사선을 흡수해 불안정해진 결정의 전자가 결함에 포획된다. 따라서 시간이 오래될수록 포획된 전자의 개수도 늘어난다.

이 물질을 500도가 넘는 고온에 두면 포획된 전자가 에너지를 얻어 탈출하면서 빛을 낸다(열발광). 이때 빛의 세기를 측정해 시료의 연대를 추측한다. 불에 탄 부싯돌이 좋은 시료인 이유는 불의 열기로 결정 결함에 잡혀있던 전자가 다 빠져나가 '영점조절'이 된 이후에 다시 전자가 축적된 것이기 때문이다.

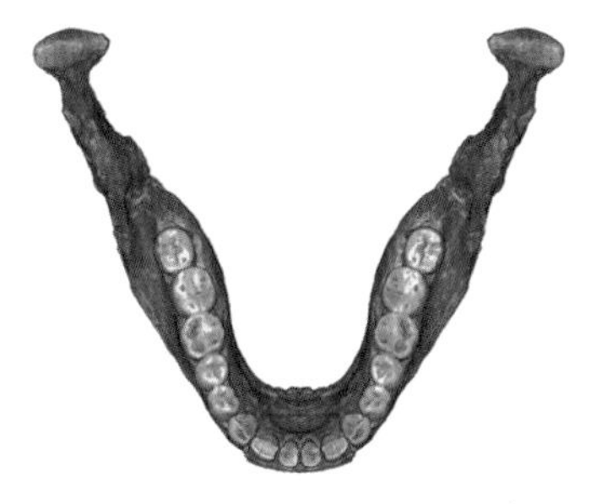

제벨 이르후드 재발굴 과정에서 찾아낸 성인의 아래턱뼈 화석이다. 크기가 좀 클 뿐 형태는 오늘날 사람들과 거의 비슷하다. 세 번째 어금니(사랑니)까지 제자리에 잘 잡혀있다. 그 뒤 턱이 작아지는 방향으로 진화하면서 사랑니가 위치할 공간이 부족해져 오늘날 많은 사람들이 고생하고 있다. (제공「네이처」)

열발광연대측정 결과 6번 층의 시료들은 평균 30만2000년, 7번 층의 시료들은 평균 31만5000년 전에 불에 탄 것으로 분석됐다. 측정과정의 불확실성을 감안한 표준편차는 3만 년 정도다. 따라서 사람의 뼈가 나온 7번 층의 연대는 35만~28만 년 전이라고 볼 수 있다.

연구자들은 2007년 논문에서 16만 년 전으로 추정된 턱뼈 화석의 측정과정을 면밀히 검토한 결과 오류가 있었다는 사실을 발견해 다시 정밀하게 측정을 했고 그 결과 28만6000년 전이라는 새로운 결과를 얻었다. 이는 7번 층 부싯돌의 열발광연대측정 결과의 범위 안에 들어가는 값이다. 따라서 대략 30만 년 전이라고 볼 수 있고 따라서 호모 사피엔스의 공식역사가 기존의 20만 년 전에서 10만 년이나 더 길어진 셈이다.

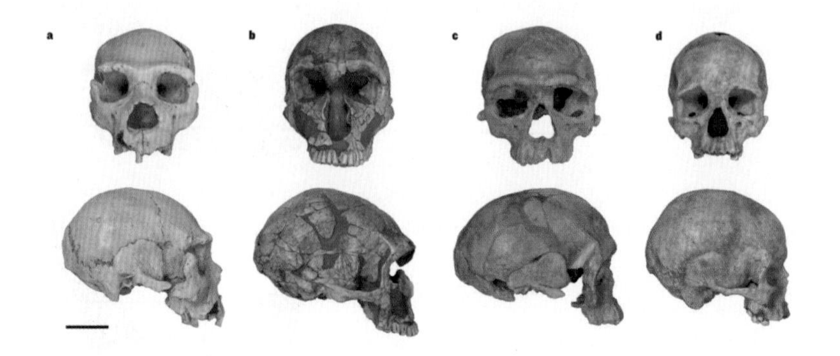

현생인류와 네안데르탈인은 대략 60만 년 전 공통조상에서 갈라진 뒤 각자 진화의 길을 걸었는데 그 과정이 비슷하다. 즉 얼굴 윤곽의 진화가 먼저 일어나고 나중에 뇌가 커지는 진화가 일어났다. 왼쪽부터 스페인 시마데로스우에소스에서 발굴된 약 43만 년 전 네안데르탈인, 프랑스 라페라시에서 발굴된 6만~4만 년 전 네안데르탈인, 모로코 제벨 이르후드에서 발굴된 35만~28만 년 전 호모 사피엔스, 프랑스 아브리빠또에서 발굴된 약 2만 년 전 호모 사피엔스다. 후기 호모 사피엔스의 머리 형태가 꽤 다름을 알 수 있다. (제공「네이처」)

네안데르탈인도 비슷한 길을 걸었지만...

한편 영국 국립자연사박물관의 크리스 스트링어Chris Stringer 박사와 줄리아 골웨이-위텀Julia Galway-Witham 박사는 같은 호에 이번 발견에 대한 해설을 썼는데 뒷부분에서 흥미로운 관점을 제시했다. 즉 이번 30만 년 전 호모 사피엔스 화석과 지난 2014년 학술지「사이언스」에 발표된 43만 년 전 네안데르탈인 화석을 소개하면서 그 뒤 두 종에서 일어난 진화과정을 비교했는데 꽤 흥미롭다.

앞서 얘기했듯이 게놈 분석 결과에 따르면 네안데르탈인과 현생인류는 대략 60만 년 전 공통조상에서 갈라서 제 갈 길을 갔다. 따라서 외모도 점점 멀어졌을 가능성이 높다. 그렇다면 43만 년 전 네안데르탈인과 30만 년 전 호모 사피엔스 사이의 차이는 우리가 익숙한 네안데르탈인과 현생인류의 차이보다 적지 않을까. 글과 함께 실린 두개골 비교 사진을 보면 그런 것 같다. 1962년 전문가들조차 이 화석을 '아프리카의 네안데르탈인'이라고 불렀을 정도다.

43만 년 전 네안데르탈인은 옆에 있는 6만~4만 년 전 네안데르탈인과 안와 상부 융기 등 얼굴 형태는 비슷하지만 좀 더 넓적하고 무엇보다도 뇌 크기가 더 작다. 즉 네안데르탈인 역시 얼굴의 형태가 먼저 잡히고 그다음으로 뇌가 커지는 방향으로 진화했다는 말이다. 흥미롭게도 비슷한 시기 동아시아에 살던 호모 에렉투스 역시 뇌가 커지는 방향으로 진화가 일어났다.

저자들은 세 종에서 뇌가 커지는 방향으로 진화가 일어났지만(수렴진화) 뇌의 세부적인 구조에서는 차이가 생겨 결과적으로 인지능력이 더 뛰어나게 진화한 현생인류가 다른 인류를 몰아내고 지구를 차지했을 거라고 설명한다. 즉 30만 년 전 초기 호모 사피엔스는 아직 '슬기로운(sapiens)' 존재가 아니라는 말이다.

뇌의 진화, 크기보다 형태가 중요

막스플랑크진화인류학연구소 연구자들은 논문이 나가고 7개월이 지난 2018년 1월 25일자 학술지 「사이언스 어드밴시스」에 현생인류의 뇌 형태가 어떻게 진화했는가를 분석한 논문을 실었다. 다양한 시대의 호모 사피엔스 두개골 화석을 분석해 앞서 논문의 가설을 입증한 것이다.

연구자들은 분석할 호모 사피엔스 두개골 20점을 시기에 따라 세 무리로 나눴다. 먼저 30만 년 전에서 20만 년 전 사이 북아프리카와 동아프리카에 살았던 호모 사피엔스 3점으로 앞서 논문의 화석과 그 이전까지

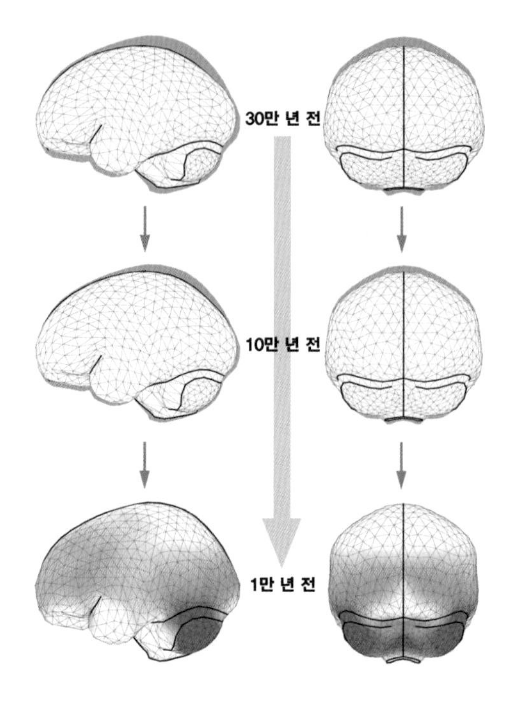

지난 30만 년 동안 호모 사피에스의 머리 형태가 어떻게 바뀌었는지 명쾌하게 밝힌 논문이 2018년 나왔다. 이에 따르면 머리 폭은 좁아지고 높이는 높아지는 방향으로 진화했다. 위로부터 아래로 30만 년 전, 10만 년 전, 1만 년 전 뇌 형태의 변화를 보여주고 있는데 왼쪽은 옆에서, 오른쪽은 뒤에서 본 모습이다. 녹색이 짙을수록 표면이 늘어났음을 뜻한다. (제공 「사이언스 어드밴시스」)

가장 오래된 현생인류라고 여겨졌던 화석이 포함돼 있다. 다음으로 13만 년 전에서 10만 년 전 동아프리카와 중동에 살았던 호모 사피엔스 4점이 한 그룹이고 끝으로 3만5000년 전에서 1만 년 전 살았던 현생인류 13점으로 오늘날 사람들과 거의 차이가 없다.

두개골 용적과 모양을 비교분석한 결과 뇌의 크기는 30만 년 전 이미 오늘날 인류의 범위 안에 들어온 것으로 나타났다. 하지만 뇌의 형태는 10만 년 전에서 3만5000년 전 사이에 오늘날의 모습을 지니게 변화한 것으로 드러났다. 즉 첫 번째 그룹의 뇌 형태는 호모 에렉투스와 네안데르탈인의 중간쯤이라고 볼 정도로 오늘날 인류와는 모양이 꽤 달랐고 두 번째 그룹도 많이 바뀌기는 했지만 여전히 세 번째 그룹과는 유의미한 차이가 있다는 말이다. 요약하자면 호모 사피엔스의 뇌는 폭이 좁아지고 높이가 높아지는 방향으로 진화했다. 즉 뇌의 모양이 럭비공에서 축구공에 가깝게 변한 것이다.

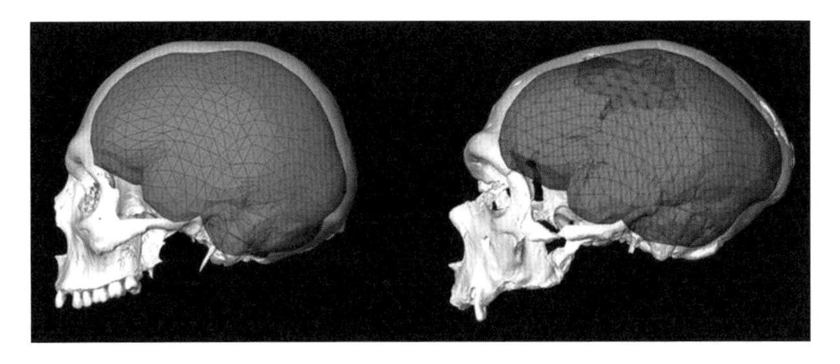

오늘날 인류의 뇌(왼쪽)와 네안데르탈인의 뇌(오른쪽)는 모양이 꽤 다르다. 축구공과 럭비공의 차이라고 할까? (제공「사이언스 어드밴시스」

그 결과 두정엽과 소뇌가 더 커져 인지능력이 전반적으로 좋아졌고(두정엽) 움직임과 공간지각, 언어구사 등이 한층 정교해졌다(소뇌). 이런 뇌의 변화는 이들이 남긴 고고학 유물의 변화와도 잘 맞는다. 흥미롭게도 아기가 태어난 뒤 3개월 동안 뇌에서 가장 빠르게 성장하는 부분이 소뇌로 두 배 이상 커진다. 호모 사피엔스의 뇌 진화에서 소뇌가 대뇌 이상으로 중요한 역할을 했을지도 모른다는 얘기다.

4-2

호모 날레디, 고인류학을 비추는 별이 될까

지금까지 누구도 단일 종에서 한 번에 100점이 넘는 화석을 분석한 논문을 출판하려고 시도한 적이 없었다.

– 리 버거

지난 2015년 9월 외신들은 고인류학 분야에서 깜짝 놀랄만한 발견을 크게 소개했다. 새로운 종의 호모속(屬) 인류 '호모 날레디*Homo naledi*'에 관한 내용이다. 날레디는 남아프리카공화국의 세소토어로 별이라는 뜻이다. 굳이 번역하자면 '별의 인간'인 셈이다.

남아공 비트바테르스란트대의 고인류학자 리 버거Lee Berger 교수가 이끄는 공동연구팀은 학술지 「이라이프」 9월 10일자에 발표한 논문 두 편에서 신종 인류 호모 날레디의 발견을 공식 보고했다. 호모속에 속하는 새로운 종의 발견은 흔치 않은 일로, 날레디 이전 최근에 추가된 종은 2003년 인도네시아 플로렌스 섬에서 발견된 '호빗hobbit', 즉 호모 플로레시엔시스

*Homo floresiensis*다. 그러나 아직까지도 병든 피그미 현생인류라는 반론이 여전하다.

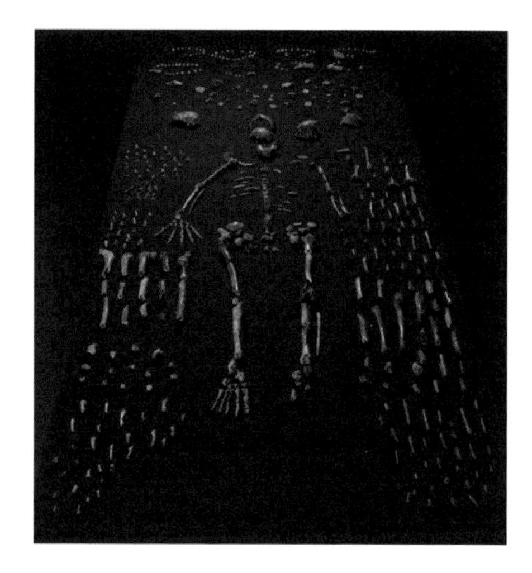

2013년 11월과 2014년 3월 두 차례에 걸쳐 발굴된 호모 날레디 화석. 1,550점에 이르는 엄청난 양으로 아프리카 고인류학 발굴 사상 최대 규모다. (제공「이라이프」)

호모 날레디의 경우는 호모속 신종으로 보는 데 반론의 여지가 없을 정도로 뒷받침하는 증거가 굉장하다. 먼저 화석의 규모로 뼈와 이를 합쳐 모두 1,550점에 이르고 뼈나 이의 소유자였던 이들만 최소 15명인 것으로 확인됐다. 통상 두개골 파편이나 턱뼈, 팔다리뼈나 손발뼈 조각들만 찾아도 쾌재를 부르는 게 고인류학임을 생각할 때 어마어마한 규모다.

2013년 9월 남아공 수도 요하네스버그에서 북서쪽으로 50km 지점

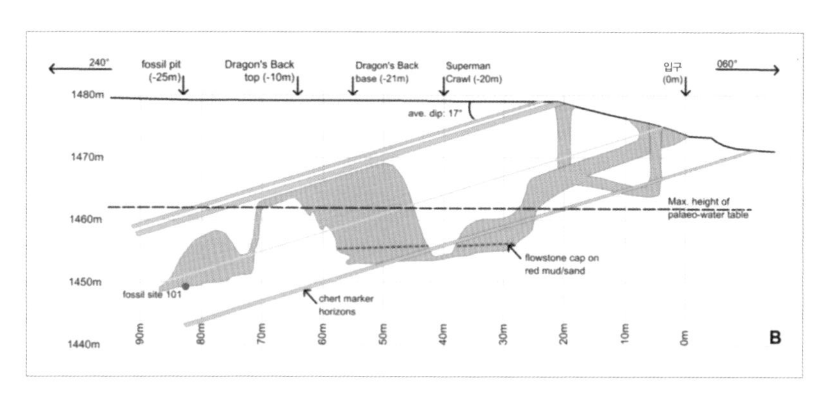

2013년 9월 동굴탐험가들이 뜨는 별 동굴을 탐사하다 지하 30m 공간(별들의 방)에서 호모 날레디 화석을 처음 발견했다(왼쪽 빨간 점). 이들 인류가 어떻게 이곳에 놓이게 됐는지는 미스터리다. (제공「이라이프」)

에 있는 '뜨는 별 동굴Rising Star Cave'의 훗날 '별들의 방Dinaledi Chamber'으로 명명한 공간에서 동굴탐사대가 처음 발견한 이 화석들은 그 뒤 두 차례의 발굴을 통해 대량 회수했고 분석 결과 여러 사람의 것임에도 편차가 극히 적었다. 만일 불완전한 한두 개체였다면 겉모습이 좀 달라도 개체 변이라고 볼 수 있기 때문에 신종으로 명명하기가 쉽지 않았을 것이다.

오스트랄로피테쿠스속과 호모속의 모자이크

호모 날레디의 가장 놀라운 특징은 한 개체에 호모속과 그보다 원시적인 인류인 오스트랄로피테쿠스속의 특징이 모자이크처럼 공존한다는 사실이다. 그럼에도 호모속으로 분류한 건 두 속을 구분하는 핵심 특징에서는 호모속에 가까웠기 때문이다. 즉 이동과 손놀림, 저작(씹는 행위)의 측면이다. 날레디는 키가 150cm 정도로 현생인류보다 작지만 적어도 하체는 형태학적으로 현생인류와 매우 흡사하다. 즉 다리가 길고 엄지발가락이 다른 발가락과 나란히 배열돼 있어 직립보행은 물론 뛰는 자세도 현생인류와 비슷했을 것으로 추정된다.

손은 복합적인 특징을 보이는데 엄지손가락과 손바닥을 이루는 뼈의 구조가 현생인류와 가까워 물건을 쥐거나 도구는 만들 때 필요한 힘과 정교함을 갖춘 것으로 보인다. 또 턱과 이가 작아져 씹는 힘은 약해진 것으로 보인다. 역시 호모속의 특징이다.

그럼에도 오스트랄로피테쿠스속의 특징 역시 꽤 지니고 있다. 먼저 키에 비해 뇌용량이 작아 460cc에 불과해 초기 호모속인 호모 하빌리스*Homo habilis*보다도 작았다. 또 손가락이 길고 약간 휘어져 있어서 여전히 나무를 탄 것으로 보이고 어깨와 몸통, 골반도 오스트랄로피테쿠스로 보인다. 치아의 경우 뒤로 갈수록 커지는데, 역시 원시 인류에서 보이는 패턴이다.

200만 년 전이 아니라 30만 년 전!

그럼에도 2015년 논문에서 가장 실망스러운 부분은 연대측정이 이뤄지지 않았다는 점이다. 이는 발굴지가 오랜 세월에 걸쳐 퇴적물이 쌓여있는 동굴이기 때문이다. 그러다 보니 화석의 추정 시대에 따라 나오는 시나리오가 제각각이었다. 먼저 모자이크인 형태로 봤을 때 유력해 보이는 건 호모 날레디가 초기 호모속, 즉 200만 년 이상 거슬러 올라갈 것이라는 주장이다. 즉 동아프리카에서 호모 하빌리스가 살고 있을 때 남아프리카에서는 호모 날레디가 살았다는 말이다.

반면 극단적으로 짧게 잡으면 10만 년 이내로도 볼 수 있다. 예전 같으면 형태적으로 말이 안 된다고 하겠지만 불과 5만 년 전에도 호모 플로레시엔시스가 살았던 만큼 터무니없는 주장은 아니다. 이런 주장이 나오는 건 호모 날레디가 발견된 상태가 굉장히 이상하기 때문이다. 즉 동굴에서 지하 30m에 있는 한 지점에서 뼈 무더기가 발견된 건데 상태가 깨끗했다. 육식동물에게 공격당한 흔적도 없고 식인행위로 희생된 것도 아니다. 결국 누군가가 의도적으로 이들을 동굴 안에 데려다 놓은 건데, 만일 장례의식, 즉 일종의 무덤이라면 500cc도 안 되는 뇌용량을 가진 인류가 이런 행위를 했다는 게 의아스럽다. 따라서 당시 공존한 현생인류가 호모 날레디를 죽여 매장했을 가능성도 있다.

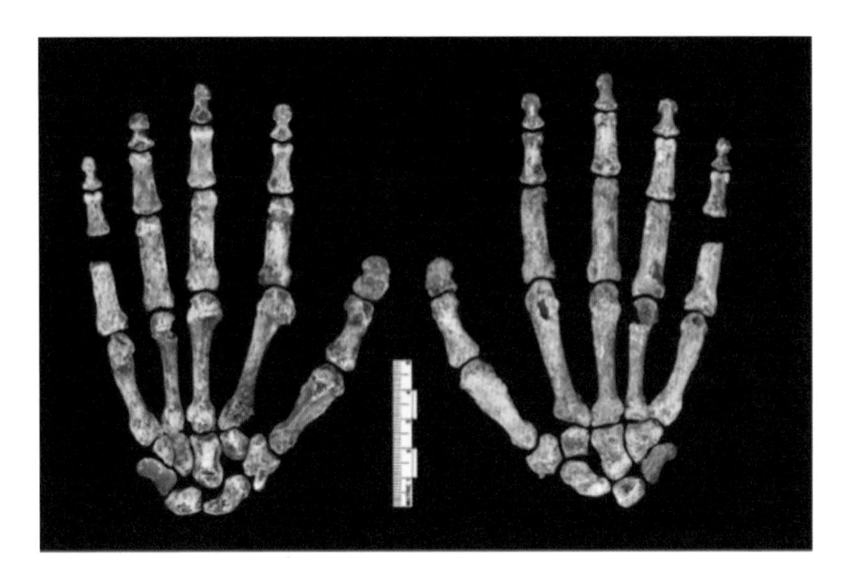

호모 날레디의 손뼈로 왼쪽은 손바닥 면, 오른쪽은 손등 면이다. 손뼈 27개 가운데 콩알뼈만 없다. 손가락의 비율이 현생인류와 가깝지만 약간 휘어져 있어 나무를 타는 데 적합하다. 반면 손바닥과 엄지손가락은 현생인류처럼 도구를 다루는 데 적합하다. (제공「이라이프」)

2015년 논문이 나가고 1년 8개월이 지난 2017년 5월 9일 연구자들은 같은 저널에 호모 날레디의 정확한 연대를 규명한 논문을 발표했다. 정교한 측정 결과 이들이 살았던 시기가 가까이는 23만6000년 전에서 멀리는 33만5000년 전으로 추정됐다. 대략 30만 년 전 살았던 인류란 말이다. 연구자들은 "인류 진화의 역사에서 100만 년을 건너뛴 것 같다"고 말하기도 했다. 130만 년 전이라면 수긍이 갈 외모라는 말이다.

인류의 요람으로 뜨는 남아공

호모 날레디의 발견으로 남아공이 고인류학의 핫스팟으로 다시금 주목을 받았다. 사실 남아공은 고인류학이 시작된 곳이다. 1924년 해부학자 레이먼드 다트는 남아공에서 원시 인류인 '타웅 아이Taung child'를 발굴해 '오스트랄로피테쿠스 아프리카누스*Australopithecus africanus*'로 명명했다. 그러나 당시 유인원 화석이라며 인정받지 못했다. 그 뒤 탄자니아에서 호모속 인류가 여럿 발굴됐고 1974년 에디오피아에서 그 유명한 '루시'가 발견되면서(오스트랄로피테쿠스 아파렌시스*Australopithecus afarensis*) 고인류학의 축이 동아프리카로 넘어갔다. 그 결과 인류 진화는 루시에서 호모속으로 연결짓는 게 대세였다.

호모 날레디 발굴을 이끈 남아공 비트바테르스란트대의 고인류학자 리 버거 교수. 미국 출신으로 연구보다는 정치에 능하다는 비난을 받아왔지만, 2009년 오스트랄로피테쿠스 세디바 발표에 이어 2015년 호모 날레디를 발표하면서 고인류학계의 '뜨는 별'이 됐다. 세디바 발표 이후 남아공 대통령 제이콥 주마(왼쪽 사진), 제인 구달(오른쪽 위), 앨 고어(오른쪽 가운데), 리처드 리키(오른쪽 아래) 등 유명인들을 연구실로 초청해 발굴을 자랑하며 사진을 남긴 버거 교수. (제공 리 버거 & 비트바테르스란트대)

그런데 2009년 고인류학 패러다임을 흔드는 화석이 발표됐다. 바로 오스트랄로피테쿠스 세디바*A. sediba*로 호모 날레디 발굴을 이끈 리 버거 교수가 역시 발굴을 이끌었다. 2008년 남아공 말라파에서 이 화석을 처음 발견한 사람은 버거 교수의 9살 난 아들인 매튜Matthew다. 약 200만 년 전으로 추정되는 세디바는 놀랍게도 오스트랄로피테쿠스속과 호모속의 모자이크 특성을 보였다. 다만 호모 날레디와는 달리 원시인류의 특징이 더 많아서 오스트랄로피테쿠스로 분류했다.

그런데 남아공에서 호모 날레디까지 발굴되면서 남아공 일대에서 전형적인 오스트랄로피테쿠스(아프리카누스)와 모자이크인 오스트랄로피테쿠스(세디바), 모자이크인 호모(날레디) 화석이 다 발굴된 것이다. 고인류학의 축이 동아프리카에서 다시 남아프리카로 이동한 셈이다.

사실 세디바와 날레디의 발견은 최근 고인류학의 패러다임 전환을 뒷받침하고 있다. 즉 기존의 가설에 따르면 오스트랄로피테쿠스속에서 호모속으로 진화할 때 일련의 변화, 즉 뇌용량이 늘어나고 손의 구조가 도구를 능숙하게 다룰 수 있게 바뀌고 몸집이 커지고 턱이 작아지고 다리와 발이 걷고 달리는 데 적합하게 바뀌는 과정이 서로 맞물려 일어났다고 가정했다. 그러나 세디바와 날레디, 그리고 몇몇 초기 호모속 화석의 발견은 이런 특징들이 개별적으로 진화했음을 시사하고 있다. 즉 인류의 진화는 단일 계통이 아니라 다계통polyphlyetic일 가능성이 크다는 말이다.

4-3
11만 년 전 동아시아에는 머리가 아주 큰 사람이 살았다

2007년 12월 중국 허난성 쉬창현 링징 마을의 들판에서 척추동물고고학고인류학연구소IVPP의 고고학자 리장양 박사는 10만여 년 전 구석기시대의 도구들을 발굴하고 있었다. 짐을 싸고 철수할 무렵 석영으로 된 아름다운 석기(石器)를 발굴하자 일정을 이틀 늘렸다. 그리고 마지막 날 아침 아쉬운 마음에 발굴지를 둘러보다 인류의 두개골 조각을 하나 발견한다.

리 박사는 그 뒤 연구소의 고생물학자들과 함께 2014년까지 발굴을 계속해 모두 46점의 두개골 조각을 찾았다. 뼈는 조각조각 났지만 변형은 되지 않아 마치 깨진 화분 조각을 맞추듯 손으로 두개골 두 점을 재구성할 수 있었다. 연대측정 결과 이들 화석은 10만5000~12만5000년 전의 것들로 밝혀졌다.

네안데르탈인과 비슷하지만...

학술지 「사이언스」 2017년 3월 3일자에는 이렇게 재구성한 두개골을 분석한 논문이 실렸다. 보존도가 높은 '쉬창 1' 두개골의 뇌용량을 계산해보자 무려 1,800cc로 나왔다. 이는 현생인류(호모 사피엔스)의 뇌용량인 1,250~1,400cc보다 훨씬 크고 머리가 큰 걸로 유명한 네안데르탈인 남성의 평균인 1,600cc보다도 큰 값이다. 실제 네안데르탈인 가운데 최대값은 1,736cc이고 현생인류도 최대값이 그 수준이다.

쉬창 1 두개골은 정수리가 낮고 옆으로 퍼졌다. 그 결과 좌우 폭이 가장 넓은 지점의 길이는 지금까지 측정한 인류의 두개골 가운데 가장 길다. 또 다른 두개골인 '쉬창 2'는 뼈가 부족해 뇌용량을 계산할 수 없는 상태이지만 적어도 네안데르탈인 수준은 되는 것으로 보인다. 그렇다면 이렇게 머리가 큰 사람들은 누구인가.

중국 동부 허난성에서 발굴된 약 11만 년 전 인류의 두개골 '쉬창 1'은 눈 위 뼈가 튀어나와 있고 납작하면서 좌우 폭이 넓다. 무엇보다도 뇌용량이 1,800cc에 이르러 현생인류보다 훨씬 크다. 오른쪽 지도는 화석이 나온 링징(Lingjing site)의 위치를 보여준다. 왼쪽 위에 보이는 데니소바 동굴(Denisova Cave)까지 4,000km 떨어져 있다. (제공 「사이언스」)

두개골 모양을 보면 먼저 네안데르탈인처럼 눈 위의 뼈가 툭 튀어나온 게 눈에 들어온다. 분석 결과 내이(內耳)를 이루는 뼈의 구조도 현생인류보다 네안데르탈인과 비슷했다. 그렇다면 당시 네안데르탈인이 동아시아까지 진출했다는 말인가.

그러나 논문에서 저자들은 이들을 그냥 '고(古) 호모archaic *Homo*'라고 쓰고 있다. 얼핏 네안데르탈인 같지만 자세히 살펴보면 다른 점이 눈에 띄기 때문에 네안데르탈인으로 보기에는 무리가 있다는 것이다. 즉 당시 유럽과 중동에 살던 네안데르탈인에 비해 눈 위 뼈의 돌출 정도가 덜하고 두개골 두께도 약간 얇다는 것이다. 납작하고 옆으로 넓은 두개골 형태도 네안데르탈인에서 좀 벗어났다. 그렇다고 새로운 학명을 붙이기에는 무리가 있는 게 두개골 외에는 얼굴뼈도 턱뼈도 없고 골격을 이루는 뼈도 나오지 않았기 때문이다.

담담하게 사실만 서술하고 있는 논문과는 달리 같은 호에 실린 기사의 분위기는 이번 발굴에 대한 고인류학계의 흥분을 전하고 있다. 예를 들어 영국 런던자연사박물관의 고인류학자 크리스 스트링어Chris Stringer는 "논문 저자들을 뺀 모든 사람들이 이 두개골이 데니소바인이 아닌가 생각한다"고 말한다. 영국 런던대의 고인류학자 마리아 마르티논-토레스María Martinón-Torres도 "중국이 인류 진화의 역사를 다시 쓰고 있다"고 호들갑을 떨었다.

데니소바인이 주인공?

2008년 러시아 알타이산맥의 데니소바 동굴에서 약 4만 년 전 인류

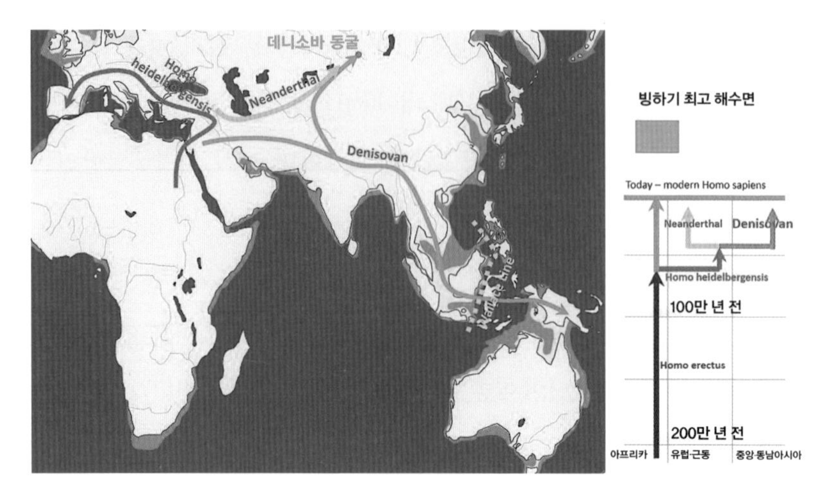

지난 2010년 DNA 게놈 해독으로 데니소바인의 실체가 확인되면서 이 고인류의 삶의 여정이 재구성됐다. 즉 호모 하이델베르겐시스에서 약 40만 년 전 네안데르탈인과 데니소바인이 갈라졌고 그 뒤 데니소바인은 동진을 해 일부는 시베리아로 일부는 동남아시아를 거쳐 오세아니아까지 갔을 것이다. 이번 두개골이 데니소바인이라면 동남아로 꺾이는 지점에서 동북쪽으로 새로운 선을 그려야 할 것이다. (제공 John D. Croft)

(아이)의 손가락 마디뼈 하나가 나왔다. 당시 네안데르탈인의 게놈을 해독하는 프로젝트를 진행하고 있던 독일 막스플랑크연구소의 스반테 페보 Svante Pääbo 박사팀은 뼈를 건네받았고 2010년 추출한 DNA에서 게놈을 해독하는 성과를 올렸다. 그 결과 네안데르탈인과 대략 40만 년 쯤 공통조상에서 갈라진 새로운 인류로 밝혀져 '데니소바인'으로 불렸다. 그 뒤 동굴에서 어른의 어금니 두 개가 더 나왔다는 사실이 알려졌고 게놈 분석결과 역시 데니소바인(남성)으로 확인됐다.*

무엇보다도 놀라운 사실은 현생인류 가운데 호주와 뉴기니 등 남태평양 일대의 원주민들에서 데니소바인의 피가 5%나 흐른다는 발견이다.

* 데니소바인 발견에 대한 자세한 내용은 『사이언스 칵테일』 138쪽 "고게놈학 30년, 인류의 역사를 다시 쓰다" 참조.

그밖에 아시아인들에도 1% 미만의 영향을 미친 걸로 나왔다. 한편 네안데르탈인은 유럽과 아시아인들에 2% 내외의 흔적을 남겼다.

페보 박사도 믿을 수가 없다고 말했을 정도로 고품질의 DNA 정보를 확보했음에도 데니소바인의 생김새에 대한 정보는 거의 없다. 다만 어금니가 현생인류의 것보다 1.5배나 더 크고 네안데르탈인의 어금니보다도 커서 외모는 네안데르탈인과 비슷하면서도 좀 더 원시적으로 생겼을 것으로 추정하고 있는 수준이다. 아무튼 화석이 넘칠 정도로 많은 네안데르탈인과는 달리 데니소바인은 흔적을 거의 남기지 않았다.

그런데 이번에 데니소바 동굴에서 남동쪽으로 4,000km 떨어진 중국 땅에서 두개골들이 발견됐고 그 형태가 예측 범위 내에 들어 있는 것이다. 막스플랑크연구소의 장-자크 후블린Jean-Jacques Hublin은 "이번 중국 화석은 (데니소바인으로 보기에) 장소도 딱 맞고 시기도 딱 맞고 특징도 딱 맞는다"고 평가했다. 이에 대해 정작 발견자들은 "누구도 데니소바인이 어떤 인류였는지 알지 못한다"며 "우리가 아는 건 그들의 DNA서열이 전부"라며 선을 그었다. 물론 연구자들 역시 궁금한 건 마찬가지였고 뼈 조각 세 개에서 DNA 추출을 시도했지만 다 실패했다.

북쪽에는 고 호모 남쪽에는 호모 사피엔스

중국에서는 이전에도 데니소바인일 가능성이 있는 발굴이 더 있었다. 이번에 두개골이 나온 허난성(河南省)의 바로 위 허베이성(河北省)의 쉬지아야오Xujiayao 유적지에서 발굴한 턱뼈 일부와 치아 아홉 개를 분석한 결과 10만~12만5000년 전으로 밝혀졌는데 어금니가 크고 튼실해 데니

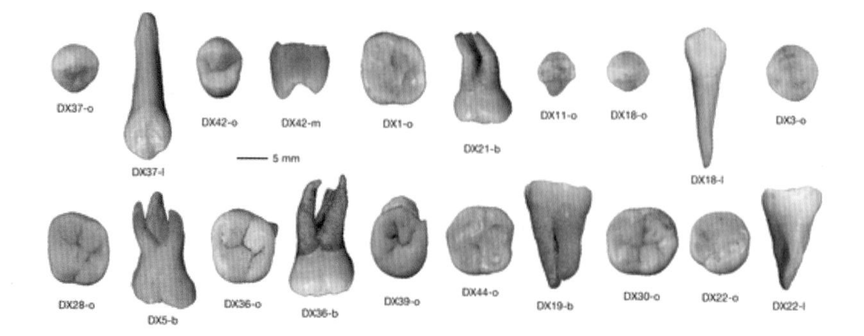

중국 남부 후난성에서 발굴된 약 10만 년 전 호모 사피엔스의 치아로 현대인의 치아와 구별이 안 될 정도다. 이 발견으로 대략 6만 년 전에 호모 사피엔스가 동아시아에 도달했다는 기존 가설이 타격을 입었다. (제공「네이처」)

소바인의 어금니를 연상케 했다. 이 결과는 2015년 학술지「미국신체인류학저널」에 실렸다.

사실 최근 수년 사이 중국에서는 놀라운 고인류학 발굴이 이어지고 있다. 2015년「네이처」에는 중국 남부인 후난성(湖南省) 다오시안의 한 동굴에서 8만~12만 년 전 치아 47개를 발굴했다. 그런데 그 형태가 현대인의 것이라고 해도 될 정도로 확실한 호모 사피엔스의 치아였다. 즉 이미 10만 년 전에 동아시아에 호모 사피엔스가 살고 있었다는 놀라운 발견이었다. 게다가 앞의 데니소바인으로 추정되는 화석들과 그 시기가 겹친다. 즉 10만 년 전 중국 위쪽에는 고 호모가, 아래쪽에는 호모 사피엔스가 살고 있었다는 말이다.

이들이 서로 교류했는지 또 오늘날 동아시아 사람들에게 어떤 영향을 미쳤는지 궁금증이 더해간다. 지금까지 고인류학 분야에서 아프리카에 쏟아부은 인력과 비용, 시간에 비하면 아시아 발굴은 미미한 편이다. 따라서 앞으로 또 얼마나 놀라운 발견이 이어질지 기대감이 높다. 중국

척추동물고고학고인류학연구소는 최근 110만 달러(약 12억 원)를 들여 고인류 화석에서 DNA를 추출하고 분석하는 연구실을 만들었다.

이번 두개골이 발굴된 지점과 한반도는 1,000km가 조금 더 되는 거리다. 그리고 10만 년 전이면 한반도는 반도가 아니었다. 우리나라에서 데니소바인의 뼈가 나왔다는 소식이 들릴 날을 꿈꿔 본다.

우리 조상들 게놈에 데니소바인 피 두 차례 섞였다!

머리 큰 고인류 논문이 나가고 1년이 지난 2018년 3월 학술지 「셀」에는 새로운 방법으로 5,639명의 게놈 데이터를 분석한 결과 동아시아인은 과거 두 차례에 걸쳐 데니소바인의 피가 섞였다는 사실이 밝혀졌다. 반면 게놈에서 데니소바인의 기여도가 훨씬 큰 파푸아인의 경우 오히려 한 차례만 만난 것으로 나왔다. 무슨 근거로 이처럼 다소 모순돼 보이는 결론이 나왔을까.

연구자들은 현대인의 게놈 데이터에서 과거 다른 인류의 게놈 조각을 찾을 때 네안데르탈인 게놈과 데니소바인의 게놈을 참조하지 않는 새로운 분석법을 개발했다. 현대인의 게놈에서 이들 게놈과 비슷한 조각을 찾는 게 아니라 사람들의 게놈을 비교해 특이한 서열의 게놈을 추려낸 뒤 이를 네안데르탈인 게놈과 데니소바인의 게놈과 비교해 그 정체성을 규명하는 방식이다. 즉 선입견을 배제해 객관성을 높이기 위해서다.

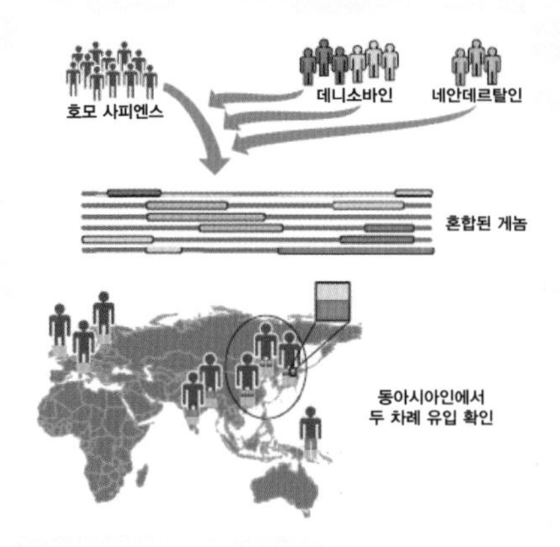

지금까지 현생인류가 아닌 고인류 가운데 게놈이 해독된 건 네안데르탈인과 데니소바인 둘뿐이다. 네안데르탈인은 아시아와 유럽인, 데니소바인은 아시아인에 흔적을 남겼다. 최근 연구결과 아시아에는 두 그룹의 데니소바인이 살았는데 남아시아인과 뉴기니인은 그 가운데 한 그룹(짙은 파란색)의 영향만을 받은 반면 동아시아인의 게놈에는 두 그룹의 흔적이 남아있는 것으로 밝혀졌다. (제공「셀」)

다만 확실하게 다른 게놈 조각들만 선별하다 보니 이렇게 짜 맞춘 결과 현대인의 게놈에서 네안데르탈인이나 데니소바인의 기여도가 기존 연구의 절반 수준으로 나왔다. 그럼에도 데이터 분석 결과는 동아시아인에서 놀라운 사실을 보여줬다.

먼저 현대인의 게놈에서 네안데르탈인과 데니소바인의 기여도는 전자가 훨씬 높았는데 이는 기존 연구와 일치하는 결과다. 그런데 데니소바인에게서 유래된 게놈 조각을 참조게놈인 알타이 데니소바인의 게놈(전체가 해독된 유일한 데니소바인 게놈이다)과 정밀하게 비교한 결과 쌍봉낙타의 등처럼 두 그룹으로 나누어졌다. 즉 게놈 조각의 3분의 1은 참조게놈과 80% 정도의 높은 유사성을 보인 반면 3분의 2는 50% 수준의 유사성에 그쳤다. 즉 3분의 1은 알타이 데니소바인과 가까운 데니소바인 그룹에서 온 것이고 나머지 3분의 2는 다소 먼 데니소바인 그룹에서 온 것이다. 그런데 파푸아인의 경우는 전부 먼 데니소바인에게서 비롯된 것으로 드러났다.

이 결과를 설명하기 위해 연구자들이 제시한 시나리오는 이렇다. 현생인류가 아프리카를 떠나 아시아 전역으로 퍼져나갈 때 동아시아와 남아시아, 뉴기니 일대에는 데니소바인이 흩어져 살고 있었다. 이때 동아시아로 진출한 현생인류가 그곳의 데니소바인(알타이 데니소바인과 유전적으로 가까운 집단)과 만나 피가 섞였다. 참고로 알타이 데니소바인 화석의 주인공은 약 4만 1000년 전 살았던 것으로 추정된다.

한편 남아시아로 진출한 현생인류 역시 그곳의 데니소바인과 만났는데 특히 뉴기니에 정착한 인류는 교류가 훨씬 더 많았던 것으로 보인다. 그리고 훗날 남아시아 현생인류 일부가 동아시아로 이주해 이미 그곳에 정착한 현생인류와 피가 섞이게 됐다. 그 결과 오늘날 동아시아인의 게놈에는 데니소바인 두 집단의 피가 흐르게 됐다는 것이다.

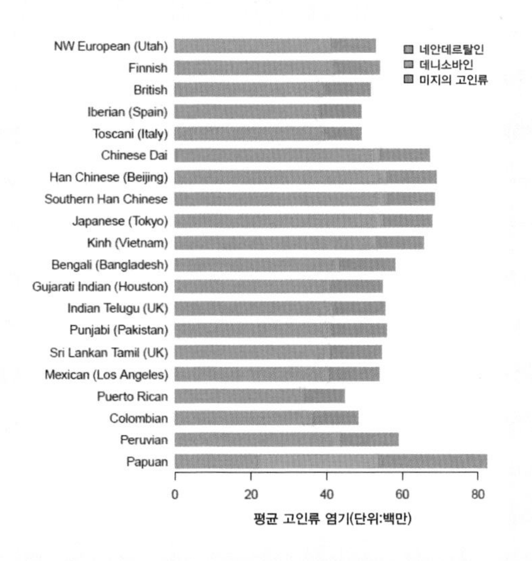

최신 분석법으로 산출된 아시아인과 유럽인의 지역에 따른 고인류 게놈의 기여도다. 녹색이 네안데르탈인, 주황색이 데니소바인, 파란색이 미지의 고인류다. 동아시아인의 게놈에 네안데르탈인의 기여도가 가장 높음을 알 수 있다. 맨 밑 파푸아인의 경우 유독 데니소바인의 기여도가 높다. (제공 「셀」)

참고로 논문에서 분석한 동아시아인의 게놈은 중국인 세 그룹으로 남중국 시쐉반나의 다이족(93명), 동중국 베이징의 한족(103명), 남중국의 한족(105명)과 일본인(104명), 베트남인(99명)이다. 아쉽게도 한국인의 게놈 데이터는 포함되지 않았지만 이 결론을 적용해도 무리는 없을 것이다.

수만 년 전 동아시아인의 조상들이 만난 데니소바인(알타이 데니소바인과 가까운)은 이 큰 머리의 소유자가 속한 집단의 후손들일 거라는 생각이 문득 든다.

네안데르탈인 영향 더 큰 이유는...

한편 네안데르탈인 게놈의 경우 원래는 유럽과 서아시아인의 게놈에 영향이 있었느냐가 관심사였다. 네안데르탈인의 화석이 이 지역에서 나왔기 때문이다. 그러나 2010년 네안데르탈인의 게놈 해독 결과 아시아 전역의 사람들도 비슷한 수준으로 혼혈이 된 것으로 나왔다. 그런데 그 뒤 좀 더 정밀하게 분석하자 동아시아인들의 게놈에 남아있는 네안데르탈인 게놈의 양이 유럽인에 비해 오히려 30%나 더 많은 것으로 나타났다.

흥미롭게도 2014년 발표된 최초의 고품질 네안데르탈인 게놈 역시 알타이산맥 데니소바 동굴에서 얻은 뼈에서 얻어졌다. 즉 2010년 추가 발굴 과정에서 인류의 발가락뼈가 나왔고 게놈 분석 결과 데니소바인보다 수천 년 전에 살았던 네안데르탈인으로 밝혀졌다. 아마도 데니소바 동굴이 DNA가 온전히 보존될 수 있는 최적의 조건인가 보다. 그 뒤 다른 지역의 네안데르탈인의 게놈이 몇 건 더 해독됐는데 넓은 지리적 분포에도 불구하고 차이가 그리 크지 않은 것으로 나왔다.

연구자들은 알타이 네안데르탈인의 게놈을 참조로 해서 현대인의 게놈과 비교해봤다. 그 결과 기존 결과와 마찬가지로 동아시아인에서 네안데르탈인의 피가 가장 많이 섞였다. 한편 참조게놈과 유사성은 현대인의 모든 집단에서 80% 내외로 높게 나왔다. 현대인과 네안데르탈인은 한 차례 조우했다고 볼 수 있는 결과다. 물론 네안데르탈인의 게놈 다양성이 낮기 때문에 확실히 그렇다고 말할 수는 없다.

동아시아인에서 유럽인보다 네안데르탈인의 흔적이 더 많이 남아있는 현상을 설명하기 위해 동아시아인이 여러 차례 네안데르탈인과 만났을 거라는 가설이 있는데, 아무튼 여기에는 도움이 안 되는 결과다. 연구자들은 유럽의 경우 네안데르탈인과 만난 이후에도 아프리카에서 추가로 호모 사피엔스가 유입되면서 네안데르탈인의 피가 더 많이 희석된 게 아닌가 추측했다.

4-4
권력을 모계로 세습하는 선사 시대 사회 있었다!

> 많은 고고학자는 미국 남서 지역에서 선사 시대의 특정 시기 동안 아메리카 원주민 사회에 역사 시대 푸에블로 공동체보다 훨씬 심한 불평등이 있었을 것이라고 추정한다. 이 특정 시기는 1150년 전에서 880년 전 사이로, 규모나 매장 의식, 귀중품의 축적에서 동시대 다른 유적지와 구별되는 고고학 유적지가 그 증거였다.
>
> – 켄트 플래너리 & 조이스 마커스, 『불평등의 창조』에서

14세기 후반 중세 유럽에 등장한 필사본 『맨더빌 여행기』에는 아마조니아Amazonia라는 섬나라가 나온다. 이곳의 주민은 모두 여자로 선거로 뽑는 여왕이 통치한다. 평소 여자들끼리 지내다 남자 생각이 나면 외국으로 나가 밀회를 즐기다 들어온다. 임신이 돼 아들을 출산하면 좀 키우다 아버지에게 보내거나 죽인다.

이 정도로 극단적인 여성사회는 전설 속에나 존재할지 모르지만 세

계 곳곳에 모계사회가 있었고 지금도 있다. 다만 모계사회는 가족이 구성되는 방식이지 나라의 권력까지 모계로 세습되는 경우는 거의 없다.

학술지 「네이처 커뮤니케이션스」 2017년 2월 21일자에는 모계로 세습되는 권력지도층이 이끈 선사시대 사회가 있었다는 연구결과가 실렸다. 미국 펜실베이니아대 등 여러 기관의 고고학자들은 미국 남서부 차코 캐니언Chaco Canyon에 있는 푸에블로 보니토Pueblo Bonito 유적에서 발굴한 유골의 DNA를 분석해 이런 결론을 얻었다.

미국 남서부 일대에 살았던 인디언(북아메리카원주민)들을 푸에블로라고 부르는데 이들이 남긴 가장 거창한 유적이 차코 협곡에 있는 푸에블로 보니토로, 800년에서 1130년까지 330년 동안 번성한 사회의 흔적이다. 수만 제곱미터 면적에 4층 석조 건물로 방이 650개에 이른다. 사진을 보면 우리가 생각하는 전형적인 북미인디언들의 거주지(천막)와 규모가

미국 남서부 뉴멕시코주 차코 캐니언에 자리한 푸에블로 보니토 유적의 전경이다. 4층 규모의 석조 건물로 모두 650개의 방이 있다. (제공 James Q. Jacobs)

다름을 알 수 있다. 참고로 이 유적은 지금부터 '불과' 1,000년 전의 것이지만 이들은 문자가 없었기 때문에 '선사 시대'다.

어머니와 딸, 할머니와 손자 관계도 밝혀져

1896년 고고학자들은 33호 방이라고 명명한 공간에서 주검 14구를 발견했다. 이 가운데 두 구는 널빤지 마루 아래 놓여 있었고 나머지 열두 구는 위에 있었다. 따라서 33호 방은 묘지인 셈이다. 그런데 이들 주검 주변에는 터키석으로 만든 구슬과 펜던트, 소라고둥 나팔, 조가비 팔찌 등 장신구 수만 점이 함께 매장돼 있었다. 푸에블로 보니토의 규모나 이들 장신구로 볼 때 33호 방에 매장된 사람들은 당시 사회의 지배층이었을 것이다.

미국의 고고학자 켄트 플래너리Kent Flannery와 조이스 마커스Joyce Marcus는 2012년 펴낸 책 『불평등의 창조』에서 푸에블로 보니토의 유물을 바탕으로 당시 북아메리카원주민이 형성했던 사회가 그 전후에 그 지역에 살았던 어떤 사회보다 불평등이 심했다고 추측했다. 즉 계급사회였다는 말이다.

펜실베이니아대 더글라스 케넷Douglas Kennett 교수 등 고고학자들은 푸에블로 보니토 사회의 지배층 구조를 알아보기 위해 33호 방에 잠들어 있던 주검의 DNA를 분석해보기로 했다. 그 결과 모두 아홉 명의 미토콘드리아 게놈을 분석했고 이 가운데 여섯 명은 핵 게놈도 분석했다. 그리고 방사성동위원소를 분석해 연대도 추정했다. 과연 이들은 권력을 세습했을까? 만일 그랬다면 부계로 이어졌을까 모계로 이어졌을까?

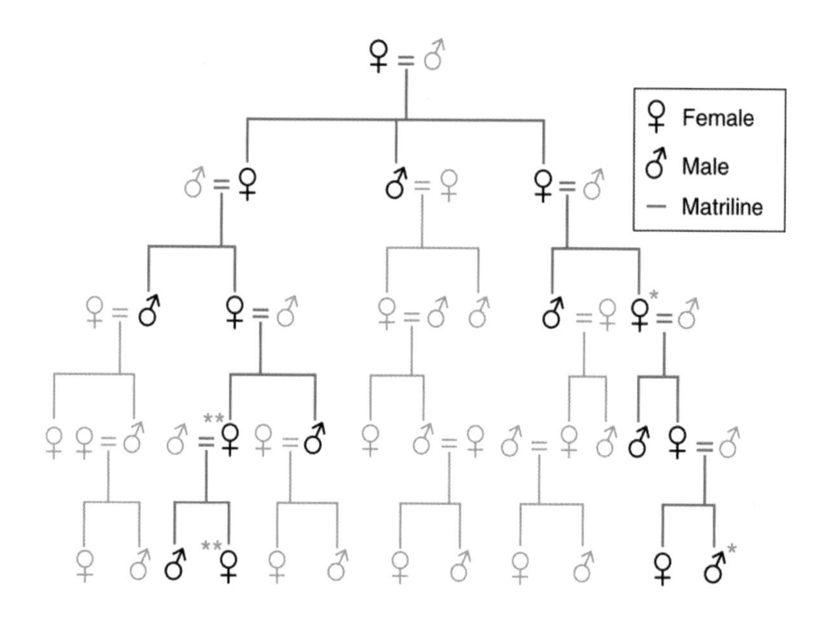

푸에블로 보니토 33호 방에서 발견된 주검 열네 구 가운데 아홉 구에서 미토콘드리아 게놈을 분석하는 데 성공했다. 그 결과 모두 동일하게 나와 이 사회의 권력이 모계로 세습된 것으로 확인됐다. 게놈 분석 결과를 바탕으로 재구성한 가상의 가계도다. *는 외할머니와 손자, **는 어머니와 딸로 밝혀진 경우다. (제공「네이처 커뮤니케이션스」)

아홉 명의 미토콘드리아 게놈을 비교한 결과 모두 동일했다. 미토콘드리아는 정자에는 없고 난자에만 있으므로 이는 아홉 명 모두가 단일 모계 혈통이라는 말이다. 즉 푸에블로 보니토 유적은 모계로 세습되는 권력층이 지배하는 사회가 남긴 것이다. 한편 핵 게놈을 분석한 결과 남녀가 각각 세 명이었다(남성에게만 있는 Y염색체의 서열 유무로 판단). DNA친자 확인처럼 염기서열을 비교한 결과 이 가운데 한 쌍은 어머니와 딸로 추정됐고 또 다른 한 쌍은 할머니와 손자로 추정됐다. 연구자들은 이 결과를 바탕으로 가계도를 재구성했다.

중미의 마야 문명이나 남미의 잉카 문명과는 비교가 안 되지만 북미에서는 상당한 규모였던 푸에블로 보니토 사회는 그러나 12세기 들어 급격히 쇠락하다 사라졌다. 아마도 극심한 가뭄이 계속돼 더 버티지 못하고 떠나버린 것으로 보인다.

수백 년이 지난 뒤 이 일대에 터를 잡은 인디언 부족의 상당수도 모계사회였다. 그러나 권력의 세습을 막고 재산의 축적을 억제해 사회의 불평등을 많이 완화했다고 한다. 이번 푸에블로 보니토 주검 DNA 분석은 권력과 부의 추구가 수컷들의 전유물만은 아님을 보여준다.

Part.5
심리학·신경과학

5-1
한석봉 모친이 초롱불을 끄고 떡을 썬 까닭은...

나는 부모들에게 호소한다. 절대로, 결코, 아이들에게 '빨리'라고 말하지 말라.

– 블라디미르 나보코프

지난 달 "섹스와 젠더의 과학"에 대한 에세이를 준비하면서 한 번 읽어볼만한 책을 발견했다.* 미국 스탠퍼드대의 심리학자 캐럴 드웩Carol Dweck이 쓴 『마인드셋(Mindset)』이란 책이다. 여성들이 수학이나 물리학, 철학을 기피하는 경향이 큰 건 이런 학문이 천재의 몫이고 천재는 남자라는 '고착된 마인드셋fixed mindset'에서 비롯된다며 이런 심리를 극복하려면 '성장 마인드셋growth mindset'으로 바꿔야 한다는 내용의 글에서 참고문헌으로 소개됐다.

자기 능력을 정해진 특성이라고 생각하는 사람(고착된 마인드셋)은 흥

* 이 에세이는 74쪽에 있다.

미를 억누르고 실수를 피하려는 경향이 큰 반면, 현재 능력이 발달 과정일 뿐이라고 생각하는 사람(성장 마인드셋)은 흥미를 추구하고 더 많이 노력해 결국은 더 큰 성취를 이룬다는 것이다. 문득 마인드셋, 즉 마음가짐 또는 사고방식이 젠더의 문제만이 아님을 깨달은 필자는 인터넷서점에서 이 책을 검색해봤는데 원서가 출간된 2006년에 『성공의 심리학』이라는 제목으로 번역서가 나왔다.*

마이클 조던은 농구천재가 아니다!

예상대로 책에는 재능만 믿고 노력을 안 하거나 재능이 없다고 생각해 시도조차 안 한 사람들의 이야기와 함께 숱한 실패에도 좌절하지 않고 이를 자양분으로 삼아 꾸준히 노력해 성공한 사람들의 이야기가 나온다. 농구 황제 마이클 조던Michael Jordan이 그런 경우다.

농구에 별 취미가 없는 필자는 당연히 마이클 조던이 타고난 농구선수라고 생각하고 있었다. 하드웨어, 즉 큰 키와 흑인 특유의 탄력성이 받쳐주므로 농구공을 만지자마자 두각을 나타내 승승장구, MBA를 정복한 것이라고 말이다.

그러나 고등학생 마이클 조던은 학교 농구팀에서 방출됐다. 원하는 농구팀이 있는 대학을 가지도 못했다. 다른 대학에 간신히 들어갔지만 졸업 무렵 지명권이 있는 NBA 두 팀은 그를 외면했다. 이렇게 좌절할 때마다 조던은 포기하지 않고 계속 연습하며 약점을 보완하고 실력을 쌓았고 마침내 정상에 우뚝 섰다. 그 결과 조던은 "끊임없이 자신의

* 2017년 10월 『마인드셋』이란 제목으로 새로운 번역서가 나왔다.

천재성을 향상시키기를 원했던 천재"라는 찬사를 받으며 농구계의 전설이 됐다.

문득 우리나라 축구계가 생각났다. "축구신동이 나타났다!"며 10대에 국가대표로 발탁돼 언론의 스포트라이트를 한 몸에 받던 선수들이 얼마 못가 경기장 뒤로 사라진 반면 "평발이라 안 된다"던 박지성 선수는 끊임없는 노력과 자기관리로, 역시 성실함의 대명사였던 차범근 선수와 함께 한국 축구사에 한 획을 긋지 않았는가.

필자가 아는 한 화가분이 들려준 얘기도 같은 맥락이다. 이분이 미대를 다닐 때 교수들도 혀를 내두를 정도로 그림을 잘 그리던 친구들이 몇 명 있었는데 어떻게 된 영문인지 이 가운데 누구도 화가가 되지는 않았다는 것이다. 반면 (이분처럼) 붓을 놓지 않고 꾸준히 작업을 해온 소수의 미술학도만이 화가가 되는 꿈을 현실로 만들었다. 이처럼 우리 주변을 보면 재능과 노력이 반비례관계이고 결국 노력하는 자가 그 분야의 전문가가 되는 사례가 많은 것 같다.

재능을 칭찬하면 독이 될 수도

그런데 드웩 교수의 책 5장 "부모와 교사들의 마인드셋은 어디에서 비롯될까?"를 읽으면서 천재, 즉 재능이 있는 사람이 왜 노력을 하지 않는 경향을 보이는가에 대한 통찰을 얻게 됐다. 여기 사랑스런 당신의 자녀가 있다. 다음 중에서 그런 자녀에게 하지 말아야 할 얘기는 어느 쪽일까.

1. “너 그걸 참으로 빨리 배웠구나! 넌 정말 똑똑해!”

2. “그 숙제 참으로 길고 복잡하더구나. 나는 네가 정신을 집중하여 그것을 끝낸 노력을 정말로 높이 평가한단다.”

맥락상 1번이 하지 말아야 할 얘기라고 눈치 챘을 것이다. 드웩 교수에 따르면 이런 칭찬은 아이에게 ‘만약 내가 무엇인가를 재빨리 배우지 못하면, 나는 똑똑하지 않구나’라는 생각이 들게 한다. 그 결과 새로운 걸 배울 때 시간이 걸릴 것 같으면 자신이 ‘똑똑하지 않은 게’ 들통날까봐 이런저런 핑계를 대면서 회피한다. 즉 어려운 도전에 대해 혐오감을 키우게 된다는 것이다. 아무리 재능이 있어도 어떤 분야의 일류가 되는 과정에서 어려운 과제에 부딪치기 마련이므로(시기의 문제다) 이런 마인드셋인 사람은 결국 중간에 포기한다.

드웩 교수는 “부모로서 자녀 재능에 대해 칭찬을 하고 싶은 마음을 억누르기란 거의 불가능하다는 사실을 나도 잘 안다”면서도 “칭찬은 어린이의 개인적인 특성이 아니라 노력과 성취를 이야기하는 것이어야 한다”고 쓰고 있다. 아울러 “그 여자애는 타고난 천재야”라거나 “걔는 바보 얼간이야” 같은 말, 즉 부모가 자식 앞에서 고착된 판단의 잣대를 다른 아이들에게 적용하는 일도 삼가야 한다고 덧붙였다.

자녀에게 재능보다 노력의 중요함을 온몸으로 보여준 사례가 한석봉 설화 아닐까. 붓글씨에 재주가 있었지만 가난했던 한석봉은 절에 들어가 스님에게 글씨를 배웠고 수년 뒤 ‘더 배울 게 없다’고 판단하고 하산한다. 한밤중에 어머니는 한석봉을 불러놓고 “나는 떡을 썰 테니 너는 글씨를 쓰거라”고 말하며 호롱불을 껐고 둘은 어둠 속에서 떡을 썰고 붓

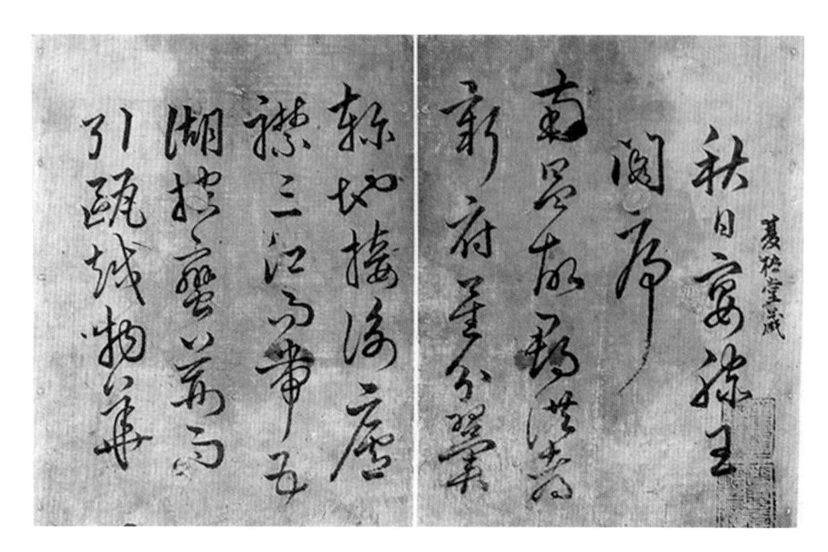

조선의 명필 한호(석봉은 호)는 타고난 재능과 피나는 노력으로 독창적인 경지에 올랐다. 한호의 〈증류여장서첩〉.

글씨를 썼다. 불을 켜고 보니 떡은 가지런히 썰려있는 반면 글씨는 삐뚤빼뚤했다. 결국 한석봉은 다시 절로 들어가 정진해 조선 최고의 명필이 됐다는 얘기다.

즉 한석봉의 어머니는 아들에게 직접 모범을 보임으로써 노력의 중요성을 한층 강조한 것이다. 자기도 스마트폰을 놓지 못하면서 자녀에게 "스마트폰 그만 보고 공부 좀 해라"라고 말하는 부모들은 생각해 볼 일이다.

그런데 이런 이야기가 별로 설득력이 없다고 생각하는 사람들도 있다. 꾸준한 노력, 즉 끈기 역시 타고난 재능이라는 말이다. 외모와 마찬가지로 성격도 상당 부분 유전된다는 걸 감안하면 틀린 말도 아닌 것 같다.

돌 갓 지난 아기도 일반화 능력 있어

학술지 「사이언스」 2017년 9월 22일자에는 돌이 갓 지난 아기도 어른이 노력하는 모습에서 노력의 중요성을 깨닫고 실천한다는 연구결과가 실렸다. 즉 우리는 아주 어릴 때부터 끈기라는 삶의 태도를 보고 배울 수 있다는 말이다.

미국 MIT 뇌·인지과학과의 연구자들은 생후 13~18개월 아기들을 대상으로 어른의 행동을 관찰함으로써 끈기 있는 태도를 배울 수 있는지 조사했다. 즉 '노력 조건'에서 아기들은 어른이 상자에서 물건을 꺼내려고 노력하는 모습을 지켜본다. "음… 이 안에 들어있는 장난감을 어떻게 꺼낸다…" 이런 말을 중얼거리며 어른은 상자를 열려고 이런저런 시도를 하다 30초만에 마침내 성공한다. 한편 '노력 없는 조건'에서는 같은 과제를 수행하는 어른이 10초 이내에 꺼내는 것만 다르다. 끝으로 '기준 조건'에서는 이런 본이 없다.

이제 아기들의 차례다. 어른이 뮤직박스의 버튼을 눌러 음악을 들을 수 있음을 보여준 뒤 아기에서 뮤직박스를 주고 자리를 피한다. 그러나 사실은 버튼을 눌러도 소용이 없다. 연구자들은 2분 동안 아기가 버튼을 얼마나 많이 누르는지 조사했다. 그 결과 '노력 조건', 즉 어른이 문제를 해결하기 위해 끈기 있게 노력하는 모습을 지켜본 아기들이 버튼을 가장 많이 눌렀다. 음악을 틀기 위해 끈질기게 시도한 것이다. 반면 '노력 없는 조건'과 '기준 조건'인 아기들은 버튼을 누르는 횟수가 절반 수준이었고 둘 사이에 차이는 없었다.

무척 간단한 실험이지만 결과가 함축하는 바는 심오하다. 즉 돌이 갓 지난 아기도 어른이 문제를 해결하기 위해 꾸준히 노력하고 그 결과

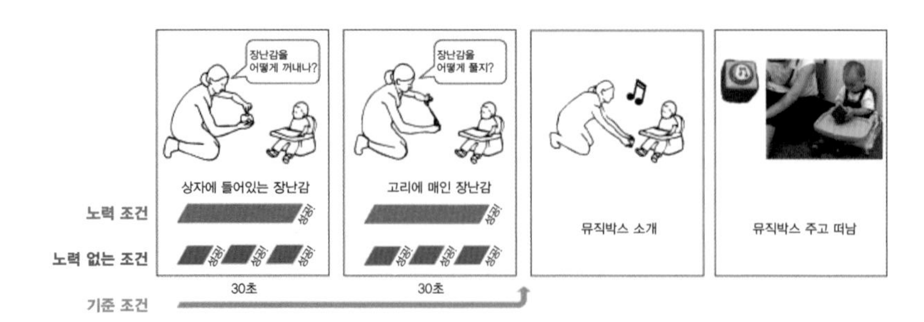

돌이 갓 지난 아기도 어른이 문제를 해결하기 위해 지속적으로 노력하는 모습을 보며 끈기의 중요성을 깨닫는다는 사실이 밝혀졌다. 이를 입증한 실험을 보여주는 그림이다. 먼저 아기에게 어른이 상자에서 장난감을 꺼낼 때 30초가 걸리는 '노력 조건'과 10초가 안 걸리는 '노력 없는 조건'을 보여준다(맨 왼쪽). 다음으로 고리에 매인 장난감을 푸는 과제를 보여주는데 역시 두 가지 조건이 있다(왼쪽에서 두 번째). 그 뒤 아기에게 뮤직박스 작동원리를 알려준 뒤 아기가 음악을 틀기 위해 버튼을 몇 번이나 누르는지 조사한다(오른쪽에서 두 번째). 어른이 문제를 풀려고 노력하는 모습은 본 아기들이 버튼을 두 배 정도 더 많이 눌렀다(맨 오른쪽). (제공「사이언스」)

성공하는 모습을 보면서 끈기가 성공의 중요한 요소임을 간파할 수 있다. 게다가 이를 일반화해 어른의 과제와는 다른 자신의 과제를 해결하는 데 적용한다.

이 연구결과에 대해 메릴랜드대의 루카스 버틀러Lucas Butler 교수는 같은 호에 실린 해설에서 "어른과 아이들은 물론 심지어 아기에서조차 끈기는 단순히 유전되는 성격 특성이 아니라 근본적으로 사회적 맥락에 기반함을 보여줬다"고 평가했다.

자녀가 성공적인 삶을 살 수 있기를 진정 바란다면 자녀에 대한 관심은 한 단계 낮추고 자신의 삶을 좀 더 성실하게 살아가야 하지 않을까 하는 생각이 든다. 아이는 자신을 향한 부모의 백 마디 말보다 부모의 진지한 삶의 태도에서 더 많은 것을 배울 것이므로.

5-2
물건 크다고 더 잘 찾는 것 아니다!

사람의 오감 가운데 시각이 차지하는 비중이 워낙 커서 그런지 시각과 관련된 흥미로운 현상이 많이 알려져 있다. 특히 착시는 이미지를 모아놓은 책이 있을 정도로 사람들의 관심이 높다.

간단한 예로는 뮐러-라이어 착시Müller-Lyer illusion가 있다. 동일한 길이의 직선임에도 화살표 방향이 어디를 향하느냐에 따라 직선의 길이가 달라 보인다. 즉 양 끝 화살표가 밖을 향하면 직선이 짧아 보이고 안쪽을 향하면 길어 보인다. 착시가 놀라운 건 설사 자를 대고 두 직선의 길이가 똑같다는 걸 확인해도 우리

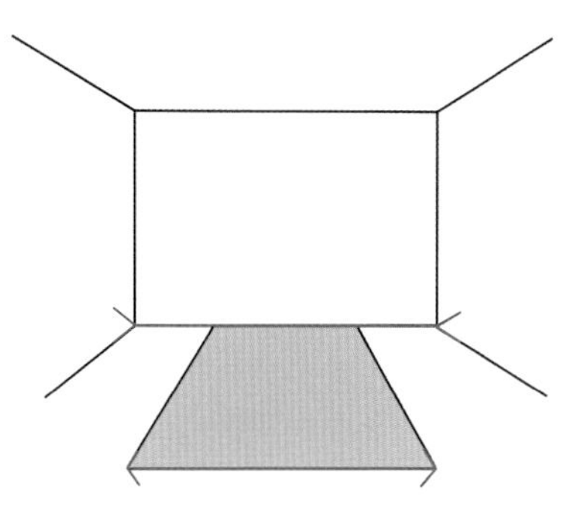

착시는 우리가 잘못 보고 있다는 사실을 알게 되더라도 여전히 잘못 보는 현상으로 뇌가 시각정보를 효율적으로 처리하게 진화한 과정에서 나온 부작용이다. 두 직선이 같은 길이임에도 다르게 보이는 뮐러-라이어 착시를 원근법으로 설명하는 그림이다. (제공 위키피디아)

눈에는 여전히 달라 보인다는 점이다. 우리 뇌에는 형태에 따라 자동적으로 길이를 유추하는 회로가 있다는 말이다.

뇌는 양 끝 화살표가 바깥쪽을 향하는 직선을 눈에 가까이 있다고(화살표의 날개 방향이 한 점으로 수렴하므로) 해석해 실제 길이보다 짧다고 판단한다. 반면 양 끝 화살표가 안쪽을 향하는 직선은 멀리 있다고(날개 방향이 발산하므로) 해석해 실제 길이보다 길다고 유추한다. 즉 착시는 뇌가 시각정보를 효율적으로 처리하는 회로를 진화시키는 과정에서 불가피하게 나오는 부작용인 셈이다. 다행히 자연계에서 착시를 일으키는 상황은 흔하지 않다.

욕실에서 칫솔 찾기

학술지 「커런트 바이올로지」 2017년 9월 25일자에는 착시는 아니지만 역시 시각의 기이한 측면을 보여주는 연구결과가 실렸다. 어떤 물건을 찾을 때 물건 크기가 큰데 오히려 더 못 찾는 경우가 있다는 것이다. 이게 말이 되는 것일까.

미국 산타바바라 캘리포니아대와 터키 중동공대 공동연구자들은 모니터의 이미지에서 특정 물건을 찾는 실험을 설계했다. 예를 들어 참가자들은 욕실 사진을 1초 동안 보고 칫솔이 있는지 없는지 알아맞춰야 한다. 칫솔이 세면대 위에 있는 사진과 바닥에 떨어져 있는 사진 가운데 어느 쪽을 더 잘 맞출까?

답이 너무 뻔한 것 같아 대답을 망설이는 독자를 위해 넌센스 퀴즈는 아니라는 점을 밝힌다. 그렇다. 당연히 세면대 위에 있는 칫솔이 있는 사진에서 '칫솔이 있다'고 답을 맞출 가능성이 높다. 욕실에서 칫솔을 찾으라면 우리 눈은 세면대 주변부터 살펴볼 것이고 따라서 1초밖에 안 되는 시간에 칫솔이 바닥에 떨어져 있는 사진에서 칫솔을 찾기는 어려울 것이기 때문이다.

다음으로 세면대 위에 칫솔이 있는 욕실 사진에서 세면대 부분을 클로즈업한 사진을 제시한다. 이 경우 욕실 전체를 보여주는 사진보다 칫솔을 찾을 확률이 더 높을까? 이번에도 너무 뻔해 답을 망설이는 독자가 있을까봐 역시 넌센스 퀴즈가 아님을 밝힌다. 칫솔이 있는 세면대가 확대된 사진에서는 칫솔도 더 크게 보일 테니 당연히 더 잘 찾을 것이다. 실험 결과 실제 훨씬 더 잘 찾았다.

이제 연구자들은 이미지를 편집했다. 즉 욕실 전체를 담은 사진에서 칫솔을 빼내고 세면대 부분을 클로즈업한 사진에서 칫솔을 오려내 붙여넣었다. 세면대 위에 커다란 칫솔이 놓여 있는 '비현실적인' 모습의 사진을 만든 것이다. 이 사진을 1초 동안 보고 칫솔을 찾은 사람이 얼마나 될까. 놀랍게도(물론 독자들은 문맥상 예상했겠지만) 욕실 전체가 보이는 사진에서 정상 크기, 즉 칫솔이 작을 때보다도 오히려 더 낮았다.

연구자들은 칫솔을 찾는 욕실 이미지를 포함해 모두 14가지 이미지에서 비슷한 실험을 진행했다. 그 결과 찾는 물건이 작게 보이는 이미지(정상)에서는 찾을 확률이 평균 80% 수준이었고 크게 보이는 클로즈업 이미지(정상)에서는 거의 100%인 반면 찾는 물건만 크게 보이는 이미지(비정상)에서는 60%가 조금 넘는 수준이었다.

흥미롭게도 이미지에서 특정 대상을 찾는 '딥 신경네트워크deep neural network' 프로그램에서는 이런 현상이 나타나지 않았다. 즉 이런 컴퓨터

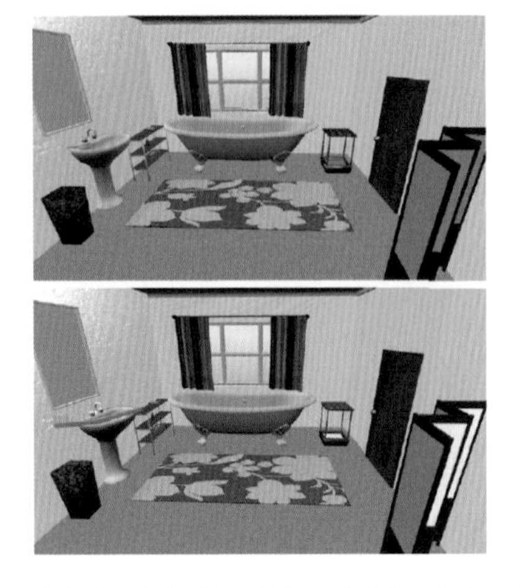
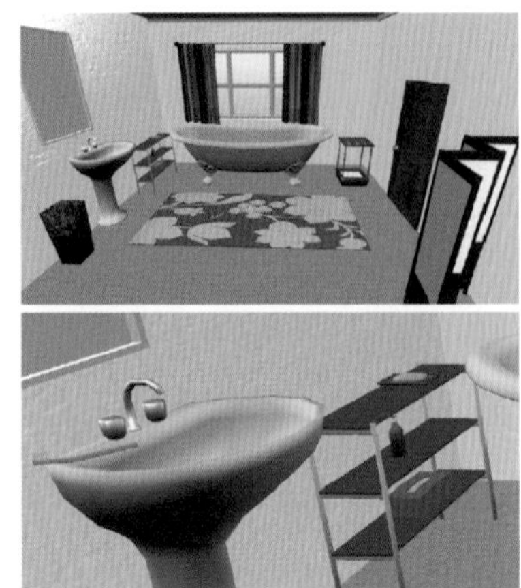

우리 뇌는 특정 대상을 찾을 때 배경의 크기 정보를 활용해 효율을 높이게 진화했고 그 결과 불가피하게 부자연스러운 상황에서 오히려 정확도가 떨어질 수 있다는 사실이 밝혀졌다. 사진을 1초 동안 보고 욕실에 칫솔이 있느냐는 질문에 답하는 과제의 예다. 왼쪽 위부터 시계방향으로 세면대 위에 칫솔(파란색)이 있는 사진, 바닥에 칫솔이 있는 사진, 클로즈업된 세면대 위에 칫솔이 있는 사진, 칫솔만 클로즈업된 사진이다. 실험 결과 칫솔만 클로즈업된 사진일 경우 칫솔이 작은 정상 사진일 때보다 칫솔을 찾을 가능성이 낮았다. (제공 「커런트 바이올로지」)

프로그램에서는 물건이 작게 보이는 이미지(정상)나 물건만 크게 보이는 이미지(비정상)에서 물건을 찾을 확률이 비슷했다. 대상의 형태를 학습해 추론하는 프로그램이므로 당연한 결과다. 그렇다면 비정상 이미지의 경우 사람의 시각정보처리 능력이 왜 이런 프로그램보다도 못한 것일까.

배경정보 활용한 결과

연구자들은 이 역시 착시처럼 진화의 결과라고 해석했다. 즉 우리는 어떤 대상을 찾을 때 배경의 정보를 활용한다. 욕실에서 칫솔을 찾을 경우 전체 이미지에서 칫솔을 발견할 확률이 높은 곳부터 스캔하기 마련이다. 이때 배경으로부터 추측한 칫솔의 크기와 크게 벗어나는 칫솔 이미지를 보게 되면 뇌는 이게 칫솔일 거라고는 예상하지 못하기 때문에 그냥 지나치고 다른 부분으로 넘어갈 가능성이 높다. 그리고 착시와 마찬가지로 실제 자연계에서는 이런 크기 왜곡이 일어나는 경우가 드물기 때문에 부주의로 피해를 보는 일이 거의 없다는 것이다.

연구자들은 이런 현상이 효율적인 시각정보 처리 메커니즘임을 보여주는 실험을 설계했다. 즉 사람과 컴퓨터 프로그램을 대상으로 사진을 보고 특정 물건이 있는가 여부를 판단하게 했다. 예를 들어 회의를 하는 장면을 담은 사진에서 휴대전화가 있는지 판단할 경우(실제 있다) 사람은 거의 100% 있다고 답한 반면 컴퓨터 프로그램은 50% 수준이었다. 아직은 패턴 인식 능력이 사람이 한 수 위다.

다음으로 휴대전화는 없지만 컴퓨터 자판의 형태가 꼭 휴대전화처럼 보이는, 사무실 원경을 담은 사진을 주고 휴대전화가 있는가를 물었다. 사람은 거의 100% 휴대전화를 못 봤다고 제대로 답했지만 컴퓨터 프로그램은 어이없게도 60%가 휴대전화를 '찾았다'. 즉 컴퓨터 자판의 형태를 휴대전화로 판단한 것이다.

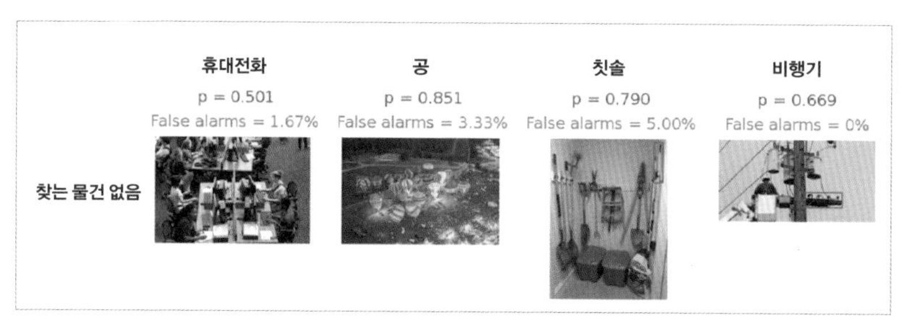

사람은 어떤 대상을 찾을 때 배경의 크기를 참고해 효율적으로 판단할 수 있지만 컴퓨터 프로그램은 아직 그렇지 못하다. 그 결과 찾는 대상은 없지만 다른 크기의 비슷한 이미지가 있는 사진에서 대상을 찾는 오류(빨간 네모)를 범할 가능성이 높다. 반면 사람은 이런 착오를 거의 일으키지 않는다. 위의 사진들이 그런 경우로 왼쪽부터 휴대전화, 공, 칫솔, 비행기를 찾는 과제다. (제공 「커런트 바이올로지」)

불과 1초를 봤기 때문에 형태만 생각하면 사람도 컴퓨터 자판을 휴대전화로 착각할 수 있을 것 같지만 인물 같은 배경 정보에서 기대하는 휴대전화의 크기와 컴퓨터 자판의 크기가 너무 차이가 나기 때문에(후자가 5배는 더 크다) '더 볼 것도 없이' 아니라고 판단한다. 반면 아직 이런 '지능'을 갖추지 못한 컴퓨터 프로그램은 어이없는 판단을 내린 것이다. 즉 특정 대상을 찾을 때 배경의 크기 정보를 바탕으로 크기 범위를 벗어나는 대상들을 재빨리 솎아내는 메커니즘은 진화의 선택인 셈이다.

5-3
나이가 들수록 잠의 질이 떨어지는 이유

> 산업혁명 이전의 잠에 대한 현대의 개념에는, 우리 선조들이 가난한 삶 속에서 잠만은 평온하게 잤으리라는 안타까운 믿음이 깔려 있다.
> – 로저 에커치, 『잃어버린 밤에 대하여』에서

얼마 전 동네 도서관을 어슬렁거리다 제목이 눈길을 끄는 책을 발견했다. 미국 버지니아공대의 사학자 로저 에커치Roger Ekirch 교수가 2005년 펴낸 『잃어버린 밤에 대하여』라는 책으로 2016년 번역서가 나왔다. 에커치 교수는 이 책에서 산업혁명 이전 서구사회의 밤을 재현하고 있는데 당시 사람들이 남긴 편지, 일기, 책, 신문, 법정기록 등 일상의 기록을 바탕으로 한다. 따라서 왕조 위주의 역사책에는 없는 서민들의 생생한 삶의 현장을 엿볼 수 있다.

책의 4부 "사적인 세계"는 잠을 다루고 있는데 지금까지 옛날 사람들의 수면에 대해 막연히 품고 있던 생각이 완전히 틀렸음을 보여주고 있다. 즉 토머스 에디슨이 백열전구를 발명하고 전기가 깔리면서 사람들이 밤을 빼앗기고 따라서 수면부족에 시달리게 됐다는 기존의 도식은 학자의 머릿속에서 나온 시나리오였다.

책에 따르면 산업혁명 이전 사람들 대다수가 이런저런 이유로 숙면에 방해를 받았고 그 결과 만성적인 수면부족에 시달렸다. 먼저 동물로 이, 벼룩, 빈대, 모기 등 밤이 되면 더욱 기승을 부리는 벌레들 때문에 잠자기 전 이들을 잡는 게 일이었다고 한다. 게다가 쥐까지 득실거렸다. 집의 방음도 형편없어서 도시에서는 밤새 이런저런 소음이 끊이지 않았고 시골에서는 가축들이 울어대며 정적을 깼다.

날씨도 문제여서 여름의 더위와 특히 겨울의 추위가 잠을 방해했다. 제대로 된 단열재가 없고 난방도 부실했던 당시는 겨울밤에 잠을 자는 게 고역이었다. 18세기 영국의 한 사람은 "발과 다리가 시려서 몇 시간이나

네덜란드의 화가 헤리트 반 혼트호르스트의 1621년 작품 〈벼룩 사냥〉. 당시 사람들은 벼룩과 빈대 같은 기생충으로 숙면을 방해받는 경우가 잦았다.

잠들지 못하는 경우가 종종 있다. 옷을 껴입고 자도 소용없다"는 기록을 남겼다.

이에 비하면 오늘날 우리나라 사람 대다수의 숙면 환경은 상당히 쾌적하다고 볼 수 있다. 물론 한여름 몇 주 동안 열대야에 시달리기는 하지만 그래도 선풍기는 있지 않은가. 겨울밤 추위로 발이 시려 잠들지 못하는 경우도 흔치 않다. 그리고 열에 아홉은 벼룩과 빈대가 어떻게 생겼는지도 모를 것이다.

그럼에도 현대인들 대다수가 수면의 질이 그다지 높지 않은 것 같다. 학교와 학원을 전전하는 십대 청소년들은 구조적으로 잠을 충분히 잘 수 없는 상황이고, 이삼십 대 청장년들은 이런저런 일과 놀이로 너무 바빠 역시 만성적인 잠 부족 상태에 있으며, 지나친 스트레스로 불면증에 시달리고 있는 사람도 적지 않다.

중년에 접어들어 이제 그다지 바쁠 것도 없는 사람들이라고 해서 수면의 질이 높아지지는 않는다. 모든 여건이 숙면을 취할 수 있게 맞춰졌음에도 이번에는 몸이 말을 듣지 않기 때문이다. 즉 잠을 푹 자고 싶어도 그럴 수가 없어 오히려 하루하루 밤을 보내는 게 고역이다. 그런데 왜 많은 사람들이 마흔을 넘기면서 잠을 자는 데 문제가 생기고 나이가 들수록 그 정도가 심해지는 것일까.

잠의 양보다 질이 더 문제

신경과학 분야의 학술지 「뉴런」 2017년 4월 5일자에는 "수면과 인간 노화"라는 제목의 리뷰논문이 실렸다. 나이가 들수록 수면의 질이 떨어지는 현상에 대한 최신 연구결과들을 소개하고 있는데 내년에 우리나이로 오십이 되는 필자로서는 남의 일이 아니기 때문에 '정독'하지 않을 수 없었다. 수면과 노화의 관계를 '나이 들면 새벽잠이 없어지는 거 아냐?' 정도로만 알고 있다면 상황을 제대로 파악하지 못하고 있는 것임을 깨달았다.

잠은 안구의 움직임 여부에 따라 렘REM수면과 비렘NREM수면으로 나뉜다. 비렘수면은 잠의 깊이에 따라 네 단계로 세분되는데 뇌파를 측정해 분류할 수 있다. 일단 잠이 들면 비렘수면 1단계로 들어가 잠이 깊어지면서 깨워도 잘 일어나지 않는 3단계와 4단계에 이르고 다시 잠이 얕아지다 렘수면에 돌입한다(주로 이때 꿈을 꾼다). 이 사이클을 몇 번 돌다 보면 아침이 온다.

그런데 젊은이와 나이든 사람의 시간에 따른 수면단계 그래프를 보면 큰 차이가 난다. 젊은이는 잠드는 데 시간이 얼마 안 걸리고 수면 전반기에 가장 깊은 잠인 4단계 비렘수면에 몇 차례 머무르는 반면 노인은 잠들기도 어려울 뿐 아니라 4단계를 거의 경험하지 못한다. 또 잠을 자다 깨는 일도 젊은이는 아침에 일어났을 때 그랬는지도 모를 정도로 한두 번 잠깐 깨는 반면 나이든 사람은 수시로 깨고 지속시간도 꽤 돼 이를 다 합

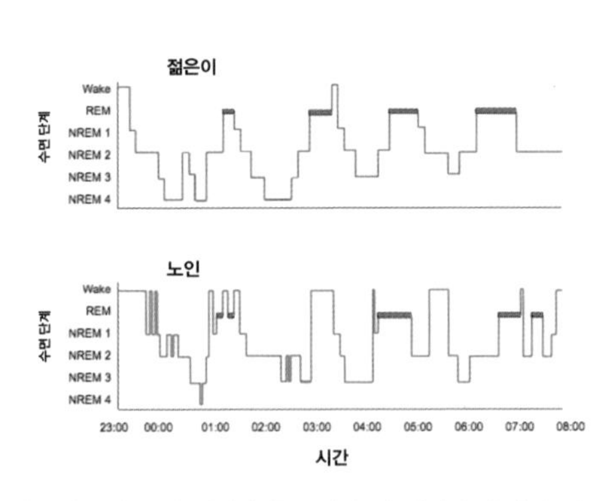

나이가 들수록 수면시간이 줄어들 뿐 아니라 수면의 질도 떨어진다. 수면의 구조를 단계에 따라 보여주는 그래프로 젊은이(위)와 노인(아래)에서 상당한 차이가 보인다. 자세한 설명은 본문을 참조하라. (제공「뉴런」)

치면 한 시간이 훌쩍 넘는다. 즉 나이가 들면 새벽잠이 없어지는 게 아니라 잠의 질이 떨어지는 게 본질적인 문제다. 그렇다면 왜 나이가 들수록 잠을 제대로 못 자게 되는 걸까.

식욕이나 성욕 같은 원초적 욕구가 그렇듯이 수면욕도 뇌에서 원시적인(진화적으로 오래된) 영역인 뇌간과 시상하부에서 조절된다. 즉 자려고 하는 의지가 아무리 확고해도 이들 영역에서 도와주지 않으면 잠이 들지 못한다. 따라서 나이가 들수록 수면의 질이 떨어지는 건 뇌 속 수면회로의 문제일 가능성이 크고 최근 연구결과들은 실제 그렇다는 사실을 보여주고 있다.

먼저 수면과 각성의 조절 메커니즘을 간단히 살펴보자. 아침이 되면 외측시상하부영역LHA이 활성화돼 신경전달물질인 오렉신orexin을 분비해 식욕을 불러일으키고 정신을 깨어나게 한다. 한편 뇌간에 있는 조직인 청반locus coeruleus에서도 뇌가 깨어나게 하는 신호를 보낸다. 반면 시상하부에 있는 시각교차앞영역POA에서는 갈라닌galanin이라는 신경전달물질을 분비해 수면의 시작과 유지를 담당한다. 역시 시상하부에 있는 시교차상핵SCN은 24시간 주기의 생체시계를 관장하며 외측시상하부영역을 자극해 수면시간을 조율하는 역할을 한다.

그런데 나이가 들면서 이런 조직에 있는 신경세포(뉴런)의 숫자가 줄어든다. 그 결과 수면에 대한 압력(수면욕)이 줄어들고 잠을 깨라는 신호도 약해진다. 즉 잘 때 제대로 못자고 깨어나서도 정신이 맑지 못하다는 말이다. 나이가 들수록 낮잠을 자는 비율이 높아지는 이유다.

한편 나이가 들수록 뇌의 여러 곳에 분포하는 아데노신 A1 수용체의 밀도가 낮아지는 것도 주목할 현상이다. 각종 생화학반응의 대사산물

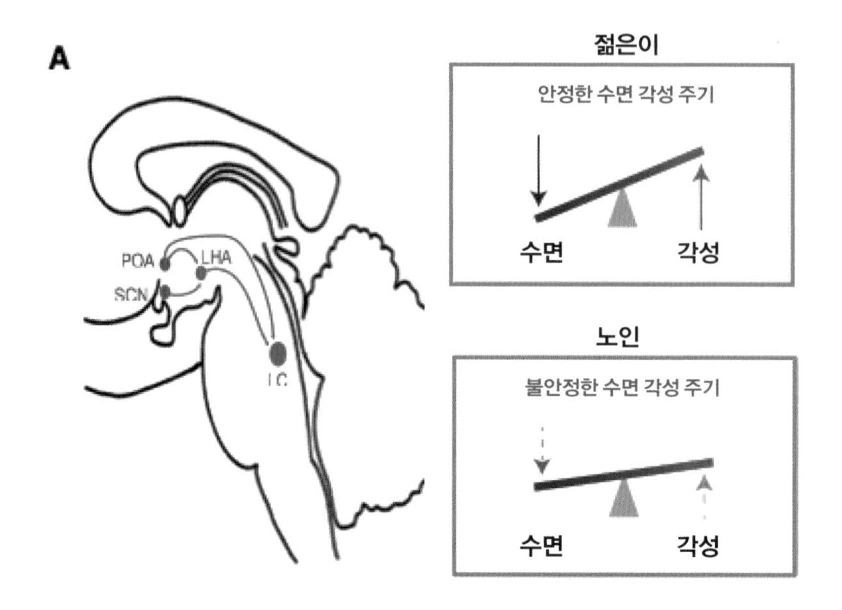

뇌에서 수면과 각성을 조절하는 회로는 시상하부와 뇌간으로 이뤄져 있다. 시상하부의 시각교차앞영역(POA)에서는 수면의 시작과 유지를 담당하고(파란색) 외측시상하부영역(LHA)과 뇌간의 청반(LC)은 뇌가 깨어나게 하는 신호를 보낸다(빨간색). 시상하부에 있는 시교차상핵(SCN)은 24시간 주기의 생체시계를 관장하며 수면시간을 조율하는 역할을 한다(보라색). 나이가 들수록 이 신호들의 세기가 약해져 잠이 얕아지고 깨어있을 때는 머리가 맑지 않다. (제공「뉴런」)

인 아데노신adenosine은 뇌에서 신경조절물질로 작용해 농도가 올라가면 뉴런을 둔하게 만들어 잠을 유도한다. 그런데 뉴런 표면의 수용체 밀도가 낮아지면 아데노신의 신호를 제대로 감지하지 못하게 되고 따라서 피곤해도 잠이 잘 오지 않는다. 커피에 들어있는 카페인은 이 수용체에 달라붙어 아데노신의 작용을 방해하므로 안 그래도 수용체가 부족한 노인은 카페인 음료를 자제하는 게 좋다.

수면의 질 저하 정도 남녀 차 뚜렷

흥미롭게도 나이가 듦에 따라 수면의 질이 떨어지는 현상은 남녀에서 차이가 큰 것으로 나타났다. 즉 남성의 경우는 가파르게 진행되는 반면 여성은 완만하다. 수면회로를 봐도 젊었을 때는 남성 쪽이 오히려 수면 압력도 크고 깨라는 신호도 더 강한 반면 나이가 들면 역전이 된다. 이처럼 수면의 질 변화가 성별에 따라 차이가 난다는 건 성호르몬이 관련됨을 시사한다. 실제 연구결과 남성의 경우 남성호르몬인 테스토스테론의 저하가 잠의 질 저하와 밀접하게 관련된 것으로 나타났다. 테스토스테론 수치는 40대 들어서 본격적으로 떨어지기 시작하는데 수면의 질 저하가 시작되는 시점과 일치한다. 어쩌면 남성의 평균수명이 여성보다 수년 짧은 것도 중년 이후 수면의 질 차이에서 비롯된 것일지도 모르겠다.

수면의 질이 떨어진 결과가 자고 나서도 피로가 덜 풀리는 정도라면 큰 문제가 아닐지도 모르지만 최근 연구결과 수면이 건강 전반에 큰 영향을 미친다는 사실이 속속 밝혀지고 있다. 즉 수면의 질이 떨어지면 면역계와 내분비계, 심혈관계의 기능에 악영향을 줄 뿐 아니라 다양한 측면에서 인지능력이 저하되는 것으로 나타났다. 수면장애가 노인성 치매의 전조증상 가운데 하나인 이유다.

실망스럽게도 리뷰논문은 나이듦에 따라 수면의 질이 떨어지는 현상을 설명하는 데 치중할 뿐 이에 대한 해결책(또는 해결하려는 노력)에 대해서는 짤막하게만 언급하고 있다. 즉 비렘수면의 3단계와 4단계인 깊은 잠의 특징은 서파(진동이 느린 뇌파)의 비율이 높은 것인데 뇌에 경두개자극tDCS을 줘 서파의 비율을 높일 경우 숙면의 효과를 낸다는 연구결과를 소개한 정도다. 앞으로는 지금까지 기초연구결과를 바탕으로 나이든 사람의 잠의 질을 높여주는 연구가 본격적으로 진행되기를 기대한다.

『잃어버린 밤에 대하여』에는 '첫잠'과 '두 번째 잠'이라는 용어가 나온다. 즉 옛날 사람들은 잠을 자다 중간에 깨서 상당 시간 활동을 하다 다시 잠을 자는 경우가 많아 이런 용어까지 있었다고 한다. 옛날에는 대체로 잠이 일찍 들었기 때문에 자정 무렵이나 새벽에 깨는 일이 관행이 된 것 같다. 이 기간을 '첫 깸'이라고 부르기도 한다.

오전 두세 시쯤 깬 뒤 잠이 안 와 한참을 책을 읽다 다시 잠자리에 드는 날이 많은 필자는 늘 마음이 무거웠는데 이 부분을 읽으며 큰 위안이 됐다. 아래는 17세기 영국의 시인이자 윤리학자인 프랜시스 퀄스Francis Quarles가 남긴 말이다.

> "첫잠이 끝나면 휴식에서 깨어 일어나라. 그때 당신의 몸이 가장 상태가 좋을 것이다. 그때 당신의 영혼에 장애물이 가장 작을 것이다. 그때 당신의 귀를 괴롭힐 소음도 하나 없을 것이다. 아무것도 당신의 눈을 어지럽히지 않을 것이다."

5-4
사람이 개보다 잘 맡는 냄새도 있다?

천변을 산책하다 보면 개를 데리고 나온 사람들이 많은데 다들 개가 보행을 주도한다. 잘 걷다가도 개가 어느 지점에서 멈춰 코를 대고 집요하게 뭔가의 냄새를 맡기 시작하면 주인이 목줄을 당겨 가자고 해도 말을 잘 듣지 않는다. 개는 한참 이러다 오줌을 찔끔 누고서야 자리를 떠나곤 한다.

개의 후각이 워낙 뛰어나니 자기들끼리 냄새정보를 얻고 남기는 과정 같은데 그 실체에 대해 전혀 감을 잡을 수 없는 사람으로서는 신기하기도 하다. 그런데 문득 이런 생각이 든다. 개가 이처럼 후각이 민감하다면 사람들이 자신의 둔감한 후각에 맞춰 피워대는 일상의 각종 냄새를 어떻게 견디는 것일까. 즉 아무리 좋은 냄새라도 강도가 너무 세면 역겹기 마련인데 그렇다면 우리가 유쾌하게 느끼는 냄새 강도에도 개들은 코를 파묻어야 하지 않을까.

폴 브로카의 비교해부학 연구에서 편견 시작돼

학술지 「사이언스」 2017년 5월 12일자에는 사람의 후각이 형편없다는 건 19세기에 형성된 신화일 뿐이라는 주장을 담은 리뷰논문이 실렸다. 미국 러트거스대 심리학과 존 맥건John McGann 교수는 논문에서 사람은 후각이 퇴화된 상태라는 오늘날 과학상식의 '원조'가 19세기 프랑스의 저명한 의사 폴 브로카Paul Broca라고 주장했다. 브로카는 두뇌 좌반구 하측 전두엽이 언어의 생성과 표현을 담당한다는 사실을 발견해 유명해졌고 이 부분은 오늘날 '브로카 영역'으로 불리고 있다.

브로카는 비교해부학자로서 사람과 여러 동물의 뇌를 관찰하면서 흥미로운 패턴을 발견했는데 그 가운데 하나가 유인원은 전두엽이 발달했고 특히 사람은 더 두드러진다는 사실이다. 그런데 단지 크기의 문제가 아니다. 즉 생쥐의 경우 작은 전두엽은 곧 후각망울olfactory bulb이라는 냄새정보를 받는 구조인데 비해 사람의 후각망울은 커다란 전두엽 속에 박혀 잘 보이지도 않는다. 이를 토대로 브로카는 사람의 경우 후각이 퇴화된 상태라고 해석했다.

19세기 비교해부학자 폴 브로카. 뇌에서 언어를 담당하는 소위 '브로카 영역'을 발견해 유명해졌지만 후각의 기능을 과소평가해 후각 연구를 지체시킨 인물이기도 하다

1879년 발표한 논문에서 브로카는 포유동물을 후각 의존도에 따라 두 범주로 나눴다. 즉 후각을 주된 감각으로 삼아 살아가는 후각동물osmatic animal과 그렇지 않은 비후각동물nonosmatic animal로 나눴다. 물론 사람은 유인원과 함께

후자에 속하고 기본 후각구조가 없는 고래류도 비후각동물이다.

진화론도 사람이 후각이 퇴화한 상태라는 주장에 힘을 실어줬다. 즉 영장류가 나무에서 생활하며 시각과 청각에 주로 의존하게 되고 특히 3색 시각 능력을 획득하면서 시각정보가 더 중요해져 후각의 필요성이 줄어들어 퇴화했다는 것이다. 사람은 나무에서 내려왔지만 직립보행을 하기 때문에 여전히 후각보다는 시각에 훨씬 더 의존한다.

2000년 인간게놈을 해독하면서 이런 가정에 힘이 더 실렸다. 즉 냄새분자와 결합하는 냄새수용체 유전자 1,000여 개 가운데 실제 작동하는 유전자는 390개 정도이고 나머지 600여 개는 기능을 잃은 위(가짜)유전자로 밝혀졌기 때문이다. 반면 생쥐의 경우 유전자가 1,100여 개이고 위유전자는 200여 개에 불과하다. 이는 사람이 맡을 수 있는 냄새분자의 종류가 더 적을 것임을 시사한다.

실제 작동하는 유전자 더 될 수도

그런데 2016년 11월 학술지 「네이처」에 초파리의 냄새수용체 위유전자에 관한 흥미로운 연구결과가 실렸다. 즉 DNA염기서열만 보면 분명 기능을 못하는 위유전자임에도 멀쩡하게 기능을 하는 단백질(냄새수용체)을 만드는 예가 발견된 것이다. 즉 가짜 가짜유전자인 셈이다.*

한편 이보다 세 달 앞서 학술지 「BMC 유전체학」에는 사람의 후각조직에서 발현하는 유전자의 산물(전사체)을 분석한 논문이 실렸다. 이에 따르면 기능을 하는 냄새수용체 유전자 가운데 90%가 발현을 하고 놀

* 가짜 위유전자에 대한 자세한 내용은 『과학의 위안』 274쪽 "가짜 가짜유전자 있다!" 참조.

랍게도 위유전자도 60%가 발현을 하는 것으로 나타났다. 따라서 사람의 냄새수용체 위유전자 가운데 상당수가 실제로는 냄새수용체를 만들 가능성이 있다는, 즉 사람이 맡을 수 있는 냄새의 스펙트럼이 생쥐보다 훨씬 못한 건 아니라는 말이다.

실제로 사람이 모든 냄새에 대해서 쥐나 개에 비해 후각이 둔감한 건 아니라는 사실이 밝혀졌지만 잘 알려져 있지는 않다. 세관에서 마약탐지견의 활약을 지켜보면 사람과 개의 후각은 비교불가라는 인상을 받지만 냄새분자에 따라 사람이 더 잘 맡는, 즉 역치가 낮은 경우도 있다.

예를 들어 사람은 바나나 냄새의 주성분인 아밀아세테이트amyl acetate를 개나 토끼보다 더 잘 맡는다는 사실이 이미 1960년대 밝혀졌다. 최근에도 이런 사례가 보고되고 있는데 2012년 학술지 「플로스 원」에 실린 논문에서는 지방족카복실산 분자 일곱 가지를 대상으로 사람과 개를 포함한 여러 동물의 역치를 조사한 연구결과가 실렸다. 이에 따르면 이 가운데 두 분자의 경우 사람의 역치가 가장 낮았다.

이듬에 같은 학술지에 실린 논문을 보면 황을 함유한 냄새분자 여섯 가지를 대상으로 사람과 거미원숭이, 생쥐를 대상으로 역치를 조사한 결과가 실렸는데, 네 분자는 생쥐가 가장 민감했지만 두 분자는 사람이 가장 민감했다. 특이 한 분자는 사람이 천 배나 더 민감했다(역치가 1,000분의 1 수준).

한편 학술지 「지각」 2017년 3/4월호에 실린 논문을 보면 포유류의 피 성분 가운데 하나인 데세날decenal 계열의 분자에 대해 사람이 생쥐보다 더 민감하다는 사실이 밝혀졌다. 즉 후각의 민감도가 종에 따라 서열이 매겨져 있는 게 아니라는 말이다.

악수한 뒤 손에서 냄새 맡아

설사 사람이 생각보다 냄새에 민감하더라도 우리 삶에서 후각의 비중이 크지 않다는 사실은 변함이 없지 않을까. 어쨌든 우리가 행동하는 데 후각은 별 영향을 미치는 않는 것 같으니 말이다. 그런데 최근 연구에 따르면 그렇지 않다고 한다. 의식하지는 못하더라도 사람 역시 냄새정보를 통해 특정 행동을 하거나 피한다. 어떤 사람에게는 끌리고 어떤 사람은 이유 없이 싫은 것도 사실은 그 사람의 체취 때문일 가능성이 높다. 사람마다 체취가 다르기 때문이다.

2015년 학술지 「이라이프」에 실린 논문에는 사람들이 낯선 사람과 인사를 하며 악수를 할 경우 상대의 성별에 따라 다른 행동을 보인다는 관찰결과가 실렸다. 즉 동성인 사람과 악수를 한 뒤 악수한 손의 냄새를

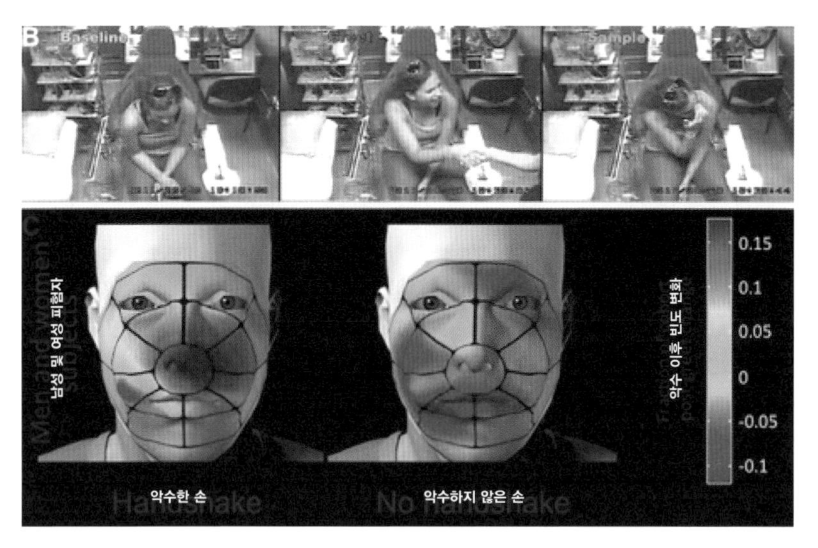

사람들의 행동을 관찰하면 손이 자주 얼굴로 가는데 이는 무의식적으로 손의 냄새를 맡는 현상이다. 흥미롭게도 낯선 동성인 사람과 악수를 하고 난 뒤에는 악수한 손을 코 주위로 가져가는 빈도가 올라간다(아래 왼쪽 빨간색 영역). 한편 악수하지 않은 손은 빈도가 내려간다(아래 오른쪽 파란색 영역). (제공 「이라이프」)

맡는 행동(손을 코에 가까이 대는)을 더 많이 한다. 반면 이성과 악수를 한 뒤에는 악수하지 않은 손의 냄새를 더 많이 맡는다. 이에 대해 연구자들은 동성의 경우 상대에 대한 정보를 더 얻기 위해, 이성의 경우 나의 냄새와 비교하기 위해 그런 무의식적인 행동을 한다고 설명했다.

후각이 둔감해지는 게 치매의 주요한 전조증상이라는 발견도 있다. 우리가 의식하든 못하든 사람 역시 냄새의 세계에서 정보를 주고받아야 건강한 삶을 살 수 있다는 말이다.

5-5

생쥐의 앞발이 손이 되지 못한 사연

얼마 전 신문에서 바이올리니스트 신지아 씨의 인터뷰 기사를 봤다. 우리나라 바이올리니스트라면 정경화, 장영주(사라 장)만 떠올리는 수준인 필자는 기사를 읽고 궁금해져 연주를 한번 들어보려고 유튜브를 검색했다. 신지아-손열음(피아노) 듀엣의 연주 동영상이 여럿 나왔고 한 편을 보자 강주미(클라라 주미 강, 바이올린)-손열음 듀엣의 연주 동영상도 올라왔다. 덕분에 신지아 씨 연주와 함께 이름은 알고 있었던(워낙 특이해서) 클라라 주미 강의 연주도 즐겁게 감상했다.

신지아 씨의 연주장면 동영상을 캡쳐해 그려봤다. 〈지고이네르바이젠〉(2017), 캔버스에 유채, 53×45.5cm. (제공 강석기)

평소 클래식 음악은 라디오나 CD(대부분 서구의 유명 연주자들)로만 듣다가 유튜브로 연주장면을 '시청'하니 클래식 연주도 '볼 맛'이 쏠쏠했다. 특히 빠른 템포에서 연주자들의 손을 클로즈업한 화면이 눈길을 사로잡았는데 현을 짚고 건반을 두드리는 현란한 손놀림이 경이로웠다.

세 사람의 연주를 지켜보다 문득 '사람이 손을 능숙하게 사용하게 진화했다지만 저 정도로 민첩하면서도 정교한 손놀림을 할 수 있는 잠재력을 지닌 것일까' 라는 의문이 들었다. 손놀림의 진화, 즉 뇌와 손가락의 근육을 연결하는 신경회로의 진화는 구석기인이 수렵채취생활을 하는 데 지장이 없을 정도로 이뤄졌을 텐데 도대체 여기서 어떻게 저런 고도의 운동수행능력을 발휘할 수 있는 것인가 말이다. 필자 같은 평범한 사람의 뇌에도 어릴 때부터 혹독한 훈련을 하면 이런 손놀림(물론 예술적 완성도는 한참 떨어지겠지만)을 할 수 있게 하는 잠재력(신경회로배치)이 있다는 것인데 아무튼 놀라운 일이다.

손놀림 회로, 원숭이와 유인원에 있어

학술지 「사이언스」 2017년 7월 28일자에는 손놀림의 진화에 대한 뜻밖의 연구결과가 나왔다. 좀(사실은 한참) 과장을 하면 생쥐도 갓 태어났을 때는 '손'으로 피아노를 칠 수 있는 잠재력이 있는데 자라면서 회로가 끊어져 평범한 '앞발'이 된다는 것이다. 실제 회로를 없애는 데 관여하는 유전자를 고장낸 변이 생쥐의 경우 앞발을 손처럼 사용해야 할 때 훨씬 능숙하게 해낸다고 한다.

동물 가운데는 앞발(또는 앞다리)이라고 불러야 할지 손(또는 팔)이라고 불러야 할지 애매한 경우가 있다. 예를 들어 티라노사우루스의 작은 앞다리는 걷는 데 전혀 기여를 하지 않으므로 팔이라고 불러야 하지 않을까. 다람쥐는 도토리를 '양 앞발'로 쥐고 있는 것일까, '양 손'으로 쥐고 있는 것일까. 모든 동물에서 사지의 뒤쪽 한 쌍은 걷는 게 주된 기능이므로 어쨌든 발이지만 앞쪽 한 쌍의 경우 말단에서 갈라진 부분을 얼마나 능숙하게 움직일 수 있느냐에 따라 발이나 손 가운데 하나로 불러야 하는 걸까.

최근 연구결과 생쥐의 경우 성장과정에서 손놀림 회로가 퇴화하는 것으로 밝혀졌다. 여기에 관여하는 유전자를 끈 변이생쥐는 회로가 유지돼 앞발로 물건을 다룰 때 정상생쥐보다 훨씬 능숙한 것으로 나타났다. 물론 그렇다고 피아노를 칠 정도는 아니지만. (제공 Z. Gu et al., Science (2017))

아무튼 포유류에서 진원류는 이런 고민 없이 앞쪽 한 쌍을 확실히 손이라고 부른다. 진원류는 영장류 가운데 원숭이monkey와 유인원ape을 가리킨다. 이들은 엄지가 나머지 네 손가락과 마주보게 배치돼 있어 손놀림이 새로운 경지에 오른 동물들이다. 따라서 이런 손놀림이 가능하게 하는 뇌회로의 배치도 진원류의 진화과정에서 획득한 것으로 여겨졌다.

여기서 사람의 손놀림 회로를 살펴보자. 뇌의 전두엽이 두정엽과 만나는 지점인 중심전회는 1차 운동피질이라고 부르는데, 우리 몸의 근육 움직임을 관장하는 부분이다. 운동피질의 각 부분이 담당하는 신체부위를 따라 사람을 그린 그림에서는 얼굴과 손이 넓은 영역을 차지한다. 섬세한 근육조절이 필요하기에 많은 뉴런이 할당돼 있다는 말이다.

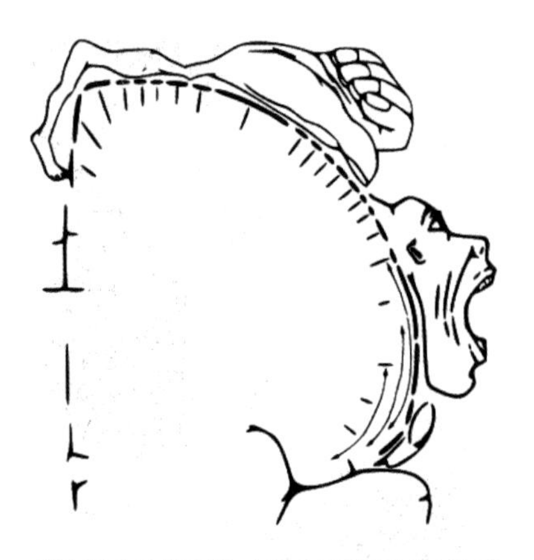

사람 뇌의 중심전회는 1차 운동피질로 불리는데 근육의 움직임을 관장한다. 각 영역별로 담당하는 신체부위를 그린 몸순서배열 지도로 얼굴과 손의 비중이 상당히 크다. (제공 위키피디아)

1차 운동피질의 뉴런은 중뇌와 연수를 거쳐 척수까지 이어지는데 이를 피질척수로corticospinal tract라고 부른다. 근육과 연결된 운동뉴런과 척수에서 만나 신호가 전달된다. 연구결과 사람을 포함한 진원류는 피질척수뉴런과 손 근육의 운동뉴런을 1대 1로 연결하는 회로가 잘 발달해 있는 반면 다른 포유류에서는 이 연결이 부실한 것으로 밝혀졌다. 어찌 보면 예상한 내용이다.

정교함을 스스로 버려

미국과 중국, 일본의 공동연구자들은 이 회로가 기존의 추측처럼 진원류의 진화과정에서 나타난 것인지 아니면 포유류의 진화 과정에서 나타났지만 많은 종에서 발생 또는 성장 단계를 거치며 퇴화한 것인지 알아보기로 했다. 생후 이틀 된 생쥐의 신경계를 살펴본 결과 놀랍게도 이 회로가 존재하는 것으로 나타났다. 그러나 생후 10일 무렵부터 줄어들기 시작해 14일이 되자 완전히 사라졌다.

연구자들은 이 과정에서 PlexA1 유전자가 관여한다는 사실을 알아냈다. 그렇다면 이 유전자 스위치를 끄면 성장과정에서 회로가 유지돼 생쥐도 사람처럼 손가락을 움직일 수 있게 될까. 이 유전자의 스위치가 꺼진 변이 생쥐를 만들어 실험한 결과 앞발이 손의 역할을 할 때 정상 생쥐보다는 훨씬 뛰어난 것으로 나타났다(물론 사람과는 비교할 수 없지만).

예를 들어 소면처럼 생긴 파스타인 카펠리니를 줄 경우 정상 생쥐는 양 발바닥 사이에 엉거주춤하게 잡고 갉아먹는 반면 변이 생쥐는 사람처럼 발가락으로 카펠리니를 쥐고 먹는다. 그 결과 더 쉽고 빠르게 카펠리니를 먹을 수 있다. 몸에 붙은 테이프를 떼어내는 실험에서도 걸리는 시간이 훨씬 짧았다. 작은 통속에 먹이가 들어 있어서 앞발로 꺼내 먹어야 하는 경우도 변이 생쥐가 훨씬 쉽게 먹이를 꺼냈다.

그렇다면 왜 생쥐는 이처럼 앞발가락(손가락?)을 정교하게 쓸 수 있었음에도 그 가능성을 스스로 봉쇄해버린 것일까. 얼핏 생각해도 이런 능력이 생존에 도움이 될 것 같은데 말이다. 연구자들은 논문에서 앞발가락을 능숙하게 놀리는 게 주로 땅에서 네 발로 걷는 동물들에게는 별로 도움이 되지 않았을 것이라고 추측했다. 이런 배열에 신경회로를 많

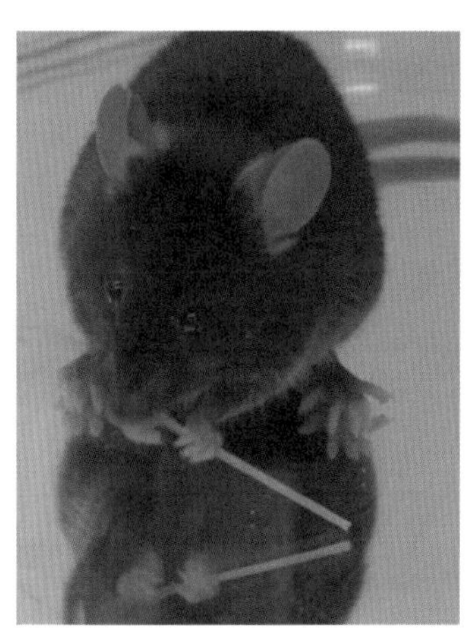

카펠리니를 주면 손놀림 회로가 없는 정상생쥐는 양 앞발로 엉성하게 붙잡고 먹는 반면(왼쪽) 회로가 있는 변이생쥐는 제법 그럴듯하게 쥐고 먹는다(오른쪽).

이 할당할 경우 이동 같은 움직임에 필요한 신경회로가 부실해져 오히려 생존에 불리하게 작용할 수도 있다. 따라서 생쥐를 포함한 사족보행 포유류에서 이 회로가 퇴화했다는 말이다.

그렇다면 포유류의 역사에서 오늘날 원숭이처럼 주로 나무에서 생활하게 적응한 동물에서 이런 손놀림 회로가 진화한 것일까. 흥미롭게도 게놈 염기서열을 기반으로 만든 포유류의 계통분류에 따르면 설치류가 영장류와 가장 가까운 것으로 나온다. 사람, 개, 생쥐를 두 그룹으로 나누라면 '사람과 생쥐' 대 '개'가 된다는 말이다.

한편 티라노사우루스가 살던 시절인 6600만 년 전 화석이 발견된 초기 영장류인 퍼가토리어스*Purgatorius*는 오늘날 영장류보다 오히려 다람쥐나 쥐가 연상되는데 발목뼈를 보면 나무에서 살았던 것으로 보인다. 어쩌면 설치류와 영장류의 공통조상도 나무에서 살았고 그 결과 손놀림 회로가 진화한 게 아니었을까 하는 생각이 문득 든다.

Part.6
생태·환경

6-1
플라스틱을 먹는 애벌레가 있다고?

지난달 TV를 보다 걱정스런 뉴스를 접했다. 서해의 한 작은 섬 얘기인데 바닷가가 쓰레기로 덮여 주민들이 골치라고 한다. 물론 섬 주민들이 버린 쓰레기는 아니고 해류를 따라 중국에서 온 것이다. 화면을 보니 대부분 플라스틱이다.

남태평양의 무인도 헨더슨 섬의 해변에는 플라스틱 쓰레기가 널려있다. 아래 왼쪽은 그물이 엉킨 바다거북의 모습이고 오른쪽은 플라스틱 조각을 집으로 쓰려고 하는 소라게의 모습이다. (제공 「미국립과학원회보」)

사실 해양 쓰레기가 어제 오늘 얘기는 아니다. 매년 1,200만 톤의 플라스틱이 바다로 버려지고 있는데 이것들이 오대양을 떠돌며 곳곳에 쓰레기 더미를 만들고 있다. 예를 들어 2년 전 한 해양생물학자가 생태조사차 남태평양의 작은 무인도인 헨더슨 섬Henderson Island을 찾았다가 곳곳에 널려있는 쓰레기에 놀라 모아다 무게를 달아본 결과 18톤에 이르렀다. 이 섬에서 가장 가까운 도시까지 거리가 5,000km가 넘는다는 걸 생각하면 놀라운 일이다. 쓰레기 가운데는 칫솔과 자전거 페달, 심지어 섹스 장난감까지 있었다.

플라스틱 제조 누적량은 83억 톤

학술지 「사이언스 어드밴시스」 2017년 7월 19일자에는 지금까지 인류가 만든 플라스틱의 양과 현재 상태를 추정한 논문이 실렸다. 미국 산타바바라 캘리포니아대 롤랜드 게이어Roland Geyer 교수를 비롯한 공동연구자들은 플라스틱 관련 자료를 분석한 결과 1950년부터 2015년까지 석유 같은 원료로부터 만든 플라스틱의 총량이 83억 톤에 이를 것으로 추정했다. 여기에 재활용으로 만든 플라스틱 6억 톤을 더하면 총 89억 톤이 된다.

한편 2015년 현재 지구촌에서 쓰이고 있는 플라스틱은 26억 톤에 이른다. 즉 63억 톤은 쓸모가 다했다는 얘기인데 그렇다면 다들 어떻게 됐을까. 이 가운데 6억 톤(9%)은 재활용 사이클을 밟았고 8억 톤(12%)은 소각됐다. 그리고 나머지 49억 톤(79%)은 매립되거나 버려졌다. 바다가 플라스틱 쓰레기로 몸살을 앓고 있는 이유다.

여기까지는 예상하지 못한 사실도 아니었지만 플라스틱 생산량 추이를 보니 좀 충격이다. 1950년 세계 플라스틱 생산량은 200만 톤에 불과했지만 65년이 지난 2015년에는 3억8000만 톤에 이르러 연평균 8.4%의 폭발적인 성장세를 보였다. 이는 경제 성장률의 2.5배에 이르는 수치

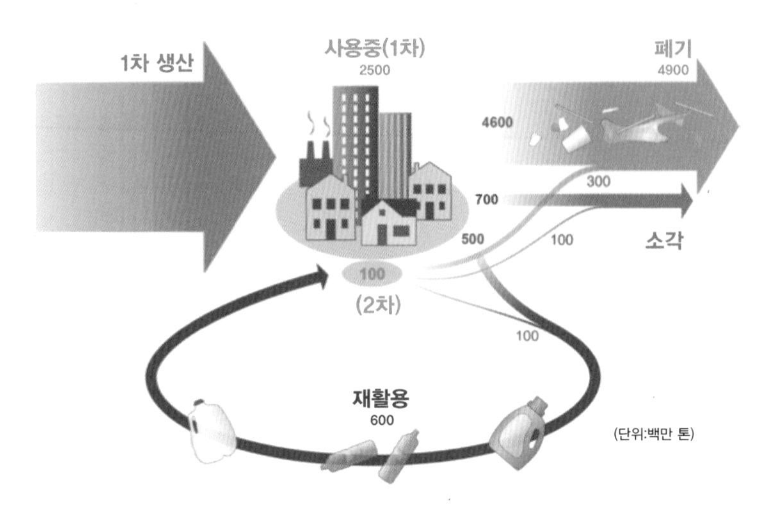

지구촌의 플라스틱은 어디에서 와서 어디로 가는가. 1950년부터 2015년까지 인류는 석유 같은 원료에서 플라스틱 83억 톤을, 재활용을 통해 플라스틱 6억 톤을 만들었다. 2015년 현재 26억 톤이 쓰이고 있고 63억 톤이 쓰레기가 됐다. 이 가운데 6억 톤이 재활용됐고 8억 톤이 소각됐다. 나머지 49억 톤은 매립되거나 버려졌다. (단위 백만 톤) (제공 「사이언스 어드밴시스」)

다. 이런 식으로 가면 2050년에는 누적 생산량이 340억 톤으로 2015년의 네 배에 이를 전망이다.

논문에서 연구자들은 2010년 한 해 동안 배출된 플라스틱 쓰레기를 2억7400만 톤으로 추정했다. 최근 플라스틱 재활용 및 소각 비율이 좀 늘어났지만(각각 18%와 24%) 그래도 58%는 여전히 매립되거나 그냥 버려진다. 따라서 2050년까지 매립되거나 버려질 플라스틱의 누적량이 200억 톤은 되지 않을까.

값싸고 쓸모가 많은 플라스틱이 이처럼 뒤끝이 안 좋은 건 생분해가 거의 되지 않기 때문이다. 자연에는 없는 화학구조로 이뤄져 있다 보니 이를 먹이로 인식해 먹고 소화(분해)할 수 있는 생명체가 별로 없다. 특히 즐겨 쓰이는 플라스틱일수록 더 그렇다.

생산량을 보면 폴리에틸렌(PE)이 전체 플라스틱의 36%를 차지해 1위이고 뒤를 이어 폴리프로필렌(PP, 21%), 폴리비닐클로라이드(PVC, 12%), 페트(PET), 폴리우레탄(PUR), 폴리스티렌(PS) 순인데 포장지 등 주기가 짧은 제품(즉 쓰레기가 많이 나오는)에 쓰이는 삼총사인 PE, PP, PET가 모두 분해 측면에서는 악질이다.

먹는 건 확실한데 소화하는지는 아직 불분명

그런데 2017년 4월 학술지 「커런트 바이올로지」에는 가장 골치인 폴리에틸렌을 분해하는 벌레를 발견했다는 논문이 실려 큰 화제가 됐다. 플라스틱을 분해하는 미생물(주로 박테리아) 얘기는 종종 나오지만 플라스틱을 먹는 벌레가 있다는 사실도 놀라운데다 분해속도도 미생물보다 훨씬 빠르다고 해서 더욱 주목을 받았다.

이 벌레를 발견하게 된 계기도 흥미롭다. 스페인 칸타브리아생물의학생명공학연구소 페데리카 베르토치니 Federica Bertocchini 박사는 취미로 양봉을 하는데 하루는 꿀벌부채명나방 *Galleria mellonella* 의 애벌레가 벌집을 갉아먹는 장면을 목격한다. 이 나방의

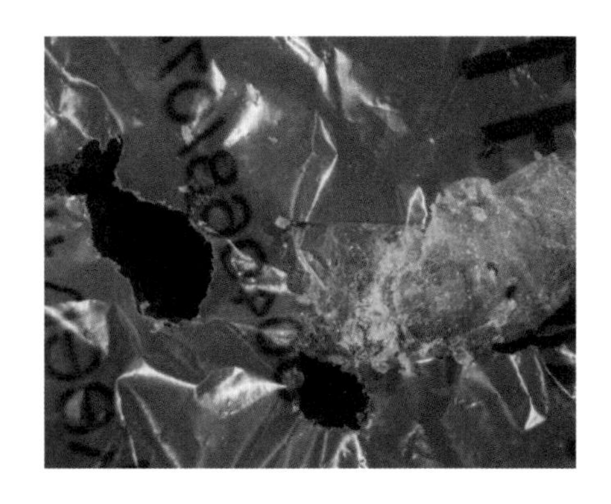

2017년 4월 학술지 「커런트 바이올로지」에는 폴리에틸렌 플라스틱필름을 먹는 꿀벌부채명나방 애벌레를 보고한 논문이 실려 화제가 됐다. 그러나 넉 달 뒤 독일의 화학자들은 이 애벌레가 플라스틱을 정말로 분해(소화)하는가가 아직 불확실하며 이를 명쾌히 입증할 추가 실험이 필요하다고 주장했다. (제공 Federica Bertocchini, Paolo Bombelli, Christopher Howe)

영어 이름 wax moth에서 짐작하듯 애벌레는 밀랍beeswax을 먹고 자란다. 베르토치니 박사는 애벌레를 잡아 플라스틱봉지에 넣었는데 다음날 보니 구멍이 여러 개 뚫려 있었다.

플라스틱봉지는 대부분 폴리에틸렌으로 만든다. 참고로 우리가 흔히 쓰는 용어인 '비닐봉지'는 콩글리시로 영어권 나라에서 'vinyl bag'이라고 하면 알아듣지 못하므로 'plastic bag'이라고 써야 한다. 원래 '비닐'은 특정한 화학구조인 비닐기vinyl group를 뜻하는 화학용어인데 어쩌다가 우리나라에서 '종이처럼 얇은 플라스틱plastic film'을 뜻하는 말이 됐는지는 잘 모르겠다.

아무튼 베르토치니 박사는 꿀벌부채명나방 애벌레가 폴리에틸렌필름을 먹는다는 사실을 재확인했다. 즉 폴리에틸렌봉지에 애벌레 100마리를 넣고 12시간이 지난 뒤 조사한 결과 구멍이 220개나 뚫려 있었고 질량이 92mg 줄었다. 그러나 이 결과만으로는 애벌레가 플라스틱을 분해했다고 말할 수는 없다. 쥐가 나무기둥을 갉듯이 단지 갉아먹었을 뿐 소화하지는 못했을 수도 있기 때문이다.

베르토치니 박사는 영국 케임브리지대의 생화학자들과 이를 입증하는 연구를 진행했다. 즉 애벌레를 통째로 갈아(추어탕을 끓일 때 미꾸라지를 갈듯이) 폴리에틸렌필름에 바른 뒤 변화를 관찰했다. 만일 애벌레가 플라스틱을 분해하는 게 맞다면 걸쭉한 애벌레 주스에 분해효소가 있을 것이기 때문에 필름 표면에 어떤 식으로든 변화가 일어날 것이다.

원자힘현미경으로 애벌레 주스 처리 전후의 필름 표면을 스캔해 이미지를 비교해 보자 처리 후의 표면이 훨씬 거칠었다. 또 필름 질량도 13%나 줄어들었다. 그리고 적외선분광법으로 분석한 결과 폴리에틸렌이 분해됐을 때 생성된 것으로 추정되는 에틸렌글리콜ethylene glycol 분자의 특징적인 피크가 나타났다. 이런 데이터를 바탕으로 연구자들은 애벌레가 폴리에틸렌을 먹고 소화했다고 결론 내렸다. 다만 논문 말미에서 아직 분해 메커니즘은 규명하지 못했다고 밝혔다.

아무튼 이 연구결과가 보도되자 우리나라에서도 큰 화제가 됐다. 추가 연구를 진행해 관련 효소를 찾으면 폴리에틸렌도 생분해 플라스틱이 될 수 있기 때문이다.

번거롭더라도 확실한 방법 써야

그런데 「커런트 바이올로지」 8월 7일자에는 "애벌레가 폴리에틸렌을 생분해한다고?"라는 다소 도발적인 제목의 서신이 실렸다. 독일 요하네스구텐베르크대 유기화학연구소의 화학자들은 서신에서 꿀벌부채명나방 애벌레가 폴리에틸렌을 분해함을 입증한 실험에 결함이 많아 인정할 수 없다는 입장을 밝혔다.

에틸렌글리콜의 경우 논문에서 말하는 특징적인 피크 외에 다른 두 곳에서도 피크가 보여야 하는데 그게 안 보인다는 것이다. 아울러 이들은 폴리에틸렌필름에 달걀노른자를 갈아 바르거나 돼지고기를 갈아 발라 일정 시간 둔 뒤 필름 표면을 분석했는데 적외선분광 패턴이 논문의 패턴과 비슷했다며 데이터로 제시했다(필자가 보기에도 그런 것 같다). 논문에서 애벌레 효소의 작용으로 폴리에틸렌이 분해돼 나왔다는 에틸렌글리콜 피크의 실체는 필름에 바른 애벌레 주스를 완전히 닦아내지 않아 남은 찌꺼기에서 온 것이라는 말이다.

이들은 서신 말미에서 애벌레의 플라스틱 생분해 여부를 제대로 증명하려면 탄소13 동위원소 표지법 실험을 해야 한다고 조언했다. 즉 탄소13이 포함된 폴리에틸렌필름을 만들어 먹인 뒤 애벌레의 체내 또는 배설물에서 탄소13이 포함된 대사물(예를 들어 에틸렌글리콜)이 확인된다면 진짜 플라스틱을 먹는 애벌레란 말이다.

한편 서신에 이어 원 논문 저자들의 답신도 올라와 있는데 물론 이런 주장에 동의하지 않는다는 얘기다. 피크를 보면 뚜렷하지는 않지만 에틸렌글리콜의 특징적인 세 피크가 다 보인다는 것이다. 그리고 애벌레가 먹는 밀랍의 탄화수소 구조가 폴리에틸렌의 탄화수소와 비슷하기 때문에 분해하는 효소 시스템이 있을 것이라고 덧붙였다. 그럼에도 확증을 위해서는 탄소13 동위원소 표지법 같은 좀 더 명쾌한 실험이 필요하다는 데는 동의했다.

문득 2010년 '비소박테리아' 논문 해프닝이 떠오른다. 당시 미항공우주국NASA은 정말 놀라운 연구결과를 발표하겠다고 예고했고 며칠 뒤 기자회견에서 DNA이중나선 골격에 인 대신 비소를 이용하는 박테리아를 발견했다고 밝혀 과학계를 충격에 빠뜨렸다. 그러나 오래지 않아 이를 규명한 실험방법에 결함이 많다는 지적과 함께 확실히 증명할 수 있는 다른 방법이 있는데 왜 쓰지 않았는지에 대한 의구심이 높아졌다. 그 뒤 액체크로마토그래피-질량분석기를 써서 이 박테리아가 인 대신 비소를 이용하는 게 아님을 입증한 연구결과가 2012년 「사이언스」에 실리면서 지금은 비소박테리아가 해프닝으로 기억되고 있다(그럼에도 「사이언스」는 비소박테리아 논문을 철회하지 않았다).*

---

* 비소박테리아 논란에 대한 내용은 『사이언스 소믈리에』 170쪽, "비소 박테리아는 없었다!" 참조.

당시 필자는 비소박테리아 논문을 읽어본 뒤 '이건 아닌 것 같다'는 예감이 들었지만 이번 플라스틱 먹는 애벌레 논문은 잘 모르겠다. 부디 탄소13 동위원소 표지법 실험에서도 폴리에틸렌을 분해하는 것으로 결론이 나오고 효소 시스템도 밝혀져 플라스틱 쓰레기 대란을 막는 데 조금이라도 도움이 됐으면 하는 바람이다.

6-2
파란빛의 두 얼굴

생명이 진화한 이래 지구는 극적으로 바뀌어왔지만, 낮에는 늘 빛이 있었고 밤에는 늘 어두웠다. 우리가 이걸 변화시켰을 때 많은 걸 엉망으로 만들 수 있음을 걱정해야 한다.

– 크리스토퍼 키바

책(과학에세이집)을 몇 권 내다보니 가끔 대중강연 요청이 들어온다. 워낙 말주변이 없어서인지 청중들이 지루해하는 모습을 본 뒤에는 되도록 안 하려고 하지만 "그래도 괜찮다"고 거듭 부탁하면 거절할 명분이 없어 보통 '일상의 과학'이라는 제목으로 에세이 몇 편을 풀어 설명한다.

부담 없는 제목에 재미를 기대하고 왔다가 복잡한 내용을 딱딱하게 설명하는 강의에 지쳐서인지 질의응답 시간에 질문이 없어 썰렁하고 어색하게 끝나는 경우가 보통인데 한 번은 한 분이 '날카로운' 질문을 던져 꽤 당황한 기억이 난다.

수면 방해 vs 범죄예방

제3의 빛수용체로 불리는 멜라놉신melanopsin의 발견과 그 의미에 관한 내용이었다. 망막의 신경절세포 일부(약 2%)에 존재하는 멜라놉신은 빛에 반응해 뇌에서 일주리듬을 주관하는 시교차상핵SCN으로 신호를 보낸다. 즉 뇌는 멜라놉신을 통해 낮과 밤의 정보를 얻고 이에 따라 생체시계가 시간을 맞춘다는 말이다.*

그런데 멜라놉신은 파장이 480나노미터인 파란빛에 가장 민감하다. 따라서 밤에 파란빛이 많이 나오는 조명이나 전자기기를 쓰면 시교차상핵이 아직 낮이라고 판단해 잠들 채비를 하지 않고 그 결과 수면장애를 겪을 수 있다. 따라서 필자는 밤늦게까지 뭔가를 봐야 하는 사람은 되도록 파란빛의 비율이 낮은 조명을 쓰는 게 좋을 거라고 얘기했다. (그 뒤 노트북이나 스마트폰에 파란빛을 줄인 '야간 모드'가 적용되는 걸 보고 반가웠다.)

덧붙여 거리조명의 경우도 나트륨등(노란빛) 대신 LED 백색등을 쓰는 건 에너지 측면에서는 친환경이지만 생태학의 관점에서는 동식물의 생체시계를 교란시켜 문제가 많으므로 청색LED를 줄이거나 없앤, 즉 녹색LED와 빨간색LED 위주로 된 가로등을 써야 한다고(물론 밝은 빛이 필요한 찻길은 백색등을 써야겠지만) 제안했다.

그런데 한 청중이 이에 대해 의문을 제기한 것이다. 일본의 한 도시에서는 오히려 파란빛이 나오는 가로등을 설치해 범죄율을 크게 낮췄다는 얘기를 들은 적이 있는데, 만일 필자의 말대로 파란빛을 줄이거나 없앤 가로등을 설치하면 백색등일 때보다도 범죄율이 더 올라갈 수 있지 않겠느냐는 것이다.

---

* 멜라놉신에 대한 자세한 내용은 『과학을 취하다 과학에 취하다』 137쪽 "본다는 것의 의미" 참조.

뜻밖의 질문에 당황한 필자는 "파란빛이 범죄율을 낮춘다는 건 처음 듣는 얘기"라고 답하며 말을 흐렸다. 집에 와서 검색해보니 정말 일본 나라현에서 "파란색이 마음을 안정시키는 효과가 있다"며 2005년 파란빛 가로등을 도입했고 그 결과 범죄가 연간 3만2000여 건에서 2만1000여 건으로 크게 감소했다. 그리고 우리나라의 몇몇 지자체에서도 시범적으로 파란빛 가로등을 설치하고 있다고 한다.

사실 녹색이나 파란색이 마음을 가라앉히고 빨간색이 흥분시킨다는 건 색채심리에서 상식적인 얘기다. 투우사들이 붉은 천을 흔드는 건 소뿐 아니라 관중들도 흥분시키는 행위다. 색맹인 소는 천의 색이 아니라 흔들림에 흥분하는 것이고 사람들은 천의 붉은색에 심장이 더 두근거린다. 그렇다면 이런 파란빛의 모순을 어떻게 설명할 수 있을까.

2005년 일본 나라현에서는 파란빛 가로등을 도입해 범죄율을 30%나 줄이는 효과를 거뒀다. 최근 우리나라에서도 파란빛 가로등을 시범 설치하는 지자체가 있다.

스트레스 1분 만에 해소

학술지 「플로스원」 2017년 10월 19일자에는 파란빛이 스트레스를 이완시키는 데 있어서 백색광보다 효과가 훨씬 빠르다는 연구결과를 담은 논문이 실렸다. 즉 파란빛 가로등과 일맥상통하는 얘기다.

스페인 그라나다대의 연구자들은 스트레스를 받은 사람들을 백색광이 있는 방과 청색광이 있는 방에서 쉬게 할 때 어느 쪽이 스트레스가 빨리 해소되는지 '측정'했다. 즉 단순히 '마음이 얼마나 편해졌나?' 같은 심리적인 평가뿐 아니라 뇌파를 측정해 뇌의 이완상태를 객관적으로 평가한 것이다.

참가자들은 6분 동안 몬트리올영상스트레스과제MIST를 수행하면서 스트레스를 받는다. MIST는 주어진 문제를 제한된 시간 안에 풀게 하며 시간이 지나가는 걸 표시하고 제때 풀었는지 맞았는지 틀렸는지에 대해 수시로 알려주는 과제다. 계속해서 이런 문제들을 풀다 보면 참가자들의 스트레스가 올라가기 마련이다. 이렇게 6분 동안 진을 뺀 참가자들은 두 그룹으로 나뉘어 한쪽은 파란빛이 가득한 방에서, 다른 쪽은 평범한 백색광이 있는 방에서 10분 동안 휴식을 취하고 나서 방을 바꿔 다시 10분 동안 쉰다.

참가자들의 스트레스 정도는 '전전두엽의 상대적인 감마prefrontal relative gamma'라는 뇌파 패턴으로 측정한다. 상대적인 감마(이하 RG)란 파장이 4~7헤르츠인 세타파와 8~13헤르츠인 알파파의 합에 대한 25~45헤르츠인 감마파 세기의 비율이다. 흥미롭게도 전전두엽의 RG가 스트레스 지표라는 사실이 밝혀졌는데, 스트레스를 많이 받을수록 RG가 크게 나온다.

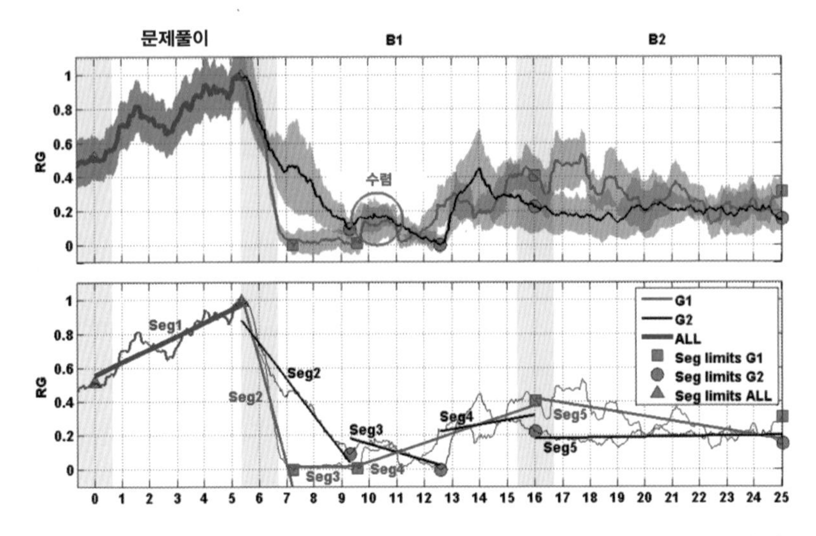

빛의 스트레스 이완 효과를 실험하는 동안 참가자의 뇌파를 측정해 얻은 '전전두엽의 상대적인 감마(RG)'의 변화를 보여주는 그래프다. RG는 스트레스 정도를 보여주는 지표로, 수치가 높을수록 스트레스가 크다는 뜻이다. 참가자들은 처음 6분 동안 문제풀이를 하면서 RG가 올라가는데 먼저 파란빛 방에서 휴식을 취한 그룹(G1, 파란선)이 백색광 방에서 쉰 그룹(G2, 검은선)에 비해 급격히 RG가 떨어짐을 알 수 있다(7분 지점). 위는 원 데이터이고 아래는 이를 분석한 그래프다. 자세한 내용은 본문 참조. (제공 「플로스 원」)

테스트를 시작할 때 참가자들의 RG는 0.5 수준이었는데(아무래도 긴장으로 약간 스트레스를 받았을 것이다) 6분 동안 MIST를 수행한 뒤에는 거의 1에 가깝게 치솟았다. 그 뒤 청색광 조명 방에서 휴식을 취한 그룹(G1)은 평균 1.1분 뒤에 RG가 최저 수준(0에 가까워짐)에 이르렀다. 반면 백색광 조명 방에서 쉰 그룹(G2)은 평균 3.5분 뒤에야 RG가 최저 수준(0.1)에 도달했다.

그 뒤 G1의 RG가 조금 올라갔고 G2의 RG도 살짝 올라가 3.5분에서 5분 사이 RG가 0.2 수준에서 수렴했고 그 뒤 둘 다 조금씩 올라가 10분 뒤에는 0.3 부근이었다. 다음으로 방을 바꿔 10분간 있었는데, 두 그룹의 RG는 큰 차이 없이 0.2~0.3 수준에 머물렀다. 즉 스트레스를 받은 직후 파란빛이 있는 공간에 머물 경우 스트레스가 급격히 완화된다는 말이다. 실제 설문조사에서도 참가자들의 83%가 파란빛이 백색광에 비해 훨씬 더 마음을 편하게 한다고 답했다.

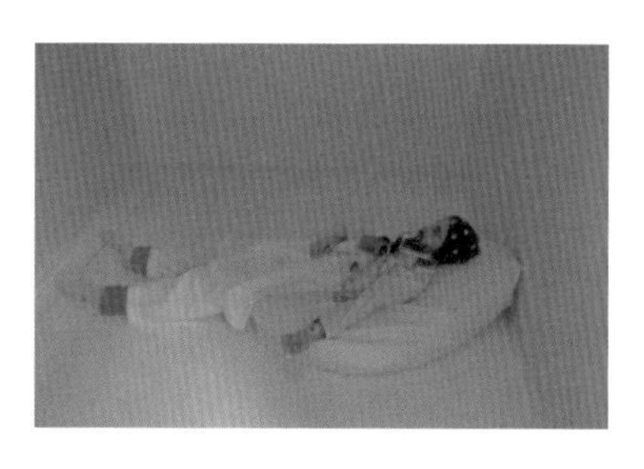

스트레스를 받는 테스트를 받은 참가자가 파란빛 조명이 있는 방에서 쉬고 있다. 파란빛이 있는 방에서 쉬면 백색 조명이 있는 방에서 쉴 때보다 훨씬 짧은 시간에 스트레스가 풀리는 것으로 밝혀졌다. (제공 그라나다대)

첫 방에서 5분 정도 지난 뒤 두 그룹 모두 RG값이 약간 커지는 현상에 대해서 연구자들은 참가자들이 상황에 적응하면서 지루함을 느껴 스트레스 수준이 약간 올라간 것 같다고 추측했다. 즉 파란빛은 스트레스 직후 몇 분 동안만 강한 이완효과가 있다는 말이다.

그럼에도 이는 매우 중요한 현상으로 보이는데, 순간적인 화나 충동을 억누르지 못해 싸움이나 자살, 범죄가 일어나는 경우가 많기 때문이다. 일본 나라현에서 파란빛 조명이 범죄율을 3분의 1이나 줄인 것도 이런 효과 때문이 아닐까.

수면에 미치는 영향은 심리적 측면 아냐

흥미롭게도 연구자들 역시 논문 말미에서 파란빛의 '모순'에 대해 언급하고 있다. 파란빛은 수면호르몬인 멜라토닌의 분비를 억제하는 각성작용을 하면서도 이번 논문의 결과처럼 스트레스를 빠르게 이완시키는 진정효과도 있다는 것이다. 하지만 아쉽게도 "인간에 미치는 색의 영향에 깔려있는 생리적, 심리적 메커니즘은 이번 연구의 범위를 넘어서는 주제"라며 빗겨나갔다. 뭔가 그럴듯한 설명을 기대했던 필자는 좀 실망했다.

연구자들은 휴식 공간의 조명으로 LED를 사용했는데, 백색광은 세 가지 LED를 다 켠 상태이고 파란빛의 경우 녹색LED와 빨간색LED를 끈 것이다. 즉 파란빛 방은 백색광 방에 비해 조도가 낮다. 따라서 두 방의 스트레스 이완 속도 차이가 빛의 색이 아니라 세기 때문일 가능성도 배제할 수 없다고 누군가가 주장해도 "100% 그렇지 않다"고 반박할 수 없을 것 같다. 연구자들이 녹색빛 방과 빨간빛 방에서 비교 실험을 하지 않은 것도 아쉬운 대목이다.

그런데 문득 파란빛의 모순을 설명할 수 있는 아이디어가 떠올랐다. 즉 파란빛의 수면각성주기에 대한 효과는 생리적(또는 무의식적) 차원의 작용이라면 스트레스 완화 효과는 심리적(또는 의식적) 차원의 작용이라는 것이다. 즉 전자의 경우 파란빛을 내는 파장의 존재 유무가 중요한 반면 후자의 경우는 파란빛으로 보이느냐가 중요하다는 말이다.

만일 앞의 두 방에서 수면에 미치는 영향을 측정해봤다면 백색광 조명 방이 청색광 조명 방보다 억제를 더하면 했지 덜하지는 않을 것이다. 백색광 방의 경우 멜라놉신이 민감하게 반응하는 파란빛의 양은 똑같고 여기에 녹색빛과 빨간빛이 더해진 상태이기 때문이다. 반면 파란빛에 녹색빛과 빨간빛이 더해져 흰(무색)빛이 되면 파란빛이 그대로 있음에도 파란색의 심리적 효과는 사라진다.

멜라놉신은 쥐나 사람 같은 포유류뿐 아니라 개구리 같은 양서류에도 존재하는 빛수용체다. 즉 멜라놉신이 파란빛을 감지해 낮과 밤의 정보를 주는 메커니즘은 오래전에 진화했다는 말이다. 반면 우리가 느끼는 색의 심리적 효과는 영장류가 3색형 색각trichromacy, 즉 원추세포의 포톱신photopsin이 세 가지(각각 파랑, 녹색, 빨강 파장에 가장 민감)로 나뉜 이후에 진화했을 것이다.*

문득 불교에서 명상 상태를 가리킬 때 쓰는 '성성적적(惺惺寂寂)'이라는 말이 떠오른다. 성성적적이란 의식이 맑게 깨어있음에도 마음이 고요한 상태를 말한다. 파란빛이 성성적적을 상징한다고 말하면 필자의 지나친 비약일까.

PS. 빨간빛이 생태조명?

이 글을 발표하고 두 달이 지난 2018년 1월 18일자 학술지 「네이처」에는 생태조명 연구현황을 담은 심층기사가 실렸다. 이에 따르면 필자가 글에서 언급한, 조명의 파장에 따른 생태 효과에 대한 실험이 이미 진행되고 있다.

네덜란드생태연구소는 수년 전부터 숲에 파장별 LED 조명을 설치해 주변 생물에 미치는 영향을 조사했다. 그 결과 빨간빛 조명만이 생태계에 별다른 영향을 미치지 않는 것으로 나타나 빨간빛 조명을 설치하는 지역이 점차 늘고 있다고 한다. 대체로 사람의 왕래가 많지 않은 교외이기는 하지만 빨간빛 가로등이 좀 낯설기는 하다.

한편 인공조명이 생태계에 미치는 부작용은 나날이 심각해지고 있다. 특히 2010년대 들어 에너지 효율이 높고 수명이 긴 LED가 본격적으로 보급되면서 밤에 인공조명의 '빛'을 받는 면적이 매년 2%씩 늘고 있을

* 영장류의 3색형 색각 진화에 대해서는 『사이언스 소믈리에』 27쪽 "유전자, 사람을 만들다" 참조.

네덜란드생태연구소(NIOO-KNAW)는 지난 수년 동안 인공조명이 생태계에 미치는 영향을 파장에 따라 분석한 실험을 수행했다. 그 결과 빨간빛 조명이 생태계를 교란하지 않는다는 사실이 밝혀지면서 이를 채택하는 곳이 늘고 있다. (제공 Kamiel Spoelstra/NIOO-KNAW)

정도로 지구의 밤이 밝아지고 있다. 그 결과 새들이 잠을 설치고 식물은 일주일 이상 이르게 싹이 돋아 지구온난화로 기온이 2도 오른 효과에 맞먹는다. 농작물 역시 영향을 받아 가로등과 자동차 조명에 노출된 도로 주변 콩밭의 경우 수확 시기가 최대 7주까지 늦어지고 수확량도 줄어들었다는 연구결과가 있다.

특히 곤충이 큰 타격을 입고 있다. 도심에서 흔히 보듯 밤에 인공조명 근처에는 날벌레들이 많다. 이들은 쉬지 않고 불빛 주변을 맴돌다 탈진하거나 쉽게 잡아먹힌다. 그런데 인공조명이 교외의 넓은 지역으로 확장하면서 점점 더 많은 날벌레들이 죽고 있다. 독일의 경우 여름 동안 600억 마리가 넘는 곤충이 가로등 조명으로 희생되고 그 결과 식물의 수분(受粉)도 타격을 받는다는 연구결과도 나왔다.

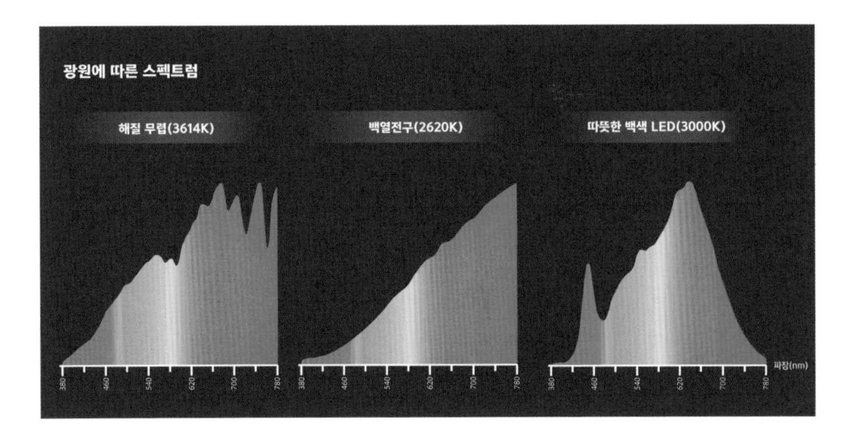

광원에 따라 진노랑 또는 주황색 빛인 3000K 주변의 파장 스펙트럼을 보면 햇빛(왼쪽)과 백열전구(가운데)는 비슷한 반면 LED(오른쪽)는 꽤 다름을 알 수 있다. 따라서 햇빛의 스펙트럼에 가까운 빛을 낼 수 있는 새로운 소재의 LED 개발이 절실하다. (제공 「네이처」)

지금은 사라진 백열전구의 경우 빛 스펙트럼의 분포를 보면 햇빛의 스펙트럼과 비슷하다. 기본적으로 둘 다 흑체복사이기 때문이다. 즉 백열전구의 텅스텐 필라멘트는 해질 무렵에 해당하는 색온도 3,000K 내외인 진노랑(또는 주황색) 빛을 내는데 스펙트럼을 보면 파란빛의 양은 미미하고 붉은빛이 많고 그 너머 파장이 너무 길어 눈에 안 보이는 적외선은 더 많다. 반면 LED의 경우 비슷한 색온도라도 파란빛이 더 많고 긴 파장이 가파르게 떨어져 적외선은 거의 없다. 즉 부자연스러운 빛이라는 말이다.

에너지 효율이 너무 낮고 수명도 너무 짧아 환경에 안 좋다고 퇴출된 백열전구가 오히려 생태친화적인 조명이었다니 아이러니가 아닐 수 없다. 어린 시절 따뜻한 진노랑 빛으로 방안을 비추던 백열전구가 문득 그리워진다.

6-3
토끼와 바이러스 경주, 누가 이길까?

이솝 우화의 "거북과 토끼"를 떠올리면 말도 안 되는 상황에서 교훈을 뽑아내는 이솝이란 사람이 정말 이야기꾼이라는 생각이 든다. 그런데 수년 전 토끼와 거북을 데려다 경주를 시켰는데 정말 거북이 이겼다는 해외 뉴스를 본 기억이 난다. 경기장에 내려놓았다 해도 그게 경주인 줄 알 리가 없는 토끼가 어수선한 주변 환경에 '이게 뭔 일이야?'라는 듯 두리번거리며 가끔 내키는 방향으로 폴짝폴짝 뛰는 사이에 거북은 사람이 놓아준 방향대로 묵묵히 걸어가 결국 결승선을 먼저 다다랐다. 그 상황이 우스우면서도 토끼가 좀 안 돼 보였다.

18세기 말 영국에서 호주로 유입돼 호주 생태계를 초토화시킨 굴토끼는 1950년대 치명적인 병독성을 지닌 점액종바이러스의 유포에도 살아남았다. (제공 위키피디아)

그런데 사람들은 토끼와 거북이만 경주를 시킨 게 아니다. 1950년 호주에서는 토끼와 바이러스가 생존 경주에 들어갔고 그 경주는 아직도 진행 중이다. 18세기 말 영국에서 호주로 유입된 굴토끼*Oryctolagus cuniculus*는 엄청난 번식력과 놀라운 적응력으로 호주 생태계를 초토화시켰다.

호주의 저명한 바이러스학자 프랭크 페너. 1950년 굴토끼 퇴치를 위해 점액종바이러스를 유포하기로 했을 때 국민들의 동요를 막기 위해 직접 바이러스에 감염돼 인체에는 무해함을 보이기도 했다. (제공 위키피디아)

호주인들은 굴토끼 숫자를 줄이기 위해 사냥을 비롯해 온갖 방법을 동원했지만 소용이 없자 1950년 브라질토끼에 치명적인 점액종증을 일으키는 점액종바이러스 균주myxoma virus SLS를 풀기로 한다. 이런 엽기적인 발상에 동요하는 국민들을 안심시키기 위해 당시 연구를 이끈 바이러스학자 프랭크 페너Frank Fenner와 동료들은 스스로 바이러스에 감염돼 인체에는 무해함을 '입증'하기도 했다.

병독성 약화된 균주 등장 예상

아무튼 점액종바이러스 투입으로 호주의 굴토끼 개체수는 6억 마리에서 1억 마리 수준으로 급감했다. 그러나 정작 페너는 이 시도가 '병독성 진화virulence evolution'를 검증할 수 있는 대규모 실험이라는 사실을 인식하고 있었다. 즉 바이러스의 입장에서 감염한 숙주를 즉각적으로 100% 죽이면 결국은 자신도 소멸하게 된다. 따라서 병독성이 약하게 변이가 일어난 바이러스 균주가 생겨나면 이들이 결국은 우점종이 될 것이다.

실제로 페너와 동료들은 1960년대 초까지 호주 곳곳에서 바이러스 시료 수백 개를 채취해 분석했는데, 그 결과 치사율이 100%에 가깝던 원래 균주(SLS)에서 치사율이 70~95%인 변이 균주가 나왔고 심지어 치사율이 50%가 안 되는 균주도 등장했다는 사실을 확인했다.

그러나 이야기는 여기서 끝나지 않았다. 토끼 역시 순순히 바이러스의 처분만 기다리지는 않은 것이다. 즉 바이러스에 저항성을 지니는 변이 토끼가 등장하면서 한때는 치사율이 90%에 이르던 바이러스 균주가 7년 뒤에는 치사율이 26%로 급격히 떨어지는 현상이 보고됐다. 그 결과 1990년 무렵에는 토끼의 개체수가 2억~3억 마리로 회복됐다. 한마디로 토끼와 점액종바이러스 사이에 엎치락뒤치락 경주가 벌어진 셈이다.

병독성 더 강한 바이러스도 등장

학술지 「미국립과학원회보」 2017년 8월 29일자에는 토끼와 바이러스 경쟁의 뒷이야기를 담은 논문이 실렸다. 미국 펜실베이니아주립대와 호주 시드니대의 공동연구자들은 진화 관련 교과서에 실린 이 이야기에 대한 실증적인 연구가 1980년대 초 이후 더 이상 이뤄지지 않는 상황에서 그 뒤 벌어진 일을 알아보기로 했다.

이들은 1991년부터 1999년까지 호주 각지에서 채취해 보관하고 있던 점액종바이러스 균주 15종의 병독성을 실험동물인 뉴질랜드화이트토끼를 대상으로 조사했다. 이때 비교를 위해 1950년 도입한 조상 균주인 SLS와 1950년대 발견된 병원성이 미미한 균주 두 가지(KM13과 Ur)로도 실험을 진행했다.

SLS는 감염된 토끼 여섯 마리를 모두 죽였고 이들의 감염 뒤 평균 생존기간이 12.6일이어서 병독성이 가장 심한 1단계로 분류됐다. 반면 KM13과 Ur은 각각 감염된 토끼 여섯 마리가 모두 생존해 병독성이 가장 낮은 5단계로 분류됐다. 이는 당시 야생 굴토끼에서 관찰한 현상과 일치하는 결과다. 그렇다면 1990년대 바이러스의 병독성은 어떨까.

15가지 가운데 5가지 균주가 병독성 1단계로 분류됐고 이 가운데 1993년 채집된 BRK 4/93 균주는 SLS보다도 강력했다. 감염된 토끼 여섯 마리가 다 죽은 건 물론이고 평균 생존기간이 11.4일에 불과했다. 더 놀라운 건 이들에 감염된 토끼의 증상이 SLS에 감염된 토끼의 증상인 점액종증과 판이하게 달랐다는 사실이다. 점액종증은 바이러스에 감염된 토끼의 눈과 코, 생식기 주변 등 점막과 피부의 경계 부분에 젤라틴 종괴가 생겨 발병 2주 내외에 죽는 질환이다.

반면 1990년대 채취한 균주에 감염된 토끼들은 즉각 무력한 상태가 되면서 면역계가 급속히 무너졌다. 특히 세균(박테리아) 감염에 대응하는 선천면역세포인 호중구의 수치가 급감했다. 그 결과 이들은 2차 감염으로 혈액에서 세균이 검출됐고(균혈증) 대부분 패혈증 같은 쇼크 증상으로 죽었다. 연구자들은 이들 바이러스에서 숙주의 선천면역계를 교란하는 유전자들의 변이를 여럿 발견했다. 그렇다면 1990년대 야생 유럽토끼들 역시 이들 바이러스에 무력하게 당했을까?

당시 한 논문을 보면 실험실에서 BRK 4/93를 감염시킨 굴토끼 아홉 마리 가운데 다섯 마리가 죽었다. 반면 원래 균주인 SLS에 감염된 다섯 마리 가운데서는 한 마리만 죽었다. 즉 BRK 4/93은 야생토끼에 대해서도 병독성이 꽤 강했지만 이미 이에 대해 방어능력을 갖춘 토끼가 등장했음을 시사하는 결과다.

이번 실험에서 쓰인 바이러스는 1990년대 채집한 것이므로 벌써 20년이 지났다. 지금 바이러스를 채집해 비슷한 실험을 해보면 또 어떤 변이가 일어나 있을지 궁금하다. 아무튼 호주에는 지금도 여전히 굴토끼가 많이 살고 있다고 하니 토끼와 점액종바이러스 사이의 경주는 아직 끝나지 않은 것 같다.

6-4
후쿠시마 수산물 수입, 어떻게 해야 하나?

지난 주 신문에서 특이한 기사를 봤다. 2011년 일본 후쿠시마 원자력발전소 폭발 사고 이후 우리나라는 후쿠시마 및 인근 8개 현의 수산물 수입을 금지하는 특별조치를 시행하고 있는데, 이에 일본이 반발해 2015년 세계무역기구WTO에 제소했고, 최근 1심 판결 결과가 우리 정부에 전달됐다는 것이다. 아직 전문이 공개되지는 않았지만 국정조사에서 류영진 식품의약품안전처장이 한 말에 따르면 수입금지 조치를 완화하라는 내용이라고 한다.

다른 일도 아니고 원전 폭발 사고 주변의 바다에서 잡힌 수산물을 수입하지 않겠다는 걸 제3자인 WTO가 관여해 번복하라고 판결을 하니 좀 지나친 것 아닌가 하는 생각이 든다. 우리정부는 상소를 할 것 같지만 설사 최종심에서도 패소해 판결을 따르게 된다고 해도 일본 수산물 수입에 별 도움이 될 것 같지는 않다. 수산물은 원산지를 표시해야 하는데, 일본산 해산물에 후쿠시마산이 섞여있을 수 있다는 뜻이기 때문이다. 어쩌면 일본 정부는 이미 지나간 사고를 현재진행형으로 간주하는 우리 정부의 관점 자체가 싫은 것일지도 모른다. 그나저나 후쿠시마 인근에서 잡힌 수산물을 먹어도 문제는 없을까.

대규모 유출은 더 이상 일어나지 않지만...

학술지 「해양과학연간리뷰」 2017년호에는 후쿠시마 원전 폭발 이후 지난 5년 동안 바다로 유출된 방사성핵종radionuclides의 현황을 정리한 리뷰 논문이 실렸다. 5년이 지난 시점에서(논문은 2016년까지의 데이터를 근거로 작성됐다) 큰 고비는 넘겼지만 아직 불확실한 면이 남아있다는 게 논문의 요지다.

너무 엄청난 사건이었기 때문에 여전히 생생하지만 그래도 요약을 하자면 2011년 3월 11일 규모 9.0의 지진이 나면서 높이 40m에 이르는 거대한 해일이 후쿠시마 해변을 덮쳐 1만5893명이 죽고 2572명이 실종됐다(사실상 사망). 이 와중에 정전으로 원전이 과열돼 폭발했고 연료봉이 녹아내려 방사성핵종이 유출되는 최악의 사태로 이어졌다. 일본정부는 반경 20km 이내의 주민 15만 명을 대피시켰고 원전 일대는 유령의 땅이 됐다.

논문에 따르면 후쿠시마 원전 폭발로 인한 방사능 유출 규모는 그보다 25년 전인 1986년 일어난 소련(현 우크라이나) 체르노빌 원전 사고의 5분의 1 수준이다(세슘137 기준). 게다가 내륙인 체르노빌과는 달리 유출된 방사성핵종 대부분이 바다로 들어가 사람의 입장에서는 다행인 측면이 있지만 인근 해양 생물들에게는 끔찍한 재앙이었다.

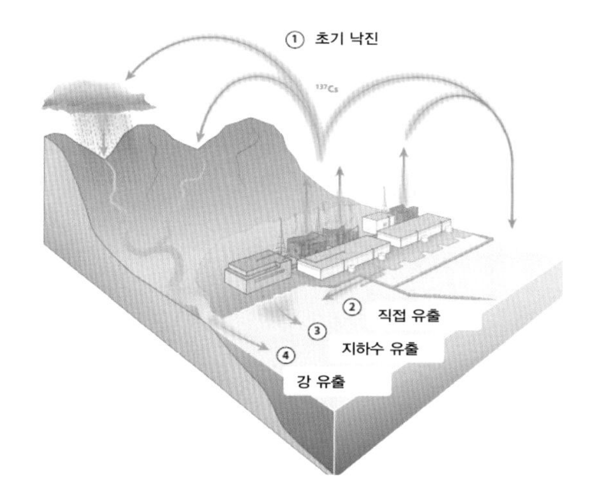

2011년 후쿠시마 원전 사고로 세슘137이 바다로 유출된 경로와 추정량을 도식화한 그림이다. 이에 따르면 사고 초기 낙진으로 떨어진 게 15PBq(페타베크렐), 직접 유출이 5PBq에 이르렀다. 반면 지하수나 강을 통한 유출은 각각 연간 15~20TBq(테라베크렐), 10~12TBq로 양이 훨씬 적지만 대신 지금도 여전히 일어나고 있다. (제공 「해양과학연간리뷰」)

바다로 들어간 방사성핵종의 유출 경로는 네 가지인데, 가장 많은 줄 알았던 직접 유출은 5페타베크렐petabecquerel(약자로 PBq)로 추정된 반면 대기에서 낙진으로 떨어진 게 15PBq로 추정돼 세 배나 더 많았다. 참고로 베크렐은 방사능의 단위이고 페타peta는 10의 15승, 즉 1,000조를 뜻한다. 이 두 경로는 사고가 난 시점에서 한 달 이내가 피크였고 그 뒤 급감했다.

세 번째 경로는 지하수를 통한 유출로 연간 15~20테라베크렐terabecquerel(약자로 TBq tera는 10의 12승, 즉 1조를 뜻한다)로 추정된다. 네 번째 경로는 강에서 유입되는 것으로 연간 10~12TBq로 추정된다. 이 두 경로는 앞의 두 경로에 비해 양은 훨씬 적지만 현재 진행형이라는 점이 문제다. 즉 지금도 꾸준히 방사성핵종을 흘려보내고 있다는 말이다. 사고가 난 게 언제인데 어떻게 아직까지도 유출된다는 것일까.

원자력 발전(우라늄핵분열) 과정에서 다양한 방사성핵종이 나오는데 사고 당시 문제가 된 게 요오드131과 세슘137이었다. 둘은 특성이 정반대로 요오드131은 반감기가 불과 8일이라 유출 초기에 노출될 경우 특히 위험하고 세슘137은 반감기가 30년이라 두고두고 문제가 될 소지가 있다. 반감기는 붕괴로 동위원소의 양이 절반으로 줄어드는 데 걸리는 시간이므로 원전 사고로 유출된 요오드131의 경우 지금은 사실상 사라졌고 세슘137은 어딘가에서 꾸준히 방사선을 내놓고 있을 것이다. 따라서 지금 지하수와 강에서 유입되고 있는 방사성핵종의 핵심은 세슘137이다.

사고가 난지 5년이 지난 2016년에도 지하수와 강을 통해 수십 TBq의 방사성핵종이 바다로 유입된 것은 세슘137 같은 원소가 토양에 워낙 잘 달라붙기 때문이다. 즉 사고 직후 지하수나 강을 통해 토양에 달라붙은 방사성핵종이 그 뒤 조금씩 바다로 이동하고 있다는 말이다. 특히 장마철 폭우로 급류가 생길 때 많이 쓸려 내려간다. 바꿔 말하면 후쿠시마 인근 바다 밑의 퇴적물에도 세슘137을 비롯한 방사성핵종이 여전히 자리하고 있다는 얘기다. 그렇다면 방사성핵종은 해양 생물에 어떤 영향을 미치고 있을까.

고등어는 괜찮겠지만 광어는 불안

해양 동물이 세슘137이 포함된 먹이를 먹으면 세슘137이 몸에 축적되기 쉽다. 그 결과 사실상 일정량의 방사선이 꾸준히 나오는데, 반감기가 30년으로 길기 때문이다. 이런 수산물을 먹으면 세슘137이 우리 몸에 축적되고 따라서 우리 몸에서 역시 방사선이 꾸준히 나오게 된다. 사실 자연계에도 방사성핵종이 있고 따라서 이런 일이 미미하게나마 우리 몸에서 일어나고 있다. 결국 피폭량이 문제다.

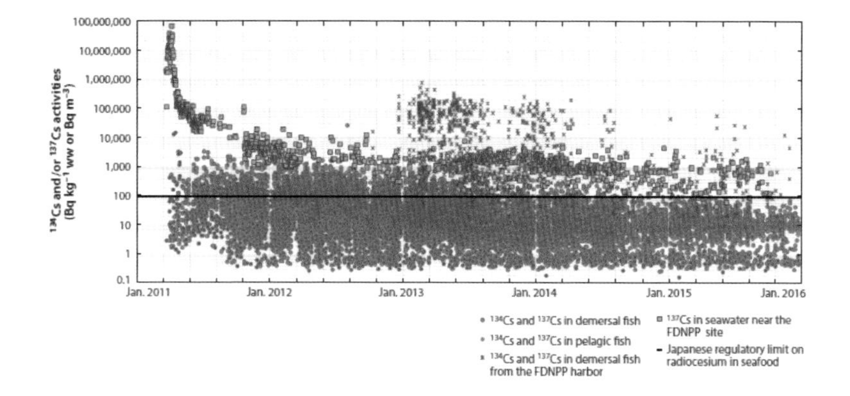

후쿠시마 인근 일곱 개 현과 후쿠시마 원전 항구에서 채취한 어류와 바닷물에서 측정한 세슘134와 세슘137의 방사능 데이터다. 중간의 굵은 가로선은 일본정부가 정한 허용치로 kg당 100베크렐이다. 사고가 나고 4년이 지난 시점에서 부어류(파란 동그라미)의 수치는 모두 허용치 아래이고 저서어류(갈색 동그라미)도 대부분 아래다. 반면 원전 항구에 사는 저서어류(갈색 x)는 꽤 높은 수치를 보이는 경우가 여전히 있다. (제공 「해양과학연간리뷰」)

바닷물과 수산물의 방사능을 조사한 수많은 데이터를 정리한 그래프를 보면(세슘137과 세슘134를 합친 값이다. 세슘134는 반감기가 2년으로 시간이 지날수록 세슘137에 대한 비율이 떨어진다) 사고 초기 원전 인근 해수의 방사능(녹색 네모)이 엄청나게 높았음을 알 수 있다(세로축은 로그 척도다). 해수의 경우 입방미터 당 베크렐이다.

흥미롭게도 사고 초기에는 부어류, 즉 해수면 가까이에 사는 고등어나 참치 같은 물고기에서도 엄청난 방사능이 측정된 데이터가 꽤 있다(파란 동그라미). 바다로 떨어진 낙진을 섭취한 결과로 보인다. 그러나 시간이 지날수록 파란 동그라미는 세로축 숫자 100에 그어진 굵은 가로선(2012년 일본 정부는 수산물의 방사성세슘 허용치를 kg당 500베크렐에서 100베크렐로 강화했다) 밑으로 내려가 2013년 초 이후에는 100베크렐을 넘은 경우가 없다. 즉 후쿠시마 주변에서 잡은 고등어는 먹어도 문제가 없다는 뜻이다(참고로 미국의 허용치는 kg당 1,200베크렐, 유럽연합은 1,250베크렐로 일본보다 훨씬 높다).

반면 저서어류, 즉 해저 가까이에 사는 가자미나 아귀 같은 물고기에서는 사고 초기 엄청난 방사능을 보인 경우는 없지만(낙진의 직접 피해를 받지 않았으므로) 전반적으로 부어류에 비해 방사능 수치가 높고 지금도 일본정부의 허용치를 넘는 데이터가 종종 나온다(갈색 동그라미). 이는 해저 퇴적물에 방사성핵종이 꽤 있을 것이라는 조사 결과와 맥을 같이하는 현상이다. 특히 원전 항구에서 잡은 저서어류(갈색 x)의 경우 여전히 수만 베크렐이 찍히는 개체가 잡히기도 한다. 논문에 따르면 사고 이후 원전 항구 둘레에 그물을 설치해 저서어류들이 이곳을 벗어나지 못하게 하고 있다.

PS. WTO는 2018년 2월 22일 한국 정부의 일본산 수산물 수입 규제 조치가 WTO 협정을 위반했다는 내용은 패널 판정 보고서를 공개했다. WTO의 보고서가 공개된 시점에서 60일 이내에 당사국은 상소를 할 수 있지만, 1심 결과가 상소심에서 뒤집힌 전례가 거의 없다. 후쿠시마 주변 수산물의 전면 수입금지가 어렵다고 판단될 경우 부유어에 한해 수입을 허용하는 차선책을 제시하는 건 어떨까 하는 생각이 든다.

6-5
지구촌 화석연료 이산화탄소 발생량 다시 늘어났다!

2015년 12월 파리기후변화협약 합의문 채택 이후 이산화탄소 배출량 변화 추이는 각국의 관심사항이 됐다. 지구평균온도의 상승폭을 산업혁명 이전 기준 2도 미만으로 유지하려면 이산화탄소 배출량을 현재보다 상당히 낮춰야 하고 각국은 그에 따라 달성하기 쉽지 않은 목표를 정하지 않을 수 없었다.

그럼에도 적지 않은 사람들이 이 목표를 이룰 수 있을지도 모른다는 희망을 품고 있었다. 지난 3년 동안 지구촌의 화석연료 유래 이산화탄소 발생량이 정체됐기 때문이다. 지구촌의 경제가 매년 2~3% 꾸준히 성장함에도 이산화탄소 발생이 늘지 않았다는 건 에너지 소비의 구조가 바뀌고 있음을 뜻한다. 아울러 이를 정점으로 해서 머지않아 이산화탄소 발생량이 감소추세로 돌아갈 것이라는 기대를 갖게 했다.

중국, 전년 대비 3.5% 늘어날 듯

그러나 2017년 11월 13일 공개된, 학술지 「지구시스템과학데이터」에 실릴 예정인 리뷰 논문에 따르면 2017년 지구촌 화석연료 유래 이산화탄소 발생량은 다시 증가세로 돌아서 전년 대비 2% 정도 늘어날 것이라고 한다. 영국 이스트앵글리아대 틴달기후변화연구소를 비롯해 세계 58개 기관이 참여한 공동연구팀은 이산화탄소 배출 관련 데이터를 수집해 분석한 결과 이 같은 결론에 이르렀다고 발표했다.

이런 변화의 주역은 세계 이산화탄소 발생량의 26%를 차지하는 중국으로, 2017년 발생량이 전년 대비 3.5%나 늘어날 것으로 전망된다. 반면 트럼프 대통령 집권 이후 2017년 6월 기후협약을 탈퇴한 미국은 오히려 소폭(0.4%) 감소할 것으로 보인다. 그렇다면 2014~2016년 3년 동안이나 정체돼 있던 화석연료 유래 이산화탄소 배출량이 감소세로 접어들기는커녕 오히려 증가세로 돌아간 이유는 무엇일까.

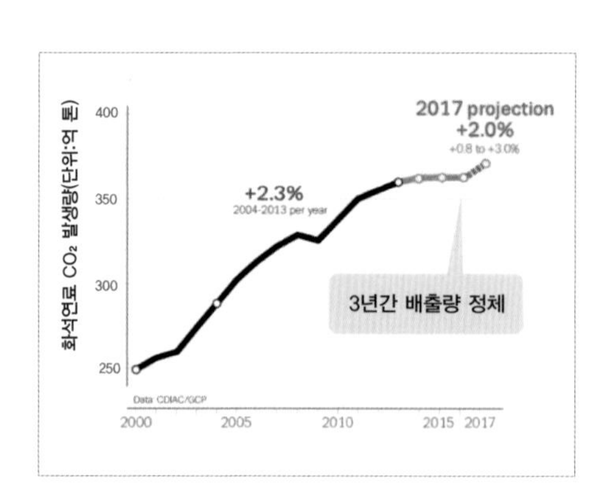

화석연료 유래 이산화탄소 발생량 변화 추이를 나타낸 그래프다. 2004년에서 2013년까지 10년 동안 연평균 2.3% 증가율을 보이다가 2014년부터 3년 동안 정체됐지만(파란 선) 2017년 다시 증가세로 돌아설 것으로 보인다(빨간 선). (제공 이스트앵글리아대)

먼저 지난 3년 동안 정체된 이유를 살펴보자. 무엇보다도 중국의 효과가 컸는데 경제 성장이 둔화되면서 석탄 사용량이 줄었기 때문이다. 태양력 같은 대체에너지에 대규모 투자를 한 것도 효과를 봤다. 한편 미국 역시 셰일가스를 개발하며 석탄 의존도가 많이 줄어들면서 이산화탄소 발생량이 줄었다. 참고로 같은 에너지를 낼 때 천연가스의 이산화탄소 배출량은 석탄의 절반을 조금 넘는 수준이다. 아울러 지구촌 규모에서도 태양력과 풍력을 비롯한 대체에너지 규모가 연간 13%씩 빠르게 성장하고 있다. 그렇다면 2017년에는 무슨 일이 생긴 걸까?

먼저 중국의 경우 경기회복으로 공장가동률이 높아져 에너지 수요가 늘어난 반면 장기간 가뭄으로 수력발전이 급감한 게 화석연료에 대한 의존도를 다시 높였다. 특히 석탄의 사용량이 늘어나 이산화탄소 배출량이 3.5%나 늘어날 것으로 보인다. 이는 우리에게 이중으로 안 좋은 소식인데, 석탄을 많이 땔수록 미세먼지 발생량도 늘어나기 때문이다. 2016~2017년 겨울과 봄 우리나라에서 '미세먼지 나쁨' 예보가 유난히 잦았던 것도 이 때문이었을까.

2017년 중국의 화석연료 이산화탄소 발생량은 전년에 비해 3.5%나 늘어날 것으로 전망된다. 경기회복으로 공장 가동률이 높아진데다 가뭄으로 수력발전량이 줄었기 때문이다. 지난 2009년 완공된 세계 최대 규모의 산샤댐은 22.5기가와트 용량으로 원전 20기에 해당한다. (제공 위키피디아)

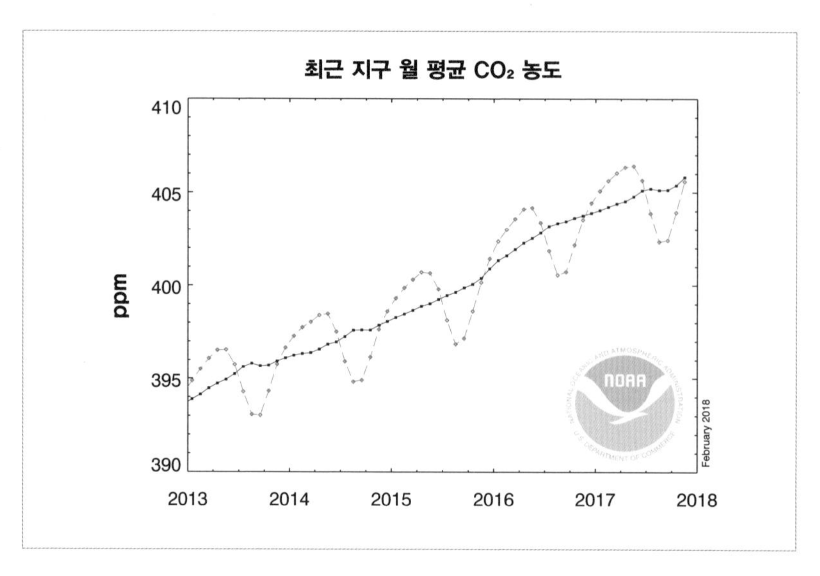

지난 수년 동안 대기 중 이산화탄소 농도는 어느 때보다도 가파른 증가세를 보여 2016년 평균값이 전년에 비해 3ppm이나 늘어난 402.8ppm으로 400ppm을 돌파했다. 지구 곳곳의 관측소에서 측정한 대기 중 이산화탄소 농도를 평균한 그래프(빨간색)로 2013년 1월에서 2017년 11월까지 월 단위로 기록했다. 이산화탄소 농도는 계절에 따라 1년 주기로 부침은 있지만 전체적으로는 꾸준한 증가추세(검은색)임을 알 수 있다. (제공 NOAA)

중국과 함께 13억 인구를 자랑하는 인도 역시 2017년 화석연료 이산화탄소 배출량이 2% 늘어날 것으로 보인다. 반면 2000년대 들어 이산화탄소 배출량이 감소세로 돌아선 유럽연합EU의 경우는 2017년에도 소량(0.2%) 줄어들어 추세를 이어갈 것으로 보인다. 이들 나라를 제외한 나머지 나라들은 평균 1.9% 증가할 것으로 추정했다. 대체에너지 분야가 빠르게 성장하고 있기는 하지만, 전반적인 경기회복과 개발도상국의 삶의 질 개선으로 인한 에너지 수요 증가를 감당하기에는 아직 역부족이란 말이다.

대기 중 이산화탄소 농도는 여전히 가파른 상승세

한편 인류의 활동으로 인한 이산화탄소 배출량 변화 패턴은 약간 다르다. 화석연료를 쓸 때 발생하는 이산화탄소가 90%를 차지하지만 나머지 10%인 토지사용에 따른 발생량(숲의 개간을 위한 발화 등)은 연간 편차가 크기 때문이다. 그 결과 지난 3년 동안 화석연료 이산화탄소 발생량은 정체돼 있었지만 2015년 전체 이산화탄소 배출량은 전년보다 1.1% 늘어 415억 톤으로 정점을 찼고 2016년에는 2.1% 감소했다. 그런데 2017년 화석연료 사용량이 다시 늘면서 전체 배출량은 2015년과 같은 수준인 415억 톤으로 예상된다.

그런데 지구온난화에 직접적인 영향을 미치는 대기 중 이산화탄소 수치 변화는 또 다른 얘기다. 화석연료 이산화탄소 배출이 정체된 지난 3년 동안에도 대기 중 이산화탄소 농도는 어느 때보다도 가파른 증가세를 보여 2016년에는 전년에 비해 3ppm이나 늘어난 402.8ppm으로 400ppm을 돌파했다. 산업혁명 이전 280ppm에 비하면 44%나 늘어난 수치다. 미국 하와이 마우나로아 관측소에서 측정한 2018년 1월 평균값은 408ppm에 이른다.

대기 중 이산화탄소 농도는 이산화탄소 배출량과 흡수량의 차이에 좌우된다. 즉 배출량이 정체되거나 줄어도 흡수량이 더 큰 폭으로 줄면 대기 중 이산화탄소 농도는 오히려 큰 폭으로 늘어난다. 2016년이 바로 그런 경우로, 전체 이산화탄소 배출량이 2.1%나 줄었음에도 대기 중 농도는 크게 늘어 기록을 갈아치웠다. 연구자들은 논문에서 2015년과 2016년 발생한 엘니뇨로 고온건조한 기후가 계속되면서 숲의 이산화탄소 흡수 능력이 떨어진 게 주원인이라고 추정했다.

이번 연구결과가 실망스러운 건 사실이지만 그렇다고 파리기후협약의 목표를 포기하기에는 아직 이르다고 연구자들은 주장했다. 2017년 화석연료 이산화탄소 발생량이 3.5%나 늘어날 것으로 보이는 중국의 경우도 2030년까지는 이산화탄소 배출량이 감소세로 돌아설 것으로 전망했다. 아무튼 인류는 물론 지구촌 생태계를 이루는 모든 생물들의 미래가 달린 이산화탄소 발생량 관리에 각국의 정부와 국민들은 좀 더 관심을 보여야겠다.

Part.7
천문학·물리학

7-1
중력파 천문학 시너지효과란 바로 이런 것!

알베르트 아인슈타인이 중력파의 존재를 예측한지 100년이 되는 2016년 2월 11일 미국 워싱턴DC 내셔널 프레스센터에서 미국 레이저간섭계중력파관측소LIGO, 라이고 프로젝트 연구단은 2015년 9월 14일 중력파 검출에 성공했다는 역사적인 발표를 했다. 지구에서 13억 광년 떨어진 우주에서 각각 태양 질량의 36배와 29배로 추정되는 두 블랙홀이 합쳐질 때 발생한 중력파를 미국 핸퍼드와 리빙스턴에 있는 두 곳의 관측소에서 거의 동시에 관측했다는 것이다.*

이때까지 관측 천문학이 의존한 정보 매개체는 전자기파(광자)와 뉴트리노, 우주선cosmic ray이 전부였다. 여기에 중력파가 더해짐으로써 앞으로 천문학은 새로운 시대를 맞게 된 것이다.

2015년 12월 26일 두 번째 중력파가 검출됐고 분석 결과 14억 광년

* 중력파 최초 검출에 대한 자세한 내용은 『티타임 사이언스』 2쪽 "아인슈타인도 두 번 놀랐을 중력파 검출 성공!" 참조.

떨어진 곳에서 각각 태양질량의 14배와 8배인 두 블랙홀이 합쳐진 사건으로 알려졌다(논문은 이듬해 6월 15일 발표). 이로써 중력파 관측이 일회적인 사건이 아님이 분명해졌다. 2016년에는 중력파 검출 소식이 없었다.

여섯 번째 만에 중성자별 병합 관측

그런데 2017년 들어 중력파가 네 차례나 검출됐다. 새해 벽두인 1월 4일, 30억 광년 떨어진 곳에서 각각 태양질량의 32배와 19배인 두 블랙홀이 하나가 됐다. 이는 앞의 두 경우보다 두 배 이상 먼 곳에서 일어난 사건이었다.

그리고 6월 8일 네 번째 중력파가 검출됐다. 11억 광년 떨어진 곳에서 각각 태양질량의 12배와 7배인 두 블랙홀이 하나가 됐다. 이번에는 미국의 LIGO 두 곳뿐 아니라 이탈리아 피사에 있는, 성능을 업그레이드하고 가동에 들어간 비르고Virgo 관측소에서도 신호를 검출하는 데 성공했다. 세 지점에서 중력파를 관측함에 따라 천구에서 그 방향을 훨씬 더 정확히 추정할 수 있게 됐다. 이어서 8월 14일 다섯 번째 중력파가 검출됐다. 18억 광년 떨어진 곳에서 각각 태양질량의 31배와 25배인 두 블랙홀이 하나가 됐다.

이처럼 중력파 관측이 일상이 되자 이제 천문학자들은 아쉬움을 드러내기 시작했다(사람 마음이 다 이렇다). 다섯 건 모두 블랙홀이 합쳐지며 일어나는 사건이었기 때문이다. 블랙홀은 빛과 물질을 내보지지 않기 때문에 '중력파만' 관측할 수 있다. 따라서 중력파 외에 다른 정보(전자기파)도 얻을 수 있는 사건, 즉 중성자별의 병합을 목이 빠져라 기다리고 있었다.

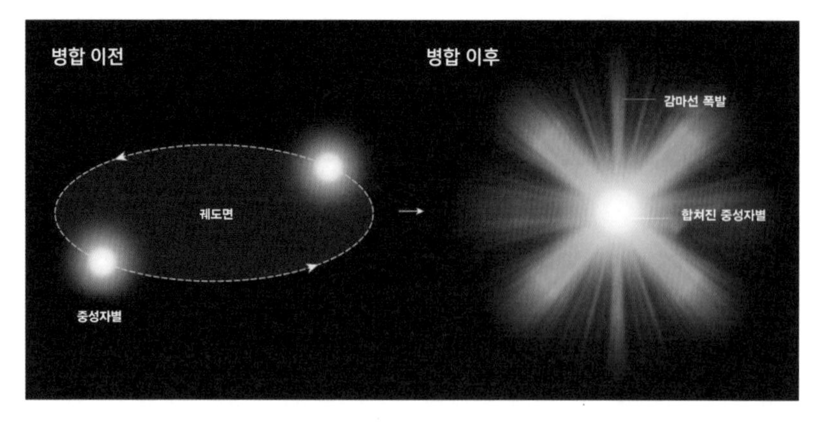

지난 8월 17일 여섯 번째 중력파가 검출됐는데 분석 결과 처음으로 두 중성자별이 합쳐질 때 발생한 것으로 밝혀졌다. 왼쪽은 병합 전 두 중성자별이 나선을 그리며 다가가는 장면을 묘사하고 있고 오른쪽은 병합이 일어난 뒤 사방으로 전자기파를 내놓는 킬로노바의 모습을 그리고 있다. 병합 직후 회전면의 수직 방향으로 강력한 감마선을 수초 동안 내놓는다. (제공 「네이처」)

다섯 번째 중력파가 검출되고 불과 3일이 지난 8월 17일 여섯 번째 중력파가 관측됐는데 분석 결과 기다리고 기다리던 중성자별이 합쳐진 사건으로 드러났다. 중성자별은 블랙홀보다 질량이 작아 발생하는 중력파도 훨씬 약하지만(중성자별 중력파 검출이 드문 이유다) 지구에서 '불과' 1억3000만 광년 떨어진 곳에서 일어났기 때문에 검출할 수 있었다. 분석 결과 각각 태양 질량의 1.1~1.6배인 두 중성자별이 합쳐진 사건으로 드러났다.

사실 중력파 데이터를 분석하기 전에 천문학자들은 이미 중성자별의 병합임을 알았다. 중력파 검출과 거의 동시에 지구와 우주에 있는 각종 관측장비에서 전자기파 신호를 무더기로 검출했기 때문이다. 관측 직후 논문들이 쏟아져 나오기 시작해 지금은 거의 100편에 이르고 있다. 중력파 관측 자체를 보고한 논문은 '관례대로' 저명한 물리학저널 「피지컬리뷰레터스」에 실렸고, 이 사건에서 발생한 전자기파 데이터를 분석한 논문들이 「네이처」, 「사이언스」 등 유수한 저널을 장식했다.

천문학자들이 이 사건에 이처럼 열광한 이유는 지금까지 관측한 중성자별 병합 데이터는 중성자별이 합쳐질 때 일어나는 현상을 시뮬레이션한 이론연구의 예측에 부합함에도 중력파 데이터가 없어 정말 중성자별이 합쳐진 사건이라고 확신할 수가 없었기 때문이다. 그런데 이제는 중력파 관측 데이터가 있어 확실해진데다 중성자별의 질량까지도 추정할 수 있게 돼 전자기파 데이터를 분석하는 데 큰 도움이 됐다.

두 중성자별이 합쳐지면서 감마선, X선, 자외선, 가시광선, 적외선 등 다양한 파장(에너지)의 전자기파(빛)가 나왔고 각각에 맞는 망원경으로 관측하는 데 성공했다. 먼저 서로 나선을 그리던 두 중성자별이 충돌하는 순간 회전면과 수직으로 강력한 감마선이 분출된다고 예측됐는데, 이번에 페르미감마선우주망원경이 감마선을 관측하는 데 성공했다. 즉 중력파가 검출되고 2초 뒤 발생해 2초 간 지속됐다.

한편 병합된 천체(역시 중성자별) 주변에서는 수일에 걸쳐 가시광선에

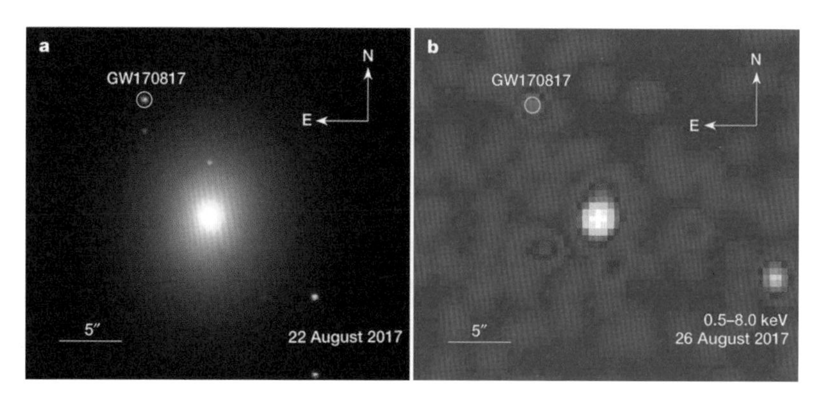

여섯 번째 중력파는 블랙홀이 아니라 중성자별의 병합의 결과였기 때문에 다양한 파장의 전자기파도 관측됐다. 왼쪽은 두 중성자별이 합쳐지고 5일이 지난 8월 22일 허블우주망원경이 관측한 가시광선 이미지로 왼쪽 위 'GW1708017'이라는 글자 밑 동그라미 안이 킬로노바다. 오른쪽은 9일이 지난 8월 26일 찬드라X선우주망원경이 관측한 X선 데이터로 역시 왼쪽 위 킬로노바에서 X선이 나옴을 알 수 있다. (제공「네이처」)

서 적외선에 이르는 전자기파를 내보내는데 이를 킬로노바Kilonova라고 부른다. 즉 두 중성자별이 부딪쳐 합쳐지는 과정에서 태양질량의 4%에 해당하는 엄청난 양의 물질이 빛의 속도의 거의 20%에 이르는 속도로 분출된 것으로 보이는데, 이 과정에서 핵융합반응이 일어나 불안정한 방사성동위원소가 만들어지고 이게 붕괴하면서 빛을 내놓는 것이다. 허블우주망원경과 미국 캘리포니아의 라스쿰브레스천문대에서는 킬로노바의 이미지를 포착하는 데 성공했다. 여섯 번째 중력파 검출만에 병합된 천체의 모습까지 볼 수 있게 된 것이다.

한편 중성자가 풍부한 조건에서 핵융합반응이 일어날 경우 원자량 140이 넘는 무거운 원소가 만들어진다는 시뮬레이션 결과가 있는데 스펙트럼 데이터는 이를 지지하고 있다. 금이나 백금 같은 귀금속은 중성자별 병합 덕분에 만들어진 것이라는 말이다.

여섯 번째 중력파 관측 발표가 있었던 10월 16일은 노벨물리학상 수상자 발표가 있고 9일이 지난 시점이었다. 2017년 노벨물리학상은 2015년 중력파 검출에 성공한 LIGO 프로젝트를 이끈 세 사람이 받았다. 즉 1980년대에 프로젝트를 계획한 원년 멤버인 MIT의 라이너 바이스Rainer Weiss 명예교수와 칼텍의 킵 손Kip Thorne 명예교수, 1994년부터 LIGO 2대 소장으로 프로젝트를 이끈 칼텍의 배리 배리시Barry Barish 명예교수가 수상자다.

학술지 「사이언스」는 매년 '올해의 연구'를 선정하는데 2016년에 이어 2017년에도 중력파 연구가 차지했다. 정말 흔치 않은 일이다.

7-2

그 많은 양전자(반물질)는 다 어디서 왔을까

2000년 출간돼 세계적인 베스트셀러가 된 댄 브라운의 소설 『천사와 악마』 때문인지 반물질 하면 많은 사람들이 '반물질 폭탄'을 떠올린다. 댄 브라운은 책에서 "매우 불안정한 반물질이 세상을 구원할 것인가, 그렇지 않으면 지금껏 만들어진 것보다 훨씬 더 치명적인 무기 개발에 사용될 것인가?" 라고 묻고 있다.

필자처럼 과학 주변을 배회하다 보면 그런 물음이 공허하다는 사실 정도는 들어서 알기 때문에 무덤덤하지만 대신 반물질에서 우주의 비대칭을 떠올리게 된다. 즉 빅뱅 초기 엄청난 에너지에서 물질과 반물질이 쌍으로 생성됐는데 어떻게 지금은 물질로만 이루어진 우주가 존재할 수 있느냐는 물음이다. 과학자들은 물질과 반물질 소멸의 비대칭성을 실험으로 확인했지만 그럼에도 여전히 오늘날 우주의 비대칭성을 제대로 설명하지는 못한다. 아무튼 필자에게 반물질은 허구나 과거의 존재로 여겨졌다.

베타플러스붕괴로 생성

그런데 수년 전 영국 옥스퍼드대의 물리학자 프랭크 클로우스Frank Close 교수의 책 『반물질』을 번역하면서 흥미로운 사실을 알게 됐다. 우리가 매일 쬐는 햇빛 가운데 10%는 그 기원이 10만 년 전 반물질이라는 것이다.

태양 내부에서 일어나는 핵융합의 첫 단계인 수소원자핵(양성자)의 융합, 즉 양성자proton 두 개가 합쳐져 중양자deuteron로 바뀌는 과정에서 반물질인 양전자positron가 나온다. 양전자는 전자electron와 질량 등 모든 특성이 같고 다만 전하만 반대다. 이렇게 생겨난 양전자는 곧바로 주변의 전자를 만나 소멸하면서 해당 질량의 에너지($E=mc^2$에 따라)를 갖는 광자(감마선) 두 개로 바뀐다.

감마선은 빛의 속도로 움직임에도 멀지 가지 못하고 태양 내부의 입자들과 끊임없이 부딪치며 흡수와 방출을 거듭하는 과정에서 에너지를 서서히 잃고 마침내 태양 표면에 도달했을 때는 우리 눈에 보이는 가시광선으로 바뀌게 된다. 이 과정이 대략 10만 년 걸린다. 따라서 오늘 낮 내가 본 햇빛 가운데 10%가 10만 년 전 핵융합 과정에서 생겨난 반물질에서 비롯된다는 것이다.

이처럼 반물질이 단독으로 생성되는 또 다른 메커니즘으로는 방사성 원소의 붕괴가 있다. 고고학 분야에서 쓰이는 방사성탄소연대측정법은 방사성동위원소인 탄소14의 베타붕괴beta decay를 이용한다. 즉 불안정한 탄소14의 중성자(n) 하나가 양성자(p^+)와 전자(e^-)로 붕괴되면서 안정한 질소14로 바뀐다. 전자의 별칭이 베타입자beta particle이므로 이 과정을 베타붕괴라고 부른다.

한편 탄소11은 탄소14보다 훨씬 불안정한 방사성동위원소인데 붕괴하는 양식이 좀 다르다. 즉 양성자(p^+) 하나가 중성자(n)와 양전자(e^+)로 붕괴되면서 안정한 붕소11로 바뀐다. 양전자의 별칭을 굳이 붙인다면 베타플러스(β^+)입자이므로 이 과정을 베타플러스붕괴라고 부른다. 병원에서 정밀 진단을 할 때 쓰는 장비인 양전자단층촬영PET의 양전자는 이렇게 만들어진다.

40년 미스터리 풀리나

「네이처」 자매지로 2017년 창간된 「네이처 천문학」 5월 22일자에는 우리은하에서 매초 10의 43승 개 수준으로 만들어지는 양전자의 기원 역시 방사성동위원소의 베타플러스붕괴라는 설득력 있는 가설을 담은 논문이 실렸다.

양전자 10의 43승 개(이하 앞의 숫자는 무시하고 자릿수만 놓고 계산한다. 따라서 한 자릿수 정도의 오류가 생길 수 있다)가 어느 정도인지 감이 잘 안 올 텐데 양전자의 질량이 10의 -28승 그램이므로 매초 10의 15승 그램, 즉 1,000조 그램(또는 10억 톤)의 양전자가 만들어지고 있다는 말이다. 참고로 지구에 있는 전자 모두를 합치면 10의 24승 그램이다. 즉 우리은하에서 100년 동안 만들어지는 양전자를 모아 지구로 보내면 지구의 전자는 모두 소멸한다는 말이다.

매초 10의 43승 개의 양전자가 생기고 있다면 엄청난 것 같지만 우리은하에는 전자가 이와 비교할 수도 없을 정도로 많기 때문에 양전자 대부분은 생긴 즉시 주변의 전자와 만나 소멸하면서 감마선을 내놓는다. 우리는 우주에서 오는 감마선을 관측함으로써 전자-양전자 쌍의 소멸 빈도를 추정한다. 즉 전자의 질량에 해당하는 에너지를 갖는 감마선(0.511MeV(메가전자볼트))의 피크를 보고 양전자의 개수를 추정할 수 있다. 1970년대 이미 이런 측정이 이뤄졌고 그 결과 우리은하에서만 이런 엄청난 숫자의 양전자가 만들어지고 있다는 사실이 밝혀진 것이다.

그러나 이 양전자가 도대체 어디서 온 것인가는 여전히 미스터리다. 지난 40년 동안 이에 대한 가설이 분분했다. 과학자들은 암흑물질에서 블랙홀까지 안 건드려본 게 없을 정도다. 그럼에도 지금까지 가장 유력한 건 초신성 폭발 때 만들어진 불안정한 방사성동위원소가 붕괴될 때 나온다는 가설이다.

즉 제Ia형 초신성이 폭발하면서 만들어진 니켈56이 코발트56과 철56으로 두 단계에 걸쳐 베타플러스붕괴를 할 때 나오는 양전자가 바로 0.511MeV 감마선의 기원이라는 것이다. 참고로 니켈은 원자번호 28, 코발트는 원자번호 27, 철은 원자번호 26이다. 제Ia형 초신성은 초신성의 한 종류로 태양 정도의 질량인 별이 백색왜성으로 일생을 마친 뒤 동반성 같은 인근 천체에서 물질을 끌어들여 다시 격렬한 핵융합이 일어나며 폭발하는 현상이다. 이 과정에서 불안정한 니켈56이 엄청나게 만

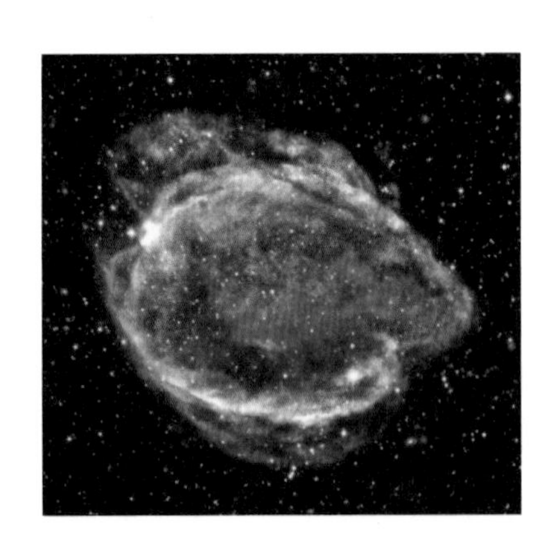

제1형 초신성 폭발 과정에서 생긴 니켈56은 불안정해 코발트56과 철56으로 두 단계에 걸쳐 재빨리 붕괴하며 양전자를 만든다. 양전자는 주변의 전자를 만나 소멸하면서 감마선을 내놓지만 대부분 폭발 잔해에 흡수돼 관측되지 않는다. 제1형 초신성 G299의 잔해 모습. (제공 NASA)

들어져 태양 질량의 60%에 이른다. 따라서 니켈56이 붕괴될 때 나오는 양전자는 현재 관찰되는 0.511MeV 감마선 피크를 여유 있게 설명할 수 있다.

이 가설은 대단히 매력적임에도 치명적인 문제가 있는데 니켈56과 코발트56 모두 꽤 불안정해 거의 모두 철56으로 바뀌는 데 두 달 정도가 걸린다. 그런데 이 시간이면 초신성 폭발 내부에 있는 상태이므로 양전자가 전자와 만나 소멸해 나오는 감마선 대부분이 빠져나오지 못한다(태양 내부의 감마선이 빠져나오지 못하는 것과 비슷하다). 계산 결과 초신성 영역을 빠져나오는 감마선은 1%에도 한참 못 미쳐 지구에서 관측되는 0.511MeV 감마선 피크에는 턱없이 모자란다.

칼슘44 존재 미스터리도 덤으로 풀려

호주국립대 롤랜드 크로커Roland Crocker 교수팀 등 다국적 공동연구자들은 최신 감마선 관측 데이터와 수치모형을 통해 SN1991bg 유형의 초신성 폭발에서 생기는 동위원소인 티타늄44가 붕괴할 때 나오는 양전자가 0.511MeV 감마선의 기원이라고 주장했다. SN1991bg 유형은 제Ia형 초신성의 한 종류로 1991년 관측된 초신성의 스펙트럼을 분석한 결과 핵융합 패턴이 다르다는 사실이 확인됐다. 그런데 이때 생기는 티타늄44가 스칸듐44과 칼슘44로 두 단계에 걸쳐 붕괴하는 데 걸리는 시간이 70년 정도 된다. 이정도면 폭발 잔해가 널리 퍼져 있어 동위원소 붕괴 시 나오는 양전자가 전자를 만나 소멸될 때 나오는 감마선 대부분이 우주 공간으로 여행을 떠날 수 있다.

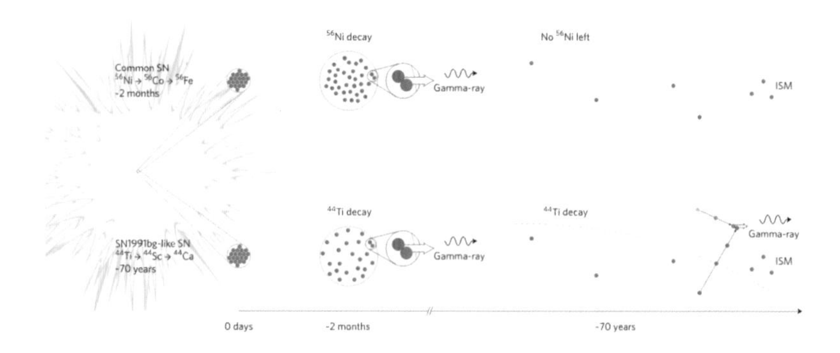

일반 제1형 초신성(위)와 SN1991bg 유형 초신성(아래)의 동위원소 붕괴 과정을 비교한 그림이다. 일반 제1형 초신성의 경우 니켈56이 금방 붕괴돼 양전자(빨간색)가 폭발 반경 내부의 전자(파란색)와 만나 소멸된다. 반면 SN1991bg 유형 초신성의 경우 티타늄44가 천천히 붕괴되므로 양전자 대다수가 우주공간의 전자와 만나 소멸하고 따라서 이때 나오는 감마선을 관측할 수 있다. (제공『네이처 천문학』)

연구자들의 계산에 따르면 SN1991bg 유형 초신성 폭발에서 태양 질량의 3% 정도의 티타늄44가 만들어지고 그 붕괴 과정에서 초당 10의 43승 개의 양전자가 나와 지구에서 관측하는 0.511MeV 감마선 피크를 설명할 수 있다는 것이다.

아울러 지금까지 미스터리였던 칼슘44의 기원도 자연스럽게 해결이 된다. 즉 지구에 있는 칼슘의 97%가 칼슘40이고 2%가 칼슘44인데 후자의 경우 그 기원을 제대로 설명하지 못했다. 그런데 칼슘44가 SN-1991bg 유형 초신성 폭발에서 생기는 티타늄44의 붕괴에서 비롯된 것이라고 하면 얘기가 되기 때문이다. 참고로 태양계가 형성될 때 무거운 원소 대부분은 우주를 떠도는 초신성의 잔해에서 왔다.

논문과 함께 실린 해설에서 파리천문학연구소 니코스 프란초스 Nikos Prantzos 교수는 "저자들의 모형이 흥미로운 대안이지만 SN1991bg 같은 초신성이 우리은하의 양전자와 칼슘44의 기원이라고 단정하기에는 너무 이르다"고 말하면서도 "그럼에도 두 오래된 퍼즐을 한 번에 설명할 수 있다는 가능성은 간과하기에는 너무나 매력적"이라고 덧붙였다.

일상의 대소사에 일희일비하며 살아가는 필자는 이런 스케일 큰 과학뉴스를 접할 때마다 독일 철학자 임마누엘 칸트의 묘비에 새겨져 있다는 『실천이성비판』의 한 구절이 떠오르곤 한다.

> "그에 대해서 자주 그리고 계속해서 숙고하면 할수록, 점점 더 새롭고 점점 더 큰 경탄과 외경으로 마음을 채우는 두 가지 것이 있다. 그것은 내 위의 별이 빛나는 하늘과 내 안의 도덕 법칙이다."

7-3

번개 칠 때 핵반응 일어난다!

며칠 전 오후 서너 시 무렵 갑자기 하늘이 시커멓게 되더니 비가 내리고 천둥번개가 꽤 요란하게 쳤다. 장마철도 아니고 11월에 이런 날은 처음인 것 같다. 어른이 됐어도 컴컴한 밖에서 번개가 '번쩍' 하면 좀 겁이 나기 마련이다. 실제로 매년 적지 않은 사람과 가축이 벼락, 즉 지표로 내려온 번개에 목숨을 잃는다. 오죽하면 큰 잘못을 한 사람을 두고 '벼락 맞아 죽을 놈'이라는 표현까지 나왔을까.

학술지 「네이처」 2017년 11월 23일자에는 번개가 칠 때 핵반응이 일어난다는 놀라운 연구결과가 실렸다. 일본 교토대 연구자들은 번개가 칠 때 나오는 두 종류의 감마선을 분석해 핵반응이 일어난 결과임을 밝혔다. 아울러 대기에 존재하는 여러 방사성동위원소들도 일부는 번개에서 일어나는 핵반응의 결과물이라고 설명했다.

100년 만에 가설 확실히 입증 돼

흥미롭게도 번개가 칠 때 핵반응이 일어날 것이라는 추측은 거의 100년 전으로 거슬러 올라간다. 1925년 영국 스코틀랜드의 물리학자이자 기상학자인 찰스 윌슨Charles Wilson은 번개가 칠 때 일부 전자가 엄청난 에너지를 갖게 돼 대기 중 분자의 원자핵과 충돌해 핵반응을 일으킬 수 있다는 제안을 했다. 하지만 당시는 이를 입증할 방법이 없었기 때문에 주목을 받지 못했다. 핵반응이 일어날 때 나오는 중성자를 검출하면 될 것 같지만, 영국의 물리학자 제임스 채드윅James Chadwick이 중성자를 발견한 게 1932년의 일이다.

그러나 중성자가 발견된 뒤에도 기술적인 문제가 있어 윌슨의 가설이 바로 입증되지는 못하다가 1985년에야 번개가 자주 일어나는(하루 평균 30여 회) 히말라야에서 중성자를 검출하는 데 성공했다. 그러나 이제는 검출기술이 너무 발전하다 보니 대기에서 늘 중성자가 검출되고(고에너지 우주선cosmic ray이 지구로 쏟아져 들어오므로) 따라서 중성자가 번개에서 나온 거라는 통계적으로 유의미한 결과는 나왔지만 물리학자들은 좀 더 확실한 증거를 기다리고 있었다.

1925년 영국의 물리학자 찰스 윌슨은 번개가 칠 때 핵반응이 일어난다는 가설을 발표했다. 최근 일본 연구자들은 번개가 칠 때 나오는 감마선을 검출해 윌슨의 가설을 입증했다. 다만 윌슨이 제안한 핵반응 메커니즘은 틀린 것으로 드러났다. 윌슨은 전자나 양성자 같은 하전입자의 궤적을 볼 수 있는 안개상자를 개발해 1927년 노벨물리학상을 받았다. (제공 위키피디아)

한편 물리학자들은 번개가 칠 때 나오는 고에너지 전자가 직접 원자핵을 때리는 게 아니라 고에너지 전자에서 방출

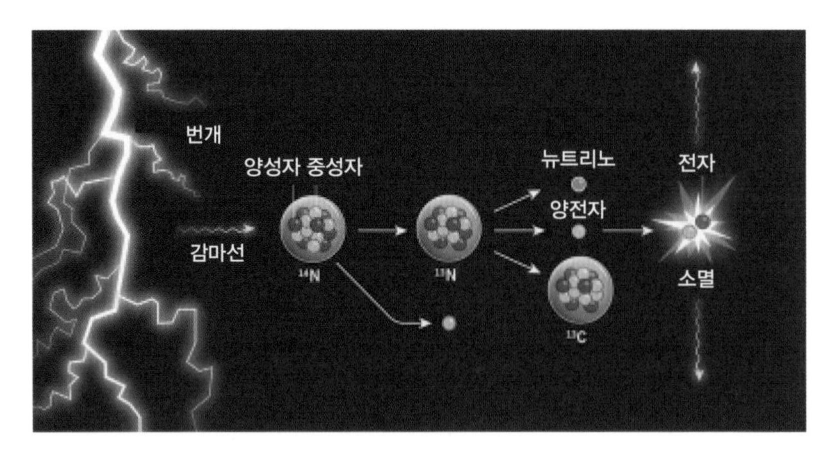

번개가 칠 때 일어나는 핵반응의 하나를 도식화한 그림이다. 번개가 칠 때 생성되는 고에너지 전자에서 나온 고에너지 감마선이 주변 대기의 질소14의 원자핵에 부딪치면 중성자(하늘색 공)가 방출되면서 질소13이 생성된다. 불안정한 질소13은 바로 베타플러스붕괴를 일으켜 뉴트리노와 양전자(노란 공), 탄소13으로 바뀐다. 양전자는 주변의 전자(파란 공)와 부딪쳐 소멸하면서 특정 에너지의 감마선 한 쌍을 내놓는다. (제공 「네이처」)

된 고에너지 감마선, 즉 광자photon가 원자핵을 때려 핵반응이 일어난다는 메커니즘을 제안했고, 1980년대 후반 번개가 칠 때 지상에서 고에너지 감마선을 검출하는 데 성공했다.

감마선의 에너지가 10MeV(메가전자볼트) 이상이면 대기 중의 질소14나 산소16(각각 가장 안정한, 즉 흔한 동위원소다)의 원자핵과 부딪쳐 중성자 하나를 떼어낼 수 있고 그 결과 불안정한 동위원소인 질소13이나 산소15가 만들어진다. 이들 원소는 수분 내에 베타플러스붕괴를 일으켜 안정한 동위원소인 탄소13이나 질소15로 바뀐다. 우리가 익숙한 베타붕괴는 원자핵의 중성자가 양성자와 전자(베타입자), 반뉴트리노로 바뀌는 반응이다. 반면 베타플러스붕괴(β^+ decay)란 원자핵의 양성자가 중성자와 양전자, 뉴트리노로 바뀌는 반응이다. 음전하인 전자(e^-)의 반물질인 양전하인 양전자(e^+), 즉 베타플러스입자가 나오므로 베타플러스붕괴다.

대기 중에는 물질인 전자가 곳곳에 떠다니므로 생성된 양전자는 몇 걸음 못가서(평균 89m) 전자와 충돌해 감마선 두 쌍으로 붕괴한다. 이때 나오는 감마선의 에너지는 전자와 양전자의 질량에너지인 0.511MeV다. 따라서 번개가 칠 때 두 종류의 감마선(10MeV 이상과 0.511MeV)을 차례대로 검출할 경우 핵반응이 일어났다는 증거가 될 수 있다. 이번에 일본 연구진이 해낸 일이다.

대기 중 동위원소 생산 공장

연구자들은 2006년 동해와 접해있는 니가타현의 가시와자키가리와 핵발전소에 감마선 검출기 네 대를 설치해 번개가 칠 때 나오는 감마선 데이터를 모아 분석해왔다. 2017년 2월 6일 발전소 부근에서 강력한 번개가 쳤고 마침내 예상했던 감마선 데이터를 얻는 데 성공했다. 즉 번개가 발생한 직후 수~수십MeV의 고에너지 감마선 스펙트럼이 갑자기 나타났고 40~60밀리초에 걸쳐 크기가 줄어들며 사라졌다. 그리고 잠시 뒤 0.35~0.6MeV 범위의 감마선 스펙트럼이 나타났는데 0.51MeV 부근이 피크였다. 즉 제안된 핵반응 메커니즘이 예상하는 감마선 패턴이 얻어진 것이다.

연구자들은 논문에서 번개가 칠 때 일어나는 핵반응에서 나오는 동위원소의 종류와 비율을 추정했다. 이에 따르면 고에너지 감마선이 질소14의 원자핵을 때릴 때 나오는 중성자의 96%는 옆에 있는 질소14의 원자핵과 충돌해 합쳐지면서 대신 양성자 하나가 튀어나온다. 그 결과 탄소14가 만들어진다. 즉 우리가 고고학유물이나 고생물의 시기를 추정하기 위해 쓰는 방사성탄소연대측정법의 방사성탄소, 즉 탄소14의 출처 가운데 일부가 번개가 칠 때 생성된 것이라는 말이다.

7-4
객성과 신성과 초신성

> 객성(客星)이 처음에 미성(尾星)의 둘째 별과 셋째 별 사이에 나타났는데, 셋째 별에 가깝기가 반 자 간격쯤 되었다. 무릇 14일 동안이나 나타났다.
>
> –『세종실록』 세종 19년 2월 5일(1437년 3월 11일)

예전에 책(잡지)인가 TV인가에서 인상적인 인터뷰를 봤다. 1970년대 서방 기자로는 처음 북한 땅을 밟아 취재한 미국 기자 얘기였다. 이 취재 이후 이 기자는 '북한통'으로 언론계에서 입지를 확고히 굳혔다. 그런데 20여 년이 지난 뒤 북한쪽 취재는 더 이상 하지 않겠다고 선언했다. 어느 날 문득 '지난 20년 동안 세상은 엄청나게 변했는데 북한은 조금도 변한 게 없다'는 사실을 깨달았기 때문이란다.

지난 2017년 9월 3일, 북한의 6차 핵실험 속보를 접하며 문득 이 인터뷰 생각이 났다. 필자 나이 오십이 되도록 한결같이 비생산적이고 반

(反)세계적인 행동을 되풀이하는 북한을 보는 것도 이제 지쳤다. 우리 민족은 인류의 발전에 기여는 하지 못할망정 폐만 끼치는 존재일까라는 자괴감도 든다.

이런 기분이 들 때 떠오르는 사람이 세종대왕이다. 비록 우리만 쓰고 있지만 한글은 문자의 역사에서 기념비적인 업적이고 그밖에도 세종 시절 이룬 과학기술 업적이 눈부시다. '나랏말싸미 듕귁에 달아 문짜와로 서르 사맛디 아니할쎄...'로 시작하는 『훈민정음』의 서문을 읽으면 가슴이 뭉클하다.

질량에 따라 격변변광성의 운명 갈려

학술지 「네이처」 2017년 8월 31일자에는 앞에 인용한 『세종실록』에 기록된 문구가 '신성'이라는 천문현상을 이해하는 데 결정적인 역할을 했음을 보여주는 논문이 실렸다. 앞의 문구에서 객성은 신성nova을 가리킨다. 580년 전 조선의 천문학자들이 신성을 관측해 기록한 한 줄 문구가 어떻게 최첨단 관측장비과 컴퓨터의 도움을 받은 오늘날 천문학자들에게 도움을 줄 수 있었을까.

먼저 객성과 신성, 초신성supernova의 개념을 정리해 보자. 객성이란 말은 사마천의 『사기(史記)』에 처음 나오는데 '일시적으로 나타나는 별'을 뜻한다. 사용례를 보면 신성과 초신성은 물론 혜성도 포함했다. 한편 신성과 초신성은 별이 폭발할 때 빛이 나와 일시적으로 엄청나게 밝아지는 현상이다.

초신성은 그 밝아지는 정도가 신성보다 훨씬 크기 때문에 초super라는 접두어가 붙었지만 폭발의 양상은 전혀 다르다. 즉 신성은 별의 껍질만 폭발하는 반면 초신성은 별 자체가 폭발해 사라지기 때문에 별의 장엄한 최후다. 따라서 한 별에서 신성 현상은 여러 차례 일어날 수 있지만 초신성은 한 번뿐이다. 초신성은 폭발하는 별의 유형에 따라 세분된다.

먼저 백색왜성의 폭발로, 신성과 1형 초신성에 해당한다. 질량이 태양의 0.26~1.5배인 별은 핵융합 반응이 끝나면 수축해 크기가 지구만한 백색왜성이 된다(밀도는 지구보다 훨씬 높다). 물론 태양도 이런 운명을 맞을 것이다. 그런데 홀로인 태양과는 달리 많은 별이 쌍성계를 이루고 있다. 만일 두 별 사이의 거리가 가깝고(근접쌍성계라고 부른다) 하나가 질량이 밀집된 백색왜성이고 다른 하나(동반성)가 적색거성 같이 지름이 큰 별일 경우 백색왜성의 중력이 동반성의 물질(주로 수소기체)을 끌어들인다.

이렇게 유입된 물질이 백색왜성 주변에 원반을 이루고 백색왜성 표면에 쌓이면서 온도가 올라가 1억 도를 넘게 되면 핵융합 반응이 개시되면서 별 표면에서 격렬한 폭발이 일어난다. 이게 신성이다. 신성폭발이 일어난 뒤에도 백색왜성은 여전히 남아있고 동반성으로부터 물질이 계

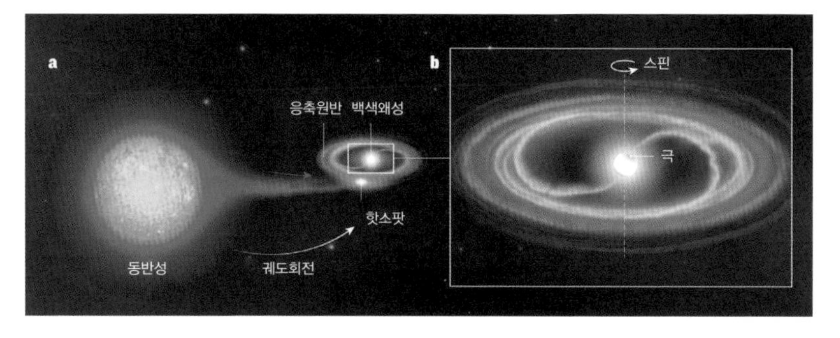

격변변광성이 신성 폭발을 일으키는 메커니즘을 도식화한 그림이다. 근접쌍성계에서 적색거성 같은 동반성(왼쪽)에서 백색왜성(가운데 네모 안)으로 물질이 유입될 경우 별 표면 온도가 올라가 수소융합 반응이 일어나면서 껍질이 폭발한다. 오른쪽은 백색왜성 부분을 확대한 이미지다. (제공「네이처」)

속 들어와 다시 폭발할 수 있다. 이런 별을 격변변광성cataclysmic variable이라고 부른다.

그런데 동반성에서 유입된 물질이 백색왜성에 쌓여 질량이 태양의 1.4배(찬드라세카 질량이라고 부른다)가 넘으면 백색왜성이 중력수축을 일으키며 붕괴하며 폭발하는데 이게 바로 1형 초신성이다. 한편 질량이 태양의 1.5배가 넘는 별은 동반성으로부터 물질유입이 없어도 최종적으로 중력수축에 이은 폭발을 하게 되는데 이게 2형 초신성이다.

500년 사이 신성 유형 바뀌어

한편 신성도 폭발 양상에 따라 몇 가지 유형으로 세분된다. 예를 들어 1437년 『세종실록』에 기록된 신성(Nova Scorpii 1437)은 '고전 신성classical nova'으로 분류되는데, 하루나 이틀 사이 최대 밝기가 평소 광도보다 7~18등급 더 올라간다. 1등급이 올라갈수록(숫자가 작아질수록) 2.5배 더 밝아진다. 따라서 설사 우리은하에 있더라도 맨눈으로는 볼 수 없는 백색왜성이 신성으로 모습을 드러낸다. 고전 신성은 실록에 묘사된 것처럼 2주 정도 지나면 다시 사라진다.

한편 폭발력이 약해 밝기가 덜한 '왜소 신성dwarf nova'이 있다. 이 경우 최대 밝기가 평소보다 2~6등급 올라가는 데 그쳐 고전 신성과 마찬가지로 맨눈으로는 볼 수 없다. 천문학 교과서를 보면 고전 신성과 왜소 신성을 별개의 신성으로 분류하고 있다. 즉 동반성에서 물질 유입이 왕성한 경우 고전 신성이 되고 미미할 경우 왜소 신성으로 폭발이 일어난다는 것이다.

그런데 이번에 연구자들은 하나의 천체(격변변광성)가 폭발의 세기에 따라 고전 신성일 때도 있고 왜소 신성일 때도 있음을 보였다. 즉 1437년 강력한 폭발을 일으킨 백색왜성이 500년이 지나 1934년, 1935년, 1942년에 연달아 왜소 신성에 해당하는 작은 폭발을 일으켰음을 확인했다.

미국자연사박물관을 비롯한 6개국 공동연구자들은 2016년 칠레에 있는 스워프 망원경으로 1437년 신성 폭발의 잔해로 추정되는 전갈자리 성운Scorpius nebula의 해상도 높은 영상을 찍었다. 그런데 격변변광성, 즉 당시 신성폭발을 일으킨 것으로 추정되는 백색왜성의 위치가 성운의 중심에서 약간 벗어나 있었다. 신성 폭발이 일어나면 잔해가 사방으로 균등하게 퍼질 것이므로 격변변광성이 성운의 중심에 있어야 한다. 따라서 이 데이터만 보면 성운이 초신성 폭발의 잔해라고 해석할 수도 있다.

연구자들은 지난 100여 년 동안 밤하늘을 찍은 사진을 디지털화해서 보관하고 있는 하버드대의 DASCH 데이터베이스를 조사했다. 다행히 1923년 6월 10일 이 영역의 밤하늘을 300분 동안 노출해 찍은 사진에

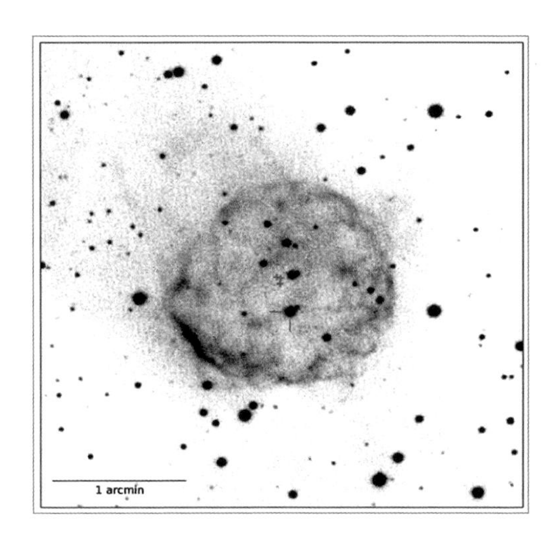

2016년 6월 촬영한 전갈자리 성운 이미지로 6000초 노출 이미지다. 빨간 틱 마크(ㄱ)는 현재 격변변광성의 위치를 가리킨다. 1923년 관측한 사진을 바탕으로 1437년 당시 위치를 추정한 게 빨간 십자 마크다. 성운의 2016년 중심은 파란 십자 마크, 1437년 추정 중심은 녹색 십자 마크다. 빨간 십자와 녹색 십자 마크가 거의 겹쳐 격변변광성의 1437년 신성 폭발이 성운의 근원임을 보여주고 있다. (제공 「네이처」)

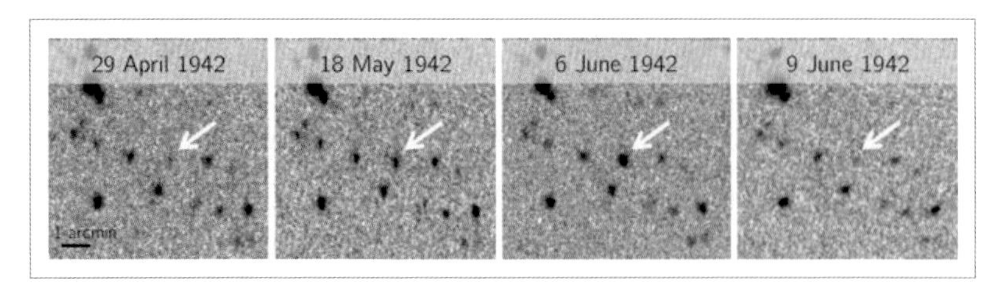

1942년 일어난 격변변광성의 왜소 신성 폭발 장면이다. 4월 29일에서 5월 18일, 6월 6일까지는 점점 밝아지다가 6월 9일에는 다시 어두워졌다. 사진은 네거티브 이미지다. (제공「네이처」)

서 격변변광성을 확인했다. 그런데 그 위치가 2016년 위치와 살짝 달랐다. 이를 바탕으로 1437년 위치를 추정하자 지금 위치에서 동쪽으로 7.4초(여기서 초는 각도단위로 1초는 3,600분의 1도) 북쪽으로 16.0초 지점에 있었을 것으로 추정됐다. 바로 성운의 중심에 해당하는 위치다. 즉 전갈자리 성운이 1437년 폭발한 신성의 잔해가 맞다는 말이다.

한편 연구자들은 DASCH의 데이터베이스에서 흥미로운 사진들을 추가로 발굴했다. 이를 분석한 결과 1437년 고전 신성 폭발을 일으킨 격발변광성이 1934년과 1935년, 1942년 잇달아 왜소 신성 폭발을 일으켰다는 사실이 확인됐다. 이 가운데 1942년 폭발은 밝기가 12등급 가까이 올라갔고 나머지는 14~15등급이었다. 참고로 맨눈으로 보이는 한계는 6등급이다. 1437년 고전 신성은 최소한 6등급의 밝기였다는 말이다.

연구자들은 논문 말미에서 "1437년 3월 11일의 고전 신성이 497년이 지나(즉 1934년) 왜소 신성이 됐다는 건 두 가지 신성이 동일한 시스템이 다른 시기에 보이는 현상이라는 입장을 지지하는 증거"라고 의미를 부여했다.

한편 연구자들은 추가 관측 자료를 바탕으로 이 백색왜성의 질량이 태양의 1.0~1.4배 사이라고 추정했다. 만일 1.4배에 가깝다면 물질이 조금 더 유입될 경우 찬드라세카 질량에 이르러 초신성 폭발을 할 수도 있지 않을까.

우리은하에서 신성 폭발은 일 년에 수십 차례 일어난다고 한다. 이 가운데 맨눈에도 보이는 6등급 이내는 대략 일 년에 하나 정도다. 최근 가장 밝은 신성은 1999년 관측된 'Nova Velorum 1999'로 2.6등급이었다. 한편 1604년 관측된 케플러 초신성(SN 1604)이 우리은하에서 마지막으로 관측된 초신성 폭발이다. 이 초신성의 최대 밝기는 -2.5 등급으로 태양과 달 다음으로 밝았고 3주 넘게 낮에도 보였다고 한다.

우리은하 정도 크기라면 대략 50년에 한 번 꼴로 초신성 폭발이 일어나는 것으로 추정되는데 케플러 초신성 이후 400년이 넘도록 조용한 건 이례적인 일이다. 1437년 신성 폭발을 일으킨 백색왜성이 동반성에서 물질을 계속 유입 받아 초신성 폭발을 일으키는 순간을 상상해 본다.

7-5
카페라테의 유체역학

영미권 국가에서는 카페라테를 일반적으로 라테라 부른다. 이탈리아어로 카페라테(caffè latte)는 말 그대로 '커피와 우유'가 혼합된 음료라는 뜻이다. 카페라테는 카푸치노, 에스프레소와 함께 오늘날 국제적으로 가장 사랑 받는 커피 음료이다.

– 로잔느 산토스 & 다르시 리마, 『커피가 죄가 되지 않는 101가지 이유』에서

황금개띠라는 2018년 무술년(戊戌年) 새해가 밝았다. 아침 뉴스를 보니 동해안 일출이 장관이다. 새해 첫날 해돋이를 보려고 동해안을 찾은 사람이 70만 명이라는데 맑은 날씨 덕에 멋진 장면을 봤으니 행운아들이라는 생각이 든다. 올해 과학카페 첫 주제는 코너 이름에 맞게 커피(프랑스어 Café는 커피와 함께 다방(카페)을 의미한다)의 과학을 다뤄볼까 한다.

에스프레소 베이스 커피의 양대산맥(표현이 너무 거창한가?)은 카푸치

노와 라테인데 둘은 우유와 우유거품의 양이 꽤 다르다. 즉 카푸치노는 우유가 적고 거품이 많은 반면 라테는 우유가 많고 거품이 적거나 없다. 필자는 진한 커피맛과 함께 풍성하지만 덧없는 거품 때문에 카푸치노를 즐겨 마시지만 오늘의 주인공은 라테다.

레이어드라테를 아시나요?

보통 라테는 핫이냐 아이스냐에 따라 만드는 순서가 다르다. 뜨거운 라테는 잔에 먼저 에스프레소를 넣고 스팀으로 데운 우유를 붓는다. 적은 양을 먼저 넣고 많은 양을 나중에 넣어야 잘 섞이기 때문이다. 반면 아이스라테는 잔에 얼음을 채운 뒤 먼저 찬 우유를 붓고 다음에 에스프레소를 넣는다. 뜨거운 에스프레소를 먼저 넣을 경우 얼음이 녹기 때문이다.

이렇게 순서를 바꾸면 에스프레소와 우유가 잘 안 섞이기 마련인데 (따라서 아이스라테도 뜨거운 에스프레소를 먼저 넣어 만들기도 한다) 그런 상태가 오히려 시각적인 즐거움을 선사하기도 한다. 에스프레소는 우유보다 밀도가 약간 낮기 때문에 빨대로 젓지 않는 한 덜 섞인 상태가 꽤 오래 가는데 중간에 있는 얼음조각들의 교란 때문에 아지랑이 같은 효과도 난다.

그런데 뜨거운 라테의 경우도 잔에 우유를 먼저 넣은 뒤 에스프레소를 넣은 게 있다. 바로 라테마키아또다. 마키아또macchiato는 '얼룩'이라는 뜻의 이탈리아어로 라테마키아또는 '얼룩진 우유' 정도로 번역할 수 있다. 전통적인 라테마키아또는 우유에 에스프레소를 1/2샷 정도 넣는데 에스프레소가 아래로 퍼져나가며 얼룩처럼 보인다. 필자는 카페 메뉴에서 아직 이 이름을 본 적이 없는데, 에스프레소 원샷이 들어간 라테도 커피맛이 약하다는 사람이 많기 때문으로 보인다. 대신 카라멜시럽을 얹은 라테마키아또인 카라멜마키아또는 인기가 많은 것 같다.

그런데 영미권에서는 라테마키아또 대신 '레이어드라테layered latte'라는 용어도 쓰이는 것 같다. 라테마키아또는 시간이 지나면 경계가 흐릿한 두 층으로 분리되기 때문이다. 에스프레소 얼룩이 우유와 분리되면서 위층을 이루고(물론 우유와 꽤 섞인 상태다) 우유가(에스프레소가 약간 섞여 있다) 아래층을 이룬다. 에스프레소와 우유의 밀도가 약간 다르기 때문이다. 레이어드라테는 정통 라테마키아또와는 달리 에스프레소 양을 제한하지 않는 것 같은데 원샷은 돼야 층이 진 게 더 두드러지기 때문이다.

자세히 보니 두 층이 아냐

2017년 12월 12일자 「뉴욕타임스」 과학란의 한 기사는 포틀랜드에 사는 밥 팽크하우저Bob Fankhauser라는 은퇴한 엔지니어가 집에서 레이어드라테를 만들다 흥미로운 발견을 한 사연을 소개하고 있다. 어느 날 프랭크하우저는 우유에 에스프레소를 붓고 난 뒤 잠시 딴 일을 봤는데 그 사이 에스프레소와 우유 사이가 여러 층으로 이뤄진 레이어드라테가 나온 것이다.

유체역학에 따르면 서로 섞이는, 밀도가 다른 두 액체는 시간이 지나면 확산이 일어나 경계가 흐릿해져야 하는데 반대로 오히려 여러 층이 생긴 현상이 이해가 안 된 팽크하우저는 유체역학 전문가인 프린스턴대 기계항공공학과 하워드 스톤Howard Stone 교수에게 이메일을 보내 답을 구했다. 사실 구글에서 'layered latte'로 검색해보면 프랭크하우저가 발견한 멀티multi레이어드라테 이미지를 어렵지 않게 볼 수 있다.

은퇴한 엔지니어 밥 팽크하우저는 어느 날 라테를 만들다가 우연히 액체가 여러 층으로 나뉜 현상을 발견했다. 이를 궁금히 여긴 팽크하우저는 유체역학 전문가에게 문의했고 이를 규명한 논문으로 이어졌다. 팽크하우저가 만든 레이어드라테. (제공 Bob Fankhauser)

아무튼 이런 현상에 대해 금시초문이었던 스톤 교수는 의아하게 생각하고 실험을 해봤고 정말 그런 것으로 확인되자 이를 규명하는 연구에 착수했다. 연구자들은 실험과 컴퓨터시뮬레이션으로 레이어드라테 생성 메커니즘을 규명하는 데 성공했고 그 내용을 논문으로 정리해 학술지 「네이처 커뮤니케이션스」(12월 12일자)에 발표했다.

먼저 프랭크하우저의 발견을 재현한 실험을 보자. 연구자들은 50도로 데운 따뜻한 우유 150ml가 담긴 유리잔에 역시 50도로 맞춘 에스프레소 원샷(30ml)을 부었다. 예상대로 붓는 순간은 에스프레소가 우유에 뒤섞이면서 위쪽에 얼룩(마키아또)을 만들었다. 그리고 잠시 뒤 경계가 번진 두 층으로 분리됐다. 여기까지는 기존 유체역학 이론에 충실한 현상이다.

그런데 2분쯤 지나 혼합물(레이어드라테)의 온도가 주위 온도인 22도에 가깝게 식으면서 프랭크하우저가 발견한 그 현상이 재현됐다. 즉 맨 위 짙은 갈색에서 아래로 갈수록 연속적으로 갈색이 옅어지며 거의 흰색이 된 상태에서, 불연속적으로 여러 단계를 거쳐 옅어지는 상태로 바뀐 것이다. 워드프로세서의 글자색 버튼을 클릭할 때 나타나는 단계별 색상

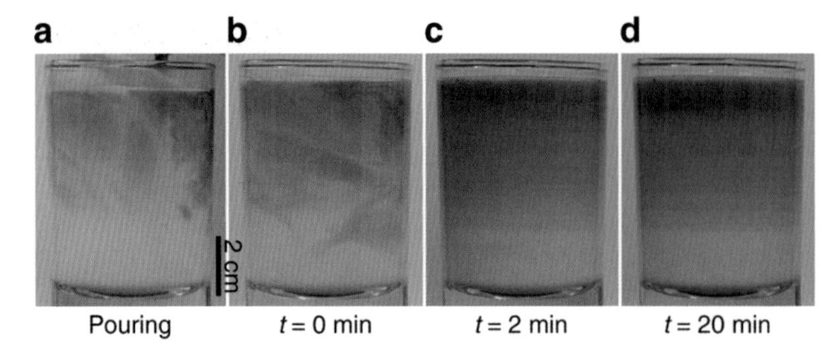

레이어드라테가 만들어지는 과정이다. 50도로 데운 우유 150ml가 담긴 유리잔에 에스프레소 원샷(30ml)을 부으면(a) 위쪽에 에스프레소 마키아또가 형성된 뒤(b) 아래로 갈수록 에스프레소 비율이 연속적으로 줄어드는 층이 생긴다. 그런데 약 2분쯤 지나면 경계 부분이 여러 층으로 나뉘고(c) 이 상태가 20분이 지난 뒤에도 유지된다(d). (제공 「네이처 커뮤니케이션스」)

표가 연상되는 현상이다. 이렇게 형성된 다층구조는 20분이 지나도 그대로였다.

연구자들은 이 현상을 좀 더 정밀하게 분석하기 위해 우유와 에스프레소 대신 소금물과 색소를 탄 물로 실험해보기로 했다. 즉 밀도가 높은 소금물에 파란색소를 탄 밀도가 낮은 맹물을 부어 레이어드라테를 재현한 것이다. 이때 용기 측면에서 빛의 흡수 스펙트럼을 찍으면 높이에 따른 혼합비율(파란색 맹물과 무색 소금물)을 알 수 있으므로 형성되는 층의 구조를 명쾌히 분석할 수 있다.

변수를 바꿔가며 무색 소금물에 파란색 맹물을 붓는 실험을 한 결과 연구자들은 여러 층의 레이어드라테가 나오는 조건을 찾는 데 성공했다. 물의 온도가 주위 공기 온도와 달라야 하고 파란색 맹물을 어느 속도 이상으로 부어야만 다층구조가 형성됐다. 연구자들은 이 현상이 '이중확산 대류double diffusive convection'의 일종이라고 해석했고 이 이론에 따른 수학 모형을 만들어 컴퓨터시뮬레이션으로 현상을 재현하는 데도 성공했다.

무질서에서 질서 나와

대류란 액체나 기체, 즉 유체에 밀도차가 생겼을 때 중력의 영향으로 유체가 움직이는 현상이다. 예를 들어 냄비에 물을 끓이면 불에 가까운 아래쪽 물이 먼저 데워져 밀도가 낮아지면서 위로 올라가고 위의 온도가 낮은, 밀도가 큰 물이 아래로 내려오는 대류가 생기며 물이 골고루 데워진다.

이중확산대류란 이런 밀도차를 유발하는 원인이 두 가지일 때 일어나는 대류다. 즉 물을 끓일 때처럼 온도차가 밀도차를 유발할 수도 있지만 맹물과 소금물처럼 유체의 조성 차이가 밀도차로 이어질 수도 있다. 어떤 시스템에 온도차와 조성 차이가 함께 작용해 대류가 일어날 때 이를 이중확산대류라고 부른다. 대표적인 예로는 해양을 들 수 있는데, 수온의 차이와 염분의 차이로 이중확산대류가 일어나면서 복잡한 해류가 발생한다.

연구자들은 여러 층인 레이어드라테도 이중확산대류가 일어난 결과라고 해석했다. 즉 에스프레소를 우유에 부은 뒤 난류(얼룩)가 가라앉아 층이 형성되면서 위에서 아래 방향으로 우유 비율이 늘어나는 조성 차이가 생긴다. 그리고 액체가 식을 때까지 유리잔 안 액체와 유리잔 밖 공기와의 온도차가 있다. 그렇다면 이런 조건에서 어떻게 레이어드라테가 나올까.

잔에 담긴 우유에 에스프레소를 넣으면 그 힘으로 우유를 뚫고 들어가다 어느 순간 밀도가 큰 우유의 부력을 받아 하강을 멈추고 출렁거리다 안정화된다. 이 과정에서 일부 혼합도 일어나기 때문에(서로 섞이는 액체이므로) 매끄럽게 분리된 두 층이 아니라 연속적인 농도차를 보이는 중간지대가 생긴다.

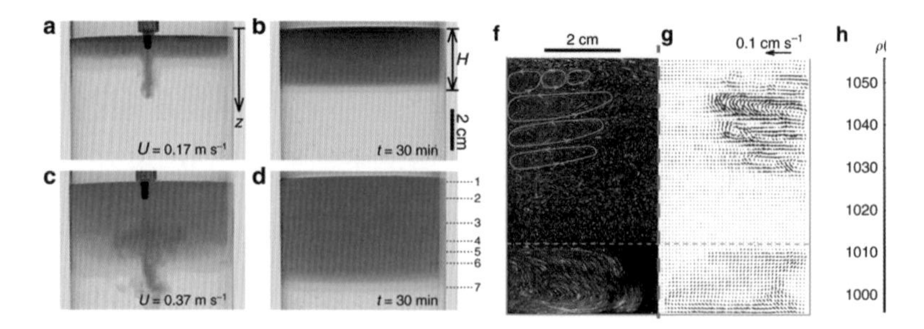

색소를 탄 맹물(에스프레소 역할)과 소금물(우유 역할)로 다층구조가 나오는 조건을 찾은 결과 밀도가 낮은 액체를 투입하는 속도가 어느 정도 이상이 돼 두 층의 밀도 기울기가 완만해야 한다는 사실이 밝혀졌다. 위는 초속 0.17m로 주입한 경우로 두 층으로 이뤄진 구조가 30분이 지나도 그대로다(a와 b). 아래는 초속 0.37m로 주입한 경우로 일곱 층으로 이뤄진 다층구조가 됨을 알 수 있다(c와 d). 오른쪽은 이중확산대류로 다층구조가 일어나는 메커니즘을 보여주는 이미지 데이터로 순환단위 네 층이 표시돼 있다. (제공「네이처 커뮤니케이션스」)

이 상태에서 유리잔에 가까운 액체는 열을 빼앗기며 온도가 낮아져 밀도가 높아진다. 그 결과 중력의 작용으로 아래로 내려가고 안쪽 액체가 바깥쪽으로 수평 이동해 빈자리를 채운다. 아래로 내려가는 액체는 어느 순간 아래쪽 밀도가 큰 액체의 부력에 막혀 더 이상 진행하지 못하고 안쪽으로 방향을 틀고 가운데에서 다시 올라간다. 즉 순환대류가 형성되는 것이다.

이런 대류가 일어나는 단위, 즉 순환단위circulation cell 내부에서는 액체가 확산되며 밀도가 균일해진다. 레이어드라테의 경우 중간지대에서 이런 순환단위가 여러 개 생기고 그 결과 아래로 갈수록 밀도가 조금씩 증가하는 다층 구조가 형성되는 것이다. 액체와 주위 기체의 온도차가 없다면 애초에 이런 흐름이 시작되지 않으므로 여러 층인 레이어드라테는 만들어지지 않는다.

한편 온도차가 나더라도 에스프레소가 투입되는 속도가 너무 느릴 경우에는 여러 층인 레이어드라테가 만들어지지 않는 것으로 밝혀졌다.

이는 직관적으로도 이해가 되는 현상이다. 예를 들어 물을 반쯤 채운 술잔에 위스키를 살살 따르면 두 액체가 섞이지 않고 두 층을 유지하는데 경계도 비교적 뚜렷하다. 즉 경계 영역의 밀도차가 가파르다는 말이다.

마찬가지로 우유에 에스프레소를 조심스럽게 따를수록 경계 영역의 밀도차가 가파르게 된다. 이 경우 온도차로 유리잔에 가까운 액체가 식으며 밀도가 높아져 내려갈 때 얼마 못가 부력으로 막힌다. 그 결과 대류가 일어나지 못하면서 연속적인 밀도차가 비연속적으로 바뀌는 다층 구조를 형성하지 못하는 것이다. 물론 에스프레소를 과격하게 부어도 액체가 너무 섞여버려 여러 층의 레이어드라테가 나오지 못한다.

한 액체를 밀도가 더 큰 다른 액체에 그저 따르기만 했을 뿐인데 혼합물이 알아서 밀도가 계단식으로 차이가 나는 다층 구조를 형성했다는 건 그 자체로 놀라운 현상이면서도 이를 응용하면 지금까지 생각하기 어려웠던 물질구조를 쉽게 만들 수 있다. 예를 들어 물질을 크기에 따라 분리하기 위해 아가로스 젤을 만들 경우 지금까지는 구멍의 크기(엄밀히는 아가로스 고분자의 성긴 정도)가 연속적으로 변화되는 유형뿐이었다.

그런데 레이어드라테 현상을 이용하면 구멍 크기가 불연속적으로 바뀌는 계단식 아가로스 젤을 만들 수 있다. 연구자들은 아가로스를 4% 함유한 용액을 밀도가 높은 소금물에 부어 레이어드 액체를 만든 뒤 이를 식혀 굳힌 멀티레이어드 아가로스 젤을 얻었다. 연구자들은 이 기술이 식품이나 조직공학 등 다양한 연성물질soft material 분야에 응용될 것으로 내다봤다.

집에 에스프레소머신이 없는 필자는 드립커피로 레이어드라테 만들기에 도전해봤는데 세 번만에 '어설프게' 성공했다. 진하게 내렸다고

필자가 만든 레이어드라테로 혼합하고 20분 뒤 모습이다. 에스프레소 대신 드립커피를 써서 효과가 약하다. (제공 강석기)

해도 에스프레소보다는 훨씬 옅기 때문에 층의 색 차이도 미미하다. 두 번의 실패는 비커에서 우유 표면으로 바로 커피를 부어 전체적으로 너무 많이 섞여버린 게 원인으로 보인다. 세 번째는 논문에 나오는 동영상처럼 숟가락을 잔 안쪽에 대고 여기에 살살 부어 흘러내리게 했다. 우유나 커피의 온도가 논문보다 좀 더 높아서인지 10분쯤 지나서야 층이 분명히 보였다. 길고 좁은 유리잔에 우유를 넣고 에스프레소를 쓴다면 어렵지 않게 필자가 만든 것보다 훨씬 그럴듯한 레이어드라테를 만들 수 있을 것이다.

Part.8
화학

8-1
일산화탄소 중독 해독제 등장 임박?

한 주말드라마에서 주인공이 잠을 자다 피워둔 석유난로에서 불이 나 간신히 살아난 에피소드가 있었다. 화상은 입지 않았지만 일산화탄소를 마셔 경과를 지켜봐야 한다고 말하는 의사를 보면서 문득 어린 시절이 생각났다. 많은 가정에 보일러가 없던 시절 구들에 연결된 아궁이에 나무를 때는 것과 마찬가지로 연탄을 때다 보니 겨울이면 연탄가스 중독이 종종 일어났고 이로 인해 목숨을 잃는 일도 드물지 않았다. 연탄가스는 연탄이 불완전연소할 때 나오는 일산화탄소를 말한다.

이제 구들에 연탄을 때는 집이 별로 없지만 일산화탄소 중독이 그에 비례해 줄어든 것 같지는 않다. 예전에 비해 꽤 잘 살게 됐음에도(절대적으로) 뭔 스트레스가 그리도 많은지 OECD 자살률 1위라는 오명을 보유한 우리나라에서 주요 자살방법이 밀폐된 공간에서 번개탄을 피우는 것이라고 한다. 물론 부주의로 텐트에서 번개탄을 피우다 일산화탄소에 중독되는 일도 있다. 주로 봄가을에 이런 사고가 많은데 난방 준비를 하지 않고 캠핑을 갔다가 밤에 추워져 밖에서 요리하다 남은 숯이나 번개탄을 텐트에 들이면 사달이 난다.

미국사람들도 일산화탄소 중독으로 고생하는 건 마찬가지다. 매년 5만 명이 넘는 사람들이 일산화탄소 중독으로 응급실로 실려오고 이 가운데 500여 명이 목숨을 잃는다. 이처럼 일산화탄소 중독 사고가 끊이지 않는 건, 살다보면 밀폐된 공간에서 연료가 불완전연소를 하는 상황이 생기기 마련이기 때문이다. 게다가 일산화탄소는 무색, 무취, 무미라 그 존재를 알 수가 없다.

산소보다 200배나 강하게 달라붙어

일산화탄소 중독 메커니즘은 19세기에 밝혀졌다. 즉 적혈구에 있는 헤모글로빈의 산소가 붙을 자리에 대신 달라붙어 피가 산소를 운반하지 못하게 된 결과다. 일산화탄소는 산소보다 200배나 더 강력하게 헤모글로빈에 달라붙는다. 결국 밀폐된 공간의 일산화탄소 농도와 노출된 시간에 따라 중독의 정도가 결정된다.

이처럼 중독 메커니즘은 벌써 알려졌지만 놀랍게도 여전히 이렇다 할 해독제는 나오지 않은 상태다. 응급실에 실려와도 해줄 수 있는 건 환자 상태에 따라 상압이나 고압의 산소마스크를 씌워주는 것뿐이다. 공기의 산소함량이 21%이므로 5배(상압 산소) 또는 그 이상의 산소를 보내 일산화탄소와 결합된 헤모글로빈의 비율을 빨리 낮춘다는 전략이다. 일산화탄소에 중독된 사람을 구조한 뒤 공기 중에 두면 일산화탄소에 결합된 헤모글로빈의 반감기, 즉 절반으로 줄어드는 데 걸리는 시간이 320분이고 상압 산소에서는 74분, 고압 산소에서는 20분이라고 한다.

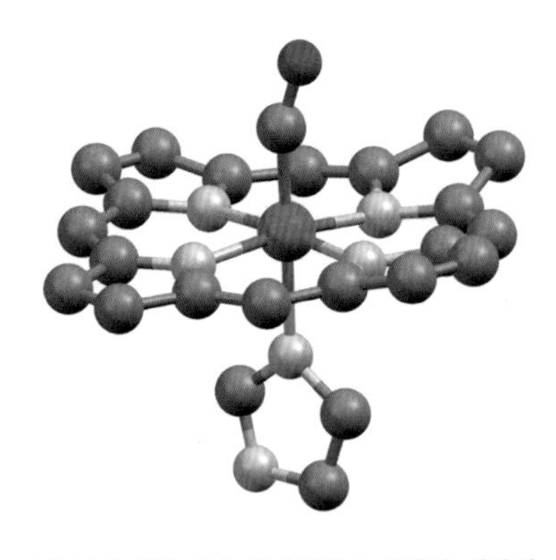

헤모글로빈의 헴에 일산화탄소 분자가 결합된 상태의 구조로 주황색이 철, 회색이 탄소, 빨간색이 산소원자다. 포르피린 고리 가운데 있는 철 이온에 일산화탄소에서 음전하가 분포한 탄소원자가 결합하는데 그 세기가 산소분자의 200배나 된다. 대기 중 일산화탄소 농도가 3%만 돼도 죽음에 이르는 이유다. (제공 위키피디아)

학술지 「사이언스 중개의학」 2016년 12월 7일자에는 진정한 의미의 일산화탄소 중독 해독제 후보를 찾았다는 연구결과가 실렸다. 즉 다른 중독의 해독제처럼 약물을 넣어줘 증상을 벗어나게 해주는 데 성공했다는 것이다. 논문에 따르면 현재 연구는 생쥐를 대상으로 한 동물실험까지 진행됐지만 앞으로 더 큰 실험동물과 사람을 대상으로 한 임상을 진행할 예정이라고 한다. 일산화탄소 중독 치료가 새로운 국면을 맞고 있다.

과학 분야에서 많은 발견이 그렇듯이 이번 발견도 우연한 계기에서 시작됐다. 미국 피츠버그대 의대 마크 글래드윈Mark Gladwin 교수는 뉴로글로빈neuroglobin이라는 작은 헴heme단백질을 연구하고 있었다. 2000년 발견된 뉴로글로빈은 뇌와 망막에 존재하는데, 글래드윈 교수팀은 뉴로글로빈이 산소나 일산화질소와 결합해 세포손상을 보호하는 작용을 한다는 사실을 밝혀냈다. 뉴로글로빈에 있는 헴은 포르피린porphyrin 고리와 그 가운데 철 이온이 존재하는 구조다. 즉 혈액에 있는 헴단백질인 헤모글로빈과 기능은 다르지만 반응은 비슷하다는 말이다.

글래드윈 교수팀이 뉴로글로빈의 기능을 밝히는 연구를 할 때 꽤 고생을 했는데, 뉴로글로빈을 정제해보면 많은 경우 헴에 일산화탄소가 결합돼 있었기 때문이다. 즉 일산화탄소를 떼어낸 뒤 실험을 해야 하는데 워낙 찰싹 달라붙어 있어 쉽지 않았다.

그런데 2012년 어느 날 동료 한 사람이 무심코 "일산화탄소 중독에 해독제가 있느냐?"고 물었다. 잠깐 생각하던 글래드윈 교수는 문득 자신이 해독제 후보를 갖고 있다는 사실을 깨달았다. 일산화탄소를 좋아하는 뉴로글로빈을 일산화탄소 중독 환자의 혈액에 넣어줄 경우 헤모글로빈에 붙어 있는 일산화탄소를 뺏을 수 있지 않을까.

아미노산 바꾸자 결합력 급증

그러나 뉴로글로빈과 헤모글로빈을 비교한 결과 자연 상태로는 일산화탄소에 대한 결합력이 큰 차이가 나지 않아 해독제로 역부족이었다. 연구자들은 뉴로글로빈의 구조를 면밀히 조사했고 헴의 포르피린 고리 위아래에 위치해 뚜껑 역할을 하는 아미노산 히스티딘(H) 가운데 하나를 글루타민(Q)으로 바꿀 경우 일산화탄소가 훨씬 잘 달라붙을 것이라고 예측했다. 즉 헴 가운데 철 이온의 배위수를 6에서 5로 줄인 변이 뉴로글로빈을 만들기로 했다. 이때 아미노산 시스테인(C) 세 개도 다른 아미노산으로 바꿔 뉴로글로빈의 용해도를 높이고 동시에 서로 잘 안 뭉치게 했다.

이렇게 만든 뉴로글로빈(Ngb-H64Q-CCC)은 예상대로 일산화탄소에 훨씬 강하게 결합해 결합력이 헤모글로빈의 500배에 가까웠다. 일산화탄소로 포화된 헤모글로빈에 뉴로글로빈을 넣어주자 헤모글로빈에 있던 일산화탄소 대부분이 불과 30초 만에 뉴로글로빈으로 옮겨갔다. 그리고 뉴로글로빈에 붙은 일산화탄소는 좀처럼 다시 떨어지지 않았다.

그러나 아무리 시험관에서 효과가 좋아도 실제 생명체에서 작동하지 않으면 말짱 도루묵이다. 연구자들은 생쥐를 대상으로 동물실험을 진행했다. 먼저 치명적이지 않은 일산화탄소 중독 조건으로, 공기 중 일산화탄소 농도가 1,500ppm인 공간에 50분 동안 생쥐를 둔 뒤 해독제를 주사했다. 5분이 지나자 일산화탄소와 결합한 헤모글로빈의 비율이 평균 57%에서 22%로 35%나 뚝 떨어졌다. 반면 공기를 바꿔 일산화탄소를 없앤 경우(일반 공기)는 불과 13% 떨어지는 데 그쳤다. 한편 상압 산소 100% 조건에서는 27%가 줄어 여전히 뉴로글로빈 해독제가 더 뛰어났다.

연구자들은 다음으로 치명적인 농도에서 실험을 진행했다. 즉 생쥐를 공기 중 일산화탄소 농도가 3%인 공간에 4.5분 동안 둔 뒤 꺼내 해독제를 주사했다. 그 결과 여덟 마리 가운데 한 마리만 죽었고 나머지는 목숨을 건졌다. 반면 일반 공기에 둔 대조군은 열 마리 가운데 한 마리만 살아남았다. 이런 고농도에서는 헤모글로빈의 90%가 일산화탄소와 결합된 상태이기 때문에 구조돼 현장을 벗어나도 헤모글로빈의 일산화탄소가 산소로 치환돼 생명을 유지할 수 있는 수준까지 이르는 데 시간이 너무 걸린다. 실험을 봐도 대조군은 5분 뒤 치환율이 5%에 불과한 반면 해독제를 투여한 그룹은 평균 26%가 바뀌어 목숨을 구했다. 참고로 헤모글로빈의 3분의 1 정도만 산소와 결합할 수 있어도 죽음은 면할 수 있다고 한다. 다만 이런 상태가 지속될 경우 장기나 신경계가 손상될 수 있다.

연구자들은 "많은 경우 사고 현장에서 고압 산소 처치를 받을 수 있는 의료기관까지 환자를 제때 운송하기 어렵다"며 "따라서 주사제 형태의 해독제가 개발된다면 현장에 도착한 응급구조요원들이 투여해 고압 산소 처치를 즉각 받는 효과를 볼 수 있다"고 설명했다.

그러나 성인의 경우 4~5리터에 이르는 혈액에 있는 헤모글로빈에 결합된 일산화탄소를 뺏으려면 상당한 양의 뉴로글로빈 해독제를 투여해야할 텐데 과연 별 문제가 없을까. 연구자들은 좀 더 큰 실험동물과 사람을 대상으로 한 임상을 해봐야 한다면서도 일단 생쥐 실험 결과는 긍정적이라고 평가했다. 즉 일산화탄소와 결합한 뉴로글로빈이 신장에서 걸러져 소변으로 배출됐는데, 반감기가 13분에 불과했기 때문이다.

그리고 일산화탄소 중독 환자의 피에서 일산화탄소와 결합된 헤모글로빈의 비율을 10~15%만 줄여도 생사가 바뀔 수 있기 때문에 엄청난 양의 해독제가 필요한 건 아니라고 설명한다. 예를 들어 식염수에 뉴로글로빈 50g이 들어있는 해독제 1회분을 투여하면 혈액 1리터에 10g 수준이 되면서 이 정도의 감소 효과를 즉시 낼 수 있다는 것이다. 필자가 보기에는 50g이라도 상당한 양 같긴 한데 생쥐 실험으로 유추할 경우 별 문제는 없을 거라니 추후 임상시험을 지켜볼 일이다.

8-2
아킬레스건의 재료과학

아일랜드, 영국이라는 아킬레스의 취약한 뒤꿈치여!

(Ireland, that vulnerable heel of the British Achilles!)

– 사무엘 콜리지

신화를 보면 인간의 운명은 미리 안다고 해서 피할 수 있는 게 아니라는 비극적인 테마를 지닌 이야기가 많다. 그 대표적인 예가 아킬레우스 이야기다. 바다의 여신 테티스는 사람(프티아의 펠레우스 왕)과 결혼해 낳은 아들이 자신처럼 불멸의 존재가 아니라는 데(신과 사람 사이의 혼혈이라) 상심한다. 결국 테티스는 아들의 죽음을 막기 위해 몸을 담그면 손상에서 지켜준다는 하계의 스틱스 강을 찾는다. 그런데 아기의 몸을 담글 때 발뒤꿈치를 잡고 있었기 때문에 이 부분은 물에 닿지 않았다. 자라서 영웅이 된 아킬레우스는 결국 트로이 전쟁에서 발뒤꿈치에 화살을 맞아 전사한다.

오늘날 누군가(또는 무언가)의 치명적인 약점을 얘기할 때 '아킬레스건'이라는 은유가 진부할 정도로 널리 쓰이고 있다. 물론 번역어일 텐데 정작 영어를 보면 'Achilles tendon'이 아니라 'Achilles' heel'이 이런 뜻으로 쓰인다. 아마도 번역을 할 때 '아킬레스의 뒤꿈치'라고 직역하는 게 좀 부자연스럽게 느껴졌나 보다. 실제 이런 은유가 처음 등장한 건 앞에 인용한 영국 작가 사무엘 콜리지Samuel Coleridge의 문장으로 1810년이다. 그리고 'Achilles' heel'이라는 표현이 처음 쓰인 건 1840년이라고 한다.

독일 조각가 에른스트 헤르터의 1884년 작품 〈죽어가는 아킬레우스〉. 아킬레우스가 아킬레스건을 정통으로 맞춘 화살을 뽑으려 하고 있다. (제공 위키피이아)

지금은 그리스 발음에 가깝게 표기하는 추세라 아킬레우스Achilleus로 쓰고 있지만 유독 아킬레스건에서만 영어식 발음을 유지하고 있다. '아킬레우스건' 역시 좀 부자연스러운 것일까. 아무튼 독일 조각가 에른스트 헤르터Ernst Herter의 1884년 작품 〈죽어가는 아킬레우스〉를 보면 아킬레우스는 뒤꿈치 바로 위 힘줄, 즉 아킬레스건에 정통으로 화살을 맞았다.

인체에서 가장 큰 힘줄

아킬레스건은 다리 뒤쪽의 장딴지근과 가자미근의 힘줄이 하나로 합쳐진 힘줄로 뒤꿈치뼈에 달라붙어 있다. 아킬레스건은 우리 몸에 있

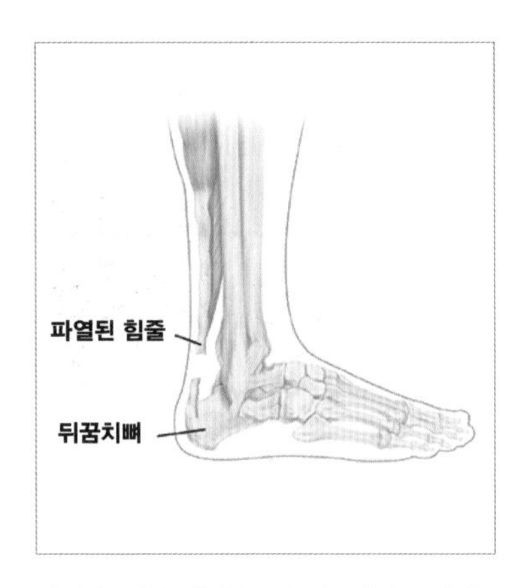

아킬레스건은 장딴지근과 뒤꿈치뼈를 이어주는 힘줄이다. 무리한 힘을 받으면 파열될 수 있지만 힘줄과 뼈가 떨어지는 일은 거의 없다. (제공 www.fairview.org)

는 힘줄 가운데 가장 커서 엄지와 검지로 발목 뒤에 있는 아킬레스건을 쉽게 집을 수 있다. 참고로 힘줄은 근육과 뼈를 연결하는 조직이고 인대는 뼈와 뼈를 연결하는 조직이다.

의학서적에 아킬레스건이라는 용어가 처음 등장한 건 네덜란드의 해부학자 필립 베헤옌Philip Verheyen의 1693년 저서 『인체 해부학(Corporis Humani Anatomia)』이다. 인류의 이족보행은 잘 발달된 아킬레스건 덕분이라고 해도 과언이 아니다. 즉 걷고 달리고 뛰어오르는 게 모두 강력한 아킬레스건이 뒷받침돼 있기 때문이다. 반면 다른 유인원들은 아킬레스건이 보잘 것 없고 따라서 두 다리로 걷고 뛰는 게 편하지 않다.

아킬레우스처럼 전쟁터에서 아킬레스건을 다칠 일은 없음에도 적지 않은 사람들이 아킬레스건에 문제가 생겨 고생한다. 사고나 지나친 운동으로 탈이 나기 때문이다. 그런데 대부분 염증이나 파열이지 힘줄이 뼈에서 떨어진 경우는 거의 없다. 이는 다른 힘줄에서도 마찬가지다. 힘줄이 찢어질 정도로 힘을 받았다면 그 전에 힘줄과 뼈 사이가 먼저 떨어져야 하는 것 아닐까. 벽에 본드로 붙여놓은 옷걸이가 무거운 옷을 걸면 못 견디고 떨어져나가는 것처럼 말이다.

콜라겐 구조뿐 아니라 조성도 달라져

학술지 「네이처 재료」 2017년 6월호에는 힘줄과 뼈 사이에서 이런 일이 좀처럼 일어나지 않는 이유를 밝힌 논문이 실렸다. 독일 뮌헨공대 연구자들은 힘줄과 뼈가 만나는 지점인 '힘줄뼈부착부위enthesis'의 자세한 구조를 알아보기 위해 형광현미경, 전자현미경, 마이크로CT(컴퓨터단층촬영) 등 첨단 장비를 총동원했다. 이들은 사람 대신 돼지의 발목 시료를 써서 아킬레스건과 뒤꿈치뼈를 잇고 있는 부위를 촬영해 분석했다.

논문 내용을 소개하기 전에 먼저 힘줄의 구조를 살펴보자. 힘줄은 주로 콜라겐collagen이라는 섬유단백질로 이루어져 있다. 콜라겐 하면 피부 주름과 관련해 익숙한 이름이지만 사실 피부뿐 아니라 뼈, 힘줄, 연골, 치아 등 많은 신체조직의 주성분이다. 실제 우리 몸에 있는 단백질의 30%가 콜라겐이다. 콜라겐은 구성 아미노산에 따라 28가지 유형이 알려져 있는데, 힘줄과 뼈를 이루는 건 주로 유형1 콜라겐이다. 그럼에도 힘줄과 뼈가 겉보기에 크게 다른 건 칼슘 같은 미네랄의 함량 때문이다. 뼈의 경우 미네랄이 많아 석회화가 되면서 단단해졌다.

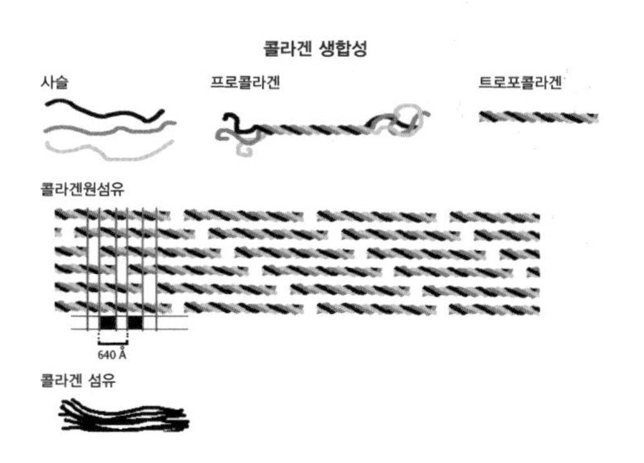

콜라겐섬유는 콜라겐단백질이 여러 단계를 거쳐 만들어진다. 먼저 콜라겐 사슬 세 개가 삼중나선을 이룬다(위). 이 단위가 종횡으로 반복돼 콜라겐원섬유를 만들고(가운데), 원섬유 여러 가닥이 모여 콜라겐섬유가 된다(아래). (제공 위키피디아)

콜라겐단백질은 대략 아미노산 1,000개로 이뤄진 사슬 세 개가 서로 꼬여있는 '삼중나선' 구조다. 따라서 지름이 1.5nm(나노미터. 1nm는 10억분의 1m)에 불과하고 길이도 300nm 정도다. 이런 콜라겐 단위체들이 서로 엮여 지름 20~100nm 크기의 콜라겐원섬유collagen fibril를 만든다. 그리고 콜라겐 원섬유가 뭉쳐 지름이 수십~수백㎛(마이크로미터. 1㎛는 100만분의 1m)인 콜라겐섬유collagen fiber가 된다. 이런 구조이기 때문에 '고래심줄(힘줄)처럼 질기다'는 말이 나왔다.

돼지 아킬레스건의 힘줄뼈부착부위를 자세히 들여다본 결과 뼈와 닿는 힘줄말단 500㎛ 영역이 나머지 힘줄과 구조가 다른 것으로 나타났다. 힘줄의 콜라겐섬유 지름이 평균 105㎛인데 반해 말단은 평균 13㎛에 불과했다. 즉 힘줄의 콜라겐섬유가 뼈에 들러붙기 전에 수십 가닥으로 갈라졌다는 말이다. 또 힘줄이 붙는 뼈의 표면이 울퉁불퉁했다. 그 결과 콜라겐섬유와 뼈가 닿는 표면적이 크게 늘어났고 따라서 접착력도 강해진 것이다.

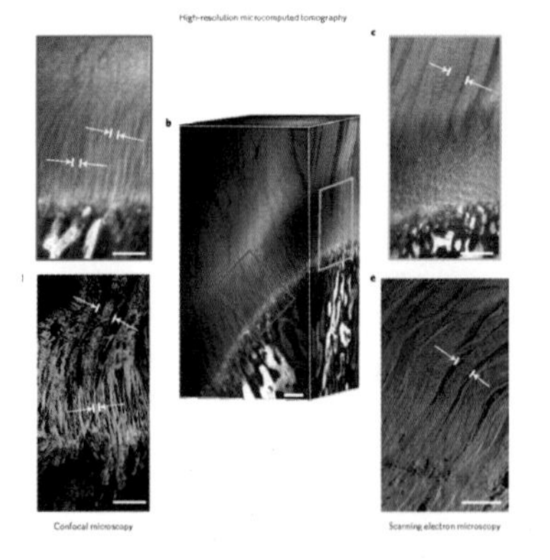

돼지 아킬레스건의 힘줄뼈부착부위 부근의 이미지. 가운데 육면체는 마이크로CT 영상으로, 빨간 네모를 확대한 왼쪽 위 사진을 보면 경계면에서 콜라겐섬유가 갈라져 있다. 왼쪽 아래는 공초점현미경 사진이다. 녹색 네모를 확대한 오른쪽 위 사진은 경계면 너머 힘줄의 콜라겐섬유로 굵다. 오른쪽 아래는 주사전자현미경 사진이다. (제공 「네이처 재료」)

연구자들은 질량분석기로 힘줄과 힘줄말단(힘줄뼈부착부위)의 단백질 조성을 비교했다. 그 결과 둘 사이에 꽤 큰 차이를 보였다. 즉 힘줄말단 500㎛ 영역에서는 유형1 콜라겐 대신 유형2 콜라겐이 주를 이뤘다. 콜라겐 섬유의 구조만 바뀌는 게 아니라 조성도 다르다는 말이다. 이밖에도 히알렉탄hyalectan과 SLRP 같은 단백당이 상대적으로 많았다. 단백당proteoglycan은 단백질

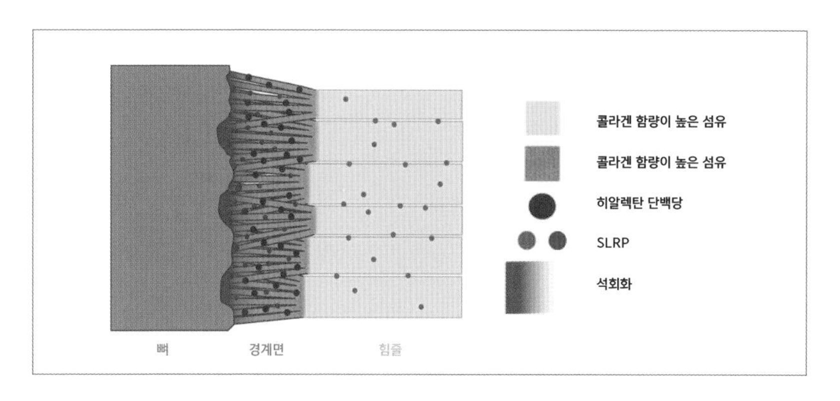

힘줄뼈부착부위 부근을 도식화한 그림으로 왼쪽부터 뼈, 경계면(힘줄뼈부착부위), 힘줄이다. 최근 연구결과 힘줄뼈부착부위는 강력한 접착력을 내는데 최적화하기 위해 힘줄과 콜라겐섬유의 구조뿐 아니라 조성도 다르다는 사실이 밝혀졌다. (제공 「네이처 재료」)

과 당으로 이뤄진 복합분자다. 유전자 발현 패턴을 비교한 결과도 이런 분석결과와 잘 맞았다.

그렇다면 힘줄 말단의 조성변화가 어떤 결과로 이어질까. 앞서 언급한 것처럼 힘줄은 근육과 뼈를 연결하는 조직으로 일종의 스프링이다. 즉 발걸음을 내디딜 때 당겨진 아킬레스건이 발을 뗄 때 수축되면서 장딴지근의 일을 많이 덜어준다. 이런 일이 가능한 게 바로 콜라겐섬유의 점탄성 때문이다. 반면 힘줄말단의 경우는 힘줄과 뼈가 서로 달라붙어 엄청난 힘에도 떨어지지 않게 해야 하므로 섬유가 나란히 배열된 구조(점탄성에 최적화) 대신 그물망 구조를 이뤄야 한다. 실제 유형2 콜라겐은 관절연골의 주성분으로 그물망 구조를 이루고 있다.

한편 단백당은 큰 힘을 받는 조직에서 완충제 역할을 한다. 표면이 음전하이기 때문에 힘을 받아 조직이 수축되면 단백당 분자들이 서로 가까워지며 정전기적 반발력이 커져 버티는 것이다. 힘줄뼈부착부위가 큰 힘을 받아도 짜부라지지 않고 구조를 유지할 수 있는 이유다.

8-3
빛 쬐지 않아도 태닝할 수 있다!

보다 나은 외모를 향한 사람들의 욕망은 때로는 모순되게 보이기도 한다. 되도록 밝은 피부톤을 유지하기 위해 고가의 미백(美白)화장품을 얼굴에 바르기도 하지만 노출의 계절이 오면 오히려 몸을 건강미와 섹시미가 넘치는 구릿빛으로 만들기 위해 고심하기도 하니 말이다. 피부 색소, 즉 멜라닌melanin의 관점에서 전자는 멜라닌 합성을 억제하는 방향이고 후자는 촉진하는 방향이다.

늦봄이나 초여름 짧은 소매 옷으로 갈아입을 무렵이면 사람들의 손과 팔 경계가 두드러져 보인다. 줄곧 빛에 노출된, 즉 태닝이 된 손의 피부색과 옷에 가려져 빛으로부터 보호돼 있던 팔의 피부색이 뚜렷하게 다르기 때문이다. 이렇게 2~3주 지나면 팔뚝도 타면서 차이가 줄어드는 대신 이번에는 소매를 경계로 해 위팔의 위아래 피부색이 달라진다.

이처럼 신체 부위에 따라 피부색이 다르다 보니 많은 사람들이 해변에서 '공짜로' 몸을 보기 좋게 태우는 것 아닐까. 하지만 수영복을 입고

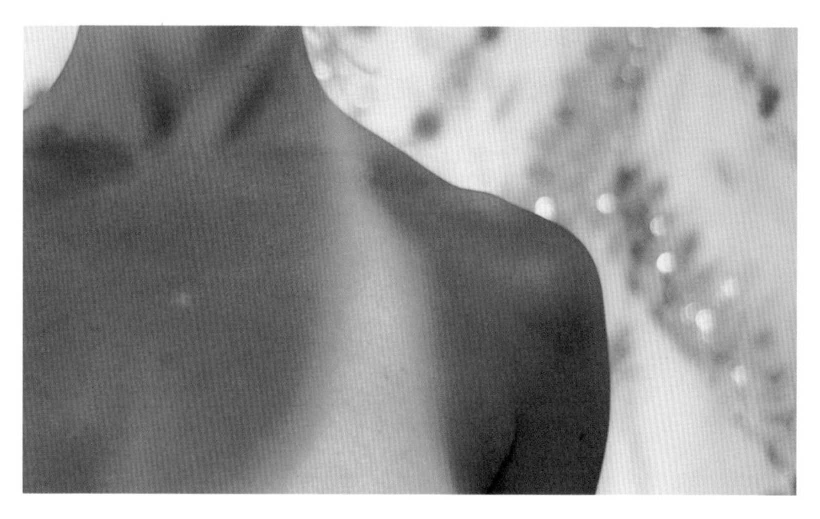

피부색은 유전적으로 결정되지만 외부 환경, 즉 평소 피부가 빛에 얼마나 노출되느냐에 따라 적응하는 과정에서 꽤 차이가 나기도 한다. 우리 몸은 빛에 많이 노출될 경우 멜라닌 색소를 더 많이 만들어 자외선을 흡수해 피부의 손상을 줄인다. (제공 위키피디아)

있어 어차피 몸에 '얼룩'이 생기고 체계적인 태닝을 하기도 어렵기 때문에 몸에 신경을 많이 쓰는 사람은 돈을 들여 태닝기기가 있는 미용실에서 인공빛으로 태닝을 한다. 수영복 모델들의 사진발 잘 받는 구리빛 피부는 십중팔구 태닝기기에 들어갔다 나온 결과일 것이다.

이처럼 자연이건 인공이건 강한 빛을 받으면 피부가 타는 건 우리 몸의 적응 반응이다. 즉 빛에 포함된 자외선으로부터 피부세포를 보호하기 위해 자외선을 흡수하는 색소인 멜라닌을 많이 만들어낸 결과이기 때문이다. 멜라닌은 자외선뿐 아니라 짧은 파장의 가시광선도 흡수하므로 갈색을 띤다. 만일 멜라닌이 부족한 상태에서 강한 햇빛을 지속적으로 쬐게 되면 자외선이 세포의 DNA를 변형시켜 돌연변이를 유발하고 그 결과 피부암이 생길 수도 있다. 이밖에도 산화스트레스 등 유해한 생리 반응이 일어나 피부노화가 촉진된다.

흑인종 황인종 백인종이라는 구분에서 알 수 있듯이 사람은 인종에 따라 디폴트 모드로, 즉 평소 햇빛을 얼마나 받느냐와 무관하게 멜라닌을 만드는 능력에 큰 차이를 보인다. 즉 큰 변수는 유전적으로 정해져 있고 작은 변수만이 환경에 따라 바뀐다. 따라서 타고난 피부색이 옅을수록 설사 태닝이 되더라도 강한 햇빛에 적응하는 능력이 떨어져 피부노화가 빨리 오고 피부암에 걸릴 위험성이 높다. 태양이 강렬한 호주에 사는 백인 중에서 그런 사람들이 많은 이유다.

가짜 태닝, 효과 적고 부작용 있어

아무튼 해변에서 자연광으로 태우거나 미용실에서 태닝을 하거나 이런 위험은 마찬가지다. 따라서 많은 사람들이 자외선을 쬐지 않고 태닝을 할 수 있는 방법을 모색해왔고 제품화에 성공하기까지 했다.

먼저 음식으로 색소를 섭취하는 방법이다. 즉 노란색에서 붉은색에 이르는 색소인 카로티노이드carotinoid가 풍부한 음식을 지속적으로 많이 먹으면 색소가 피부에 침착해 피부색이 바뀐다. 필자처럼 귤을 좋아하는 사람들은 겨울에 귤을 워낙 많이 먹다 보니 피부에 황색톤이 짙어진다. 이 경우 우기면 태닝이지만 멜라닌과 무관하므로 가짜 태닝 아닐까.

한편 사람만 그런 게 아니다. 얕은 바다에 수만 마리가 떼지어있는 홍학의 붉은색 역시 카로티노이드 덕분이다. 홍학의 먹이인 조류(藻類)와 갑각류에 존재하는 카로티노이드가 깃털을 만드는 세포로 이동해 이런 색을 띠게 된다. 깃털은 소모품으로 빠지고 다시 나므로 이런 먹이를 계속 먹어줘야 붉은 톤을 유지할 수 있다. 실제로 동물원에서 일반 사료를 먹게 되면 점차 색이 빠지면서 나중에는 깃털이 '하얀' 홍학이 된다. 따라서 동물원에서는 새우 같은 갑각류나 합성 카로티노이드가 포함된 사료를 먹여 색을 유지한다.

그런데 사료에 넣어주는 합성 카로티노이드인 칸타크산틴canthaxanthin을 태닝 목적으로 먹는 사람들이 있다고 한다. 귤에 들어있는 노란색 카로티노이드보다 건강한 피부색에 훨씬 더 어울리기 때문이다. 그러나 태닝 효과를 보려고 지나치게 먹으면 간염이나 망막증 같은 부작용이 생긴다는 보고가 있다. 물론 식약처는 칸타크산틴을 이런 용도로 쓰지 못하게 규정하고 있다.

아무래도 먹어서 피부색을 바꾸는 건 좀 찜찜하므로 화장품처럼 피부에 발라 태닝을 할 수만 있다면 쓰기도 편하고 안전성 걱정도 덜 것이다. 사실 이런 제품이 나와 있는데 DHAdihydroacetone를 주성분으로 한다. DHA는 피부 각질의 죽은 세포에 있는 아미노산과 반응해 갈색을 띤다. 바로 마이야르 반응Maillard reaction으로 음식을 요리하는 과정에서도 많이 일어나 색과 풍미를 부여한다. 커피 원두를 로스팅할 때 색이 짙어지면서 향이 강해지는 것도 주로 마이야르 반응의 결과다. 빵을 구우면 갈색이 되고 밥을 할 때 밑에 누런 누룽지가 생기는 것 역시 마이야르 반응이다.* 음식에서 마이야르 반응이 일어나려면 열을 가해야 하지만 DHA는 상온에서도 반응이 일어난다.

피부, 정확히 말하면 표피는 대략 30일을 주기로 교체가 되므로 DHA 각질 태닝의 효과는 일주일 정도다. 그런데 DHA가 아미노산과 반응하는 과정에서 자유 라디칼이 만들어지면서 피부는 자외선에 더 취

* 마이야르 반응에 대한 자세한 내용은 『사이언스 소믈리에』 201쪽 "커피와 빵, 누룽지의 공통점" 참조.

약해진다. DHA는 자외선을 흡수하는 능력도 없다. 게다가 접촉성 피부염을 일으킬 수 있는 것으로 알려져 있다.

멜라닌 합성 억제 효소를 억제

진정한 빛 없는 태닝 시대는 1990년대 아파멜라노타이드afamelanotide라는 물질이 개발되며 열렸다. 멜라닌 합성을 유도하는 호르몬인 멜라닌세포자극호르몬의 유사체인 아파멜라노타이드를 피하에 주사하면 진짜 멜라닌 색소를 더 많이 만들게 해 피부색이 짙어진다. 따라서 이 물질을 활용하면 유해한 자외선에 노출되지 않아도 진짜 태닝이 된다. 다만 미용 목적이 아니라 치료 목적으로 쓰이고 있다. 태닝을 하겠다고 몸 여기저기에 주사바늘을 찔러넣을 사람은 많지 않을 것이다. 대신 멜라닌 색소를 제대로 합성하지 못해 생기는 광과민증 등 여러 피부질환에 치료제로 쓰이고 있다.

학술지 「셀 리포츠」 2017년 6월 13일자에는 멜라닌 색소 합성을 촉진하는 물질을 보고한 미국 보스턴대와 하버드대 공동연구팀의 논문이 실렸다. YKL-06-061과 YKL-06-062라는 임시 이름을 붙여 부르고 있는 이들 분자(구조가 매우 비슷하다)의 가장 큰 장점은 피하에 주사하지 않고 피부에 바른다는 것이다. 즉 피부를 투과할 수 있는 구조로 설계한 분자로 분자량이 500을 넘지 않게 하고 친유성을 띠게 해 표피세포층을 통과할 수 있게 했다.

YKL-06-061는 멜라닌 색소 합성을 억제하는 효소인 SIK의 활성을 억제한다. 즉 억제하는 걸 억제하므로 결과적으로 촉진하는 셈이다.

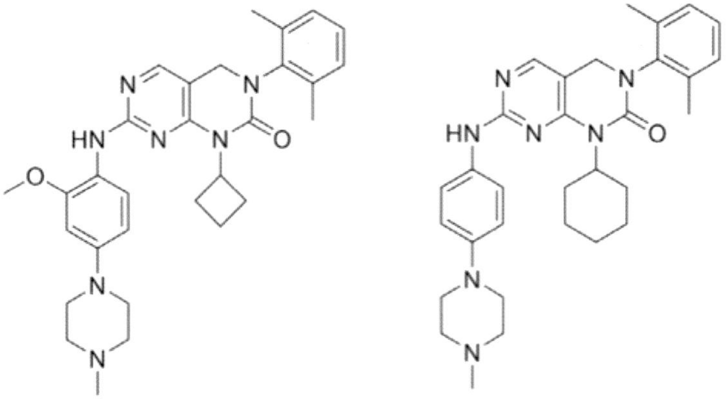

멜라닌 생성 과정을 억제하는 작용을 하는 효소를 억제해 결과적으로 멜리닌 생성을 촉진하는 약물 두 종의 분자구조로 서로 매우 비슷하다. 피부에 발랐을 때 표피를 통과해 진피에 있는 멜라닌 세포까지 도달할 수 있게 분자량과 친유성을 고려해 설계했다. (제공 「셀 리포츠」)

연구자들은 동물실험과 사람 피부 조각을 대상으로 이 약물이 제대로 작동함을 보였고 별다른 부작용은 나타났지 않았다.

이 약물을 며칠 바르면 멜라닌이 많이 만들어져 태닝 효과가 뚜렷해진다. 그리고 사용을 멈추면 표피에 분포한 멜라닌이 각질로 떨어져 나갈 때까지 약 2주에 걸쳐 태닝 효과가 서서히 약해지다 사라진다. 아직 안전성 검증 등 갈 길은 멀지만 바르는 태닝 시대가 머지않아 열릴 가능성이 크다. 즉 태닝을 할 때는 자외선을 쬐지 않아도 되고 태닝이 된 뒤에는 자외선으로부터 피부를 보호하는 이상적인 방법인 셈이다.

태닝 이야기를 하다 보니 아직 한달이나 남은 휴가철이 벌써부터 기다려진다.

8-4
극저온전자현미경, 구조생물학을 혁신시키다

'구조를 알면 기능이 보인다'는 구조생물학의 유명한 명제가 있다. 1953년 제임스 왓슨James Watson과 프랜시스 크릭Fransis Crick이 DNA이중나선구조를 밝히지 않았다면 생명과학의 발전은 한참 늦어졌을 것이다. 수많은 단백질의 구조가 규명되지 않았다면 생명 현상의 많은 영역이 여전히 미스터리로 남아있을 것이다.

구조생물학 하면 떠오르는 방법은 단연 X선 결정학이다. DNA이중나선구조는 물론이고 많은 단백질 구조가 X선 결정학으로 규명됐다.* 여기에 핵자기공명NMR으로 액체 상태의 분자 구조를 밝힌 경우가 좀 있다. 이 경우 분자의 덩치가 너무 크면 안 된다.

2017년 노벨화학상은 구조생물학의 두 방법을 뛰어넘을 수 있는 새로운 방법인 극저온전자현미경분석법cryo-electron microscopy을 개발한 세

---

* X선 결정학에 대한 자세한 내용은 『사이언스 소믈리에』 232쪽 "로렌스 브래그, 25살에 노벨상을 받은 물리학자" 참조.

© Nobel Media. Ill. N. Elmehed
Jacques Dubochet
Prize share: 1/3

© Nobel Media. Ill. N. Elmehed
Joachim Frank
Prize share: 1/3

© Nobel Media. Ill. N. Elmehed
Richard Henderson
Prize share: 1/3

2017년 노벨화학상은 극저온전자현미경으로 생체분자의 구조를 규명하는 방법을 개발한 세 사람에게 돌아갔다. 왼쪽부터 자크 두보쉐, 요아킴 프랭크, 리처드 헨더슨. (제공 노벨재단)

사람에게 돌아갔다. 리처드 헨더슨Richard Henderson 영국 케임브리지대 교수와 요아킴 프랭크Joachim Frank 미국 컬럼비아대 교수, 자크 두보쉐Jacques Dubochet 스위스 로잔대 교수가 그 주인공이다.

막단백질 결정 못 만들자 새 분야 뛰어들어

X선 결정학은 고분자의 3차원 구조를 원자 단위의 해상력으로 규명할 수 있는 강력한 방법이지만 한계도 있다. X선을 쪼이려면 말 그대로 먼저 고분자를 결정으로 만들어야 한다. 고분자가 일정하게 배열된 양질의 결정이 만들어지지 않으면 소용이 없다. 따라서 X선 결정학 연구에서는 일단 결정을 만들면 절반은 성공한 셈이다.

1958년 존 캔드루John Kendrew가 단백질 미오글로빈의 구조를, 이듬해 막스 페루츠Max Perutz가 헤모글로빈의 구조를 규명했다. 모두 영국 캐번디시연구소에서 X선 결정학(회절법)으로 이룬 쾌거였다. 이후 많은 과학자들이 단백질 구조규명 연구에 뛰어들었고 짭짤한 성과를 올렸다. 2017년 화학상 수상자인 리처드 헨더슨도 이런 사람 가운데 한 명이 될 줄 알았다. 헨더슨은 X선 결정학의 메카인 케임브리지대에서 박사학위를 받은 뒤 좀 더 난해한 주제를 택했다. 즉 세포막에 박혀있는 단백질의 구조를 규명하기로 한 것이다.

지질분자 두 층으로 이뤄져 있는 세포막은 바깥쪽이 친수성, 안쪽이 소수성이다. 따라서 세포막에 박혀 있는 단백질은 이런 주변 환경에 최적화된 구조다. 그런데 단백질 결정을 만들려면 세포막을 다 걷어내야 한다. 이 과정에서 단백질이 불안정해져 구조가 변형되고 그 결과 결정이 제대로 만들어지지 않는다.

헨더슨은 이 난관을 극복하기 위해 이런저런 방법을 다 써봤지만 결국 실패했고 1970년대 마침내 자신의 전공인 X선 결정학을 포기하기로 결단을 내린다. 세상은 넓고 '아직 구조가 밝혀지지 않은' 단백질(물론 결정을 만들기가 어렵지 않은)은 많지만 단백질 구조 목록에 데이터 몇 개를 추가하는 걸로는 성이 차지 않았기 때문이다.

대신 헨더슨은 세포막에 박혀있는 단백질의 구조를 밝힐 수 있는 새로운 방법을 모색했다. 바로 전자현미경이다. 1930년대 개발된 전자현미경은 빛 대신 전자로 물체를 확대해 보는 장치다. 전자는 가시광선보다 파장이 훨씬 짧기 때문에 해상도가 훨씬 높다. 전자현미경이 개발된 뒤에야 나노입자인 바이러스의 실체가 밝혀진 이유다.

그러나 1970년대까지만 해도 전자현미경은 생체고분자의 대략적인 형태만 볼 수 있을 뿐 X선 결정학처럼 원자 수준에서 구조를 규명한다는 건 생각하지도 못할 일이었다. 전자현미경은 시료를 건조시켜 진공에서 봐야 하는데다가 해상도를 높이기 위해 전자밀도를 높이면 시료가 파괴되기 때문이다.

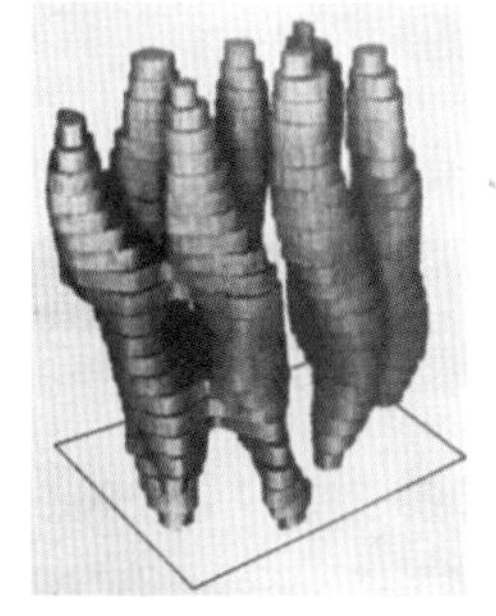
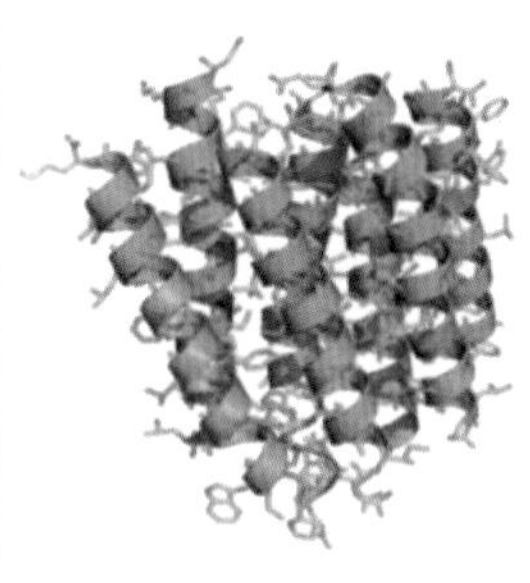

1975년 헨더슨 교수팀이 전자현미경으로 규명한 박테리오로돕신의 구조(왼쪽)와 1990년 규명한 구조(오른쪽). 15년 사이 해상도가 극적으로 높아졌음을 알 수 있다. (제공 노벨재단)

그런데 헨더슨은 박테리오로돕신bacteriorhodopsin이라는, 광합성을 하는 박테리아의 세포막에 박혀 있는 단백질의 구조를 전자현미경으로 볼 수 있을지도 모른다는 아이디어를 떠올렸다. 즉 세포막에 박혀 있는 상태 그대로 단백질을 보기로 한 것이다. 이때 막 위에 포도당 용액을 둬 진공에서 건조돼 변형되는 걸 막았다. 또 이 단백질은 세포막에 규칙적으로 배열돼 있어서 마치 X선 회절처럼 전자빔의 회절 패턴이 얻어졌다. 연구자들은 여러 각도에서 이미지를 찍은 뒤 이를 합쳐 세포막에 박혀있는 상태 그대로의 3차원 구조를 규명했다.

1975년 학술지 「네이처」에 발표한 논문에 있는 단백질 모형 사진은 그러나 지금의 관점에서는 너무 조악하다. 해상도가 낮아 단백질의 대략적인 구조만 알 수 있을 뿐이다. 그럼에도 이 단백질의 사슬이 세포막을 일곱 번이나 통과하며 박혀있다는 결정적인 사실은 파악할 수 있었다. 물론 헨더슨은 여기에서 만족하지 않았다. 새로운 기술과 장비를 도입해 해상도를 높이는 연구를 진행했고 15년이 지난 1990년, 마침내 X선 결정학 수준의 해상력을 구현하는 데 성공했다.

컴퓨터의 힘을 빌리다

1975년 헨더슨 교수팀이 (비록 해상도는 낮았지만) 전자현미경으로 막 단백질의 구조를 밝히는 데 성공했지만, 이 방법의 잠재성을 알아본 사람은 많지 않았다. 세포막에 일정하게 박혀있는 박테리오로돕신은 예외적인 경우라고 생각했기 때문이다. 많은 이들은 만일 개별 단백질이 제멋대로 있는 상태라면 전자현미경으로 찍어봐야 각도에 따라 조금씩 다른 2D 이미지들만 얻을 것이라 생각했다.

요아킴 프랭크 교수의 생각은 달랐다. 그는 다양한 각도에서 찍힌 2D 이미지 데이터를 분류해 가공하고 취합하면 3D 이미지를 얻을 수 있을 것이라고 가정했다. 그리고 이런 일을 하는 컴퓨터 소프트웨어 알고리듬 개발에 착수했고 1981년 마침내 완성했다.

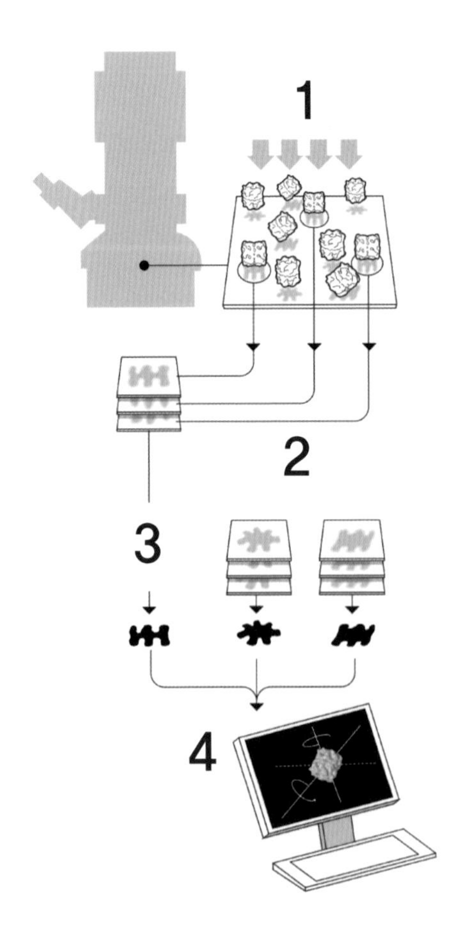

1981년 프랭크 교수팀은 임의로 배열된 단백질의 전자현미경 2D 이미지 데이터를 분석해 3D 이미지로 재구성하는 컴퓨터 소프트웨어 알고리듬을 개발했다. 1. 멋대로 놓인 개별 단백질에 전자빔이 부딪치며 이미지가 얻어진다. 2. 컴퓨터가 이미지를 비슷한 유형에 따라 분류한다. 3. 수천 개의 데이터를 처리해 고해상도 2D 이미지를 얻는다. 4. 컴퓨터가 여러 각도의 2D 이미지로부터 3D 이미지를 만든다. (제공 노벨재단)

1980년대 중반 프랭크 교수팀은 이 알고리듬을 써서 세포내 소기관으로 단백질-RNA 복합체인 리보솜의 표면을 상세히 보여주는 3차원 구조를 규명해 발표했다. 그 뒤 관련 기술이 꾸준히 향상되면서 지금은 단백질의 표면뿐 아니라 내부까지 원자 차원에서 볼 수 있게 됐다. 한편 헨더슨 교수팀이나 프랭크 교수팀이 연구에 진전을 보일 수 있었던 건 자크 두보쉐 스위스 로잔대 교수가 안정한 시료를 만드는 기발한 방법을 개발했기 때문이다.

물을 유리화해 노이즈 낮춰

이번 화학상의 분야가 그냥 전자현미경이 아니라 '극저온(cryo)'전자현미경이라는 이름이 붙은 건 시료를 액체질소의 끓는점인 영하 196도에서 처리하기 때문이다. 이처럼 극저온이 필요한 이유는 시료를 준비하는 과정에서 물이 얼 때 결정이 만들어지는 걸 막을 수 있기 때문으로 이 방법을 개발한 사람이 바로 두보쉐 교수다.

단백질 시료가 진공에서 건조돼 파괴되는 걸 막기 위해 물에 녹인 시료를 얼리는 방법을 썼지만 이 과정에서 얼음결정이 생기는 게 문제였다. 그 결과 전자빔이 교란돼 단백질 데이터에 노이즈의 비율이 높았다. 두보쉐는 물을 급속으로 냉동할 경우 결정으로 재배치될 시간이 없어 그대로 굳어버리는 '유리화vitrification'가 일어나는 데서 착안했다. 보통 얼음은 물분자가 일정한 방향으로 배열된 결정인 반면 유리화로 형성된 얼음은 물분자의 배열이 제멋대로라서 전자빔에 영향을 주지 않는다. 개별 효과가 상쇄되기 때문이다.

두보쉐 교수팀은 이런저런 시도 끝에 단백질 시료를 담은 수용액을 유리화하는 방법을 확립했고 1984년 이 방법으로 바이러스 입자의 전자현미경 사진을 얻는 데 성공했다. 유리화된 물에 둘러싸인 바이러스 입자는 규칙적인 구조가 뚜렷하게 보인다. 두보쉐 교수팀이 개발한 유리화 방법은 헨더슨 교수팀과 프랭크 교수팀을 비롯해 연구자들에게 바로 받아들여졌고 극저온전자현미경 연구가 도약하는 계기가 됐다.

이 세 사람이 노벨상을 탈 수 있었던 건 최근 수년 사이 극저온전자현미경분석법의 해상도가 극적으로 높아져 X선 결정법에 육박하는, 거의 원자 수준인 3~4옹스트롱(Å)에 이르렀기 때문이다. 이런 혁신은 직접전자검출기direct electron detector라는 새로운 검출기의 개발과 수만~수십만 개의 개별 분자를 찍은 데이터를 처리해 최적의 구조를 이끌어내는 컴퓨터 프로그램이 개발됐기에 가능했다.

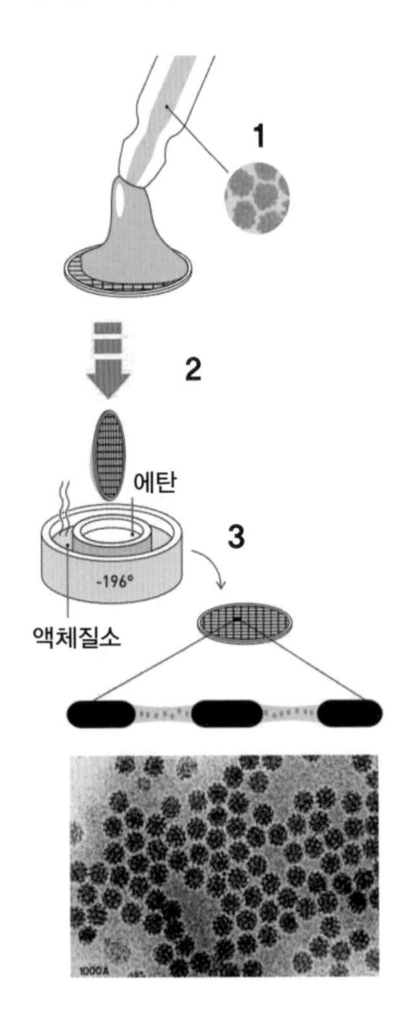

두보쉐 교수팀은 물을 유리화하는 방법을 개발해 고해상도의 이미지를 얻는 데 성공했다. 1. 시료를 금속망에 올린다. 2. 시료를 영하 190도인 에탄에 넣으면 망에서 얇은 막을 형성한다. 3. 시료 주위의 물은 유리화된다. 액체질소로 냉각한 상태에서 전자현미경을 찍는다. 1984년 두보쉐 교수팀이 물을 유리화해 얻은 바이러스의 전자현미경 사진이다. (제공 노벨재단)

2013년 「네이처」에는 이 방법들을 적용해 극저온전자현미경분석법으로 '해상도 혁명'을 이룬 논문이 두 편 실렸다. 그 뒤 많은 분자와 분자 복합체의 고해상도 구조가 속속 밝혀지면서 이제 극저온전자현미경분석법은 X선 결정법을 능가하는 구조분석법으로 자리한 느낌이다. 이 가운데는 평소 필자가 흥미를 느끼고 있던 분자들도 있는데, 이 자리에서 둘을 소개한다.

매운 짬뽕을 먹었을 때 땀이 나는 이유

먼저 2013년 '해상도 혁명'을 알리는 두 논문(같은 연구팀)의 대상인 TRPV1이라는 막단백질이다. 사람을 포함한 동물에는 transient receptor potential TRP로 불리는, 세포막을 가로지르는 단백질이 존재한다. TRP는 이온통로로 온도나 빛, 압력, 분자 등의 자극을 받으면 구조가 바뀌면서 통로가 열려 칼슘이온(Ca^{2+}) 같은 이온이 세포 밖에서 세포 안으로 들어오며 신호를 전달한다. 사람의 경우 TRP 단백질이 27가지 있다.

이 가운데 가장 많이 연구된 이온채널이 TRPV1으로 온도센서 역할을 한다. 즉 주변 온도가 42도가 넘으면 TRPV1의 분자 구조가 바뀌면서 채널이 열려 신호가 전달된다. 그 결과 우리는 뜨겁다고 느끼고 몸에서는 땀이 난다. 그런데 '매운 짬뽕'처럼 고춧가루가 듬뿍 들어 있는 음식을 먹을 때도 이마에 땀이 맺힌다. 고추에 있는 캡사이신capsaicin이라는 분자가 TRPV1에 달라붙어 구조가 바뀌어 신호가 전달된 결과다. 즉 뇌는 TRPV1에서 온 신호를 온도 정보로 해석하기 때문에 열과 무관한 캡사이신이 일으킨 변화에도 땀을 내 몸의 열을 식히는 반응을 일으키는 것이다.

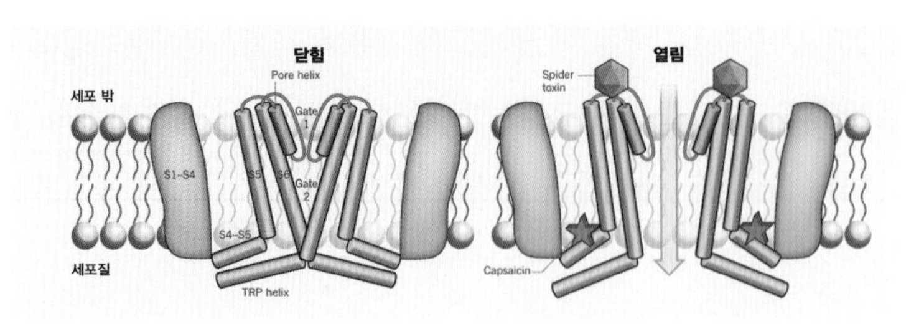

2013년 저온전자현미경으로 밝힌 TRPV1의 구조를 도식화한 그림이다. 왼쪽은 이온통로가 닫힌 상태이고 오른쪽은 거미독소(spider toxin)나 캅사이신(capsaicin)이 달라붙어 이온통로가 열린 상태다. (제공「네이처」)

과거 X선 결정법으로 TRPV1의 구조를 밝히려는 시도가 있었지만 첫 단계, 즉 결정을 만드는 데서부터 일이 진전되지 않았다. 막단백질은 결정을 만들기가 까다롭고 때로는 불가능하기 때문이다. 단백질을 둘러싼 세포막(인지질)을 없앨 경우 단백질이 불안정해져 구조가 제멋대로 바뀌어 동일한 구조가 일정하게 배열된 결정이 만들어지지 않는 것이다.

그런데 극저온전자현미경분석법은 단백질을 결정으로 만들 필요가 없고 따라서 많은 양이 필요하지도 않기 때문에 여러 기법이 개발돼 해상도가 높아지자 TRPV1의 구조를 규명할 수 있게 된 것이다. 그 결과 단백질에서 캅사이신이 달라붙는 부위를 정확히 알 수 있었고 이때 실제 이온통로가 열린다는 사실도 확인했다.「네이처」 같은 호에는 이번 노벨상 수상자인 리처드 헨더슨 교수가 쓴 해설이 실리기도 했다.

2년이 지난 2015년 역시「네이처」에 또 다른 흥미로운 TRP 단백질인 TRPA1의 구조를 극저온전자현미경으로 밝힌 논문이 실렸다. TRPA1은 소위 '와사비 수용체'로, 고추냉이(와사비)나 겨자가 들어있는 음식을 먹었을 때 코끝이 찡한 건 이들 음식에 들어있는 이소티오시안산알릴 allyl isothiocyanate이라는 휘발성이 있는 분자가 입안에서 비강으로 올라와

TRPA1 단백질에 달라붙어 이온통로를 열어 신호를 보내기 때문이다. 이소티오시안산알릴은 TRPV1에도 달라붙기 때문에 엄밀히 말하면 이는 두 이온통로가 동시에 열렸을 때 느낌이다.

TRPA1은 이소티오시안산알릴 외에도 다양한 유해 자극 물질, 즉 몸에 해로울 수 있음을 알려주는 물질에 반응하고 때로는 염증반응으로 이어지기도 한다. 이소티오시안산알릴과 캡사이신 모두 유해한 자극임에도(식물이 동물을 쫓기 위해 만든 물질들) 우리는 이들 성분이 들어있는 음식의 자극적인 맛을 즐기는 특이한 동물인 셈이다. 한편 사람에서 TRPA1은 20도 미만의 유해한 저온(오래 노출될 경우 체온이 떨어져 위험해짐)에서도 이온통로가 열려 우리가 한기를 느끼게 한다.

한편 타이레놀이라는 상표명으로 널리 알려진 아세트아미노펜acet-aminophen의 진통효과가 그 대사물이 TRPA1에 달라붙어 이온통로를 막아 통증신호를 차단하기 때문이라는 사실이 밝혀졌다. 또 오메가3 지방산의 항염증효과도 그 대사물이 TRPA1에 달라붙어 염증신호가 전달되지 못하기 때문이다. 극저온전자현미경으로 TRPA1의 구조가 밝혀진 덕분에 이들 물질이 어떻게 통로를 막는지, 이소티오시안산알릴 같은 물질은 어떻게 통로를 여는지에 대해 명쾌하게 이해할 수 있게 됐다.

아밀로이드원섬유 구조 밝혀져

심혈관계질환이나 암 같은 20세기형 질환과 더불어 21세기에는 우울증과 비만이 인류의 삶을 위협하고 있다. 여기에 하나를 더하라면 알츠하이머병으로 대표되는 신경퇴행성질환이다. 지구촌 규모에서 고령화

알츠하이머병의 분자 특징

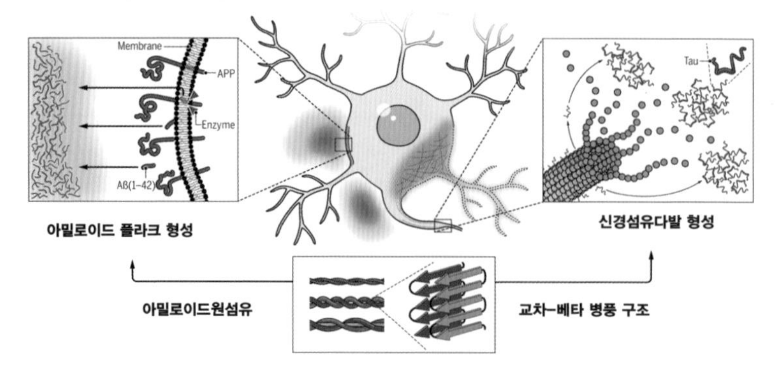

최근 극저온전자현미경분석법으로 알츠하이머병의 주요 원인으로 여겨지는 아밀로이드베타원섬유와 타우 아밀로이드원섬유의 구조가 잇따라 밝혀졌다. 그 결과 서로 다른 두 단백질의 아밀로이드원섬유 구조가 꽤 비슷했다. 신경세포(뉴런, 가운데)의 세포막에 있는 아밀로이드전구체 단백질의 세포 바깥쪽에서 잘린 조각(아밀로이드베타)이 서로 엉켜 뉴런 주변에 침착되거나(왼쪽) 뉴런의 미세소관을 안정화시키는 타우 단백질이 서로 엉켜 뉴런 내부에 침착한다(오른쪽). 두 아밀로이드원섬유는 공통적으로 교차-베타 병풍 구조를 이룬다. (제공「사이언스」)

가 진행되면서 신경퇴행성질환으로 고생하는 사람들도 급증하고 있다. 따라서 치매의 80%를 차지하는 알츠하이머병에 대한 치료법 개발이 시급하다. 이를 위해서는 병의 원인부터 확실히 알아야 한다.

알츠하이머병의 원인으로 지목되는 건 뇌세포에 침착하는 단백질 덩어리, 즉 아밀로이드원섬유amyloid fibril이다. 아밀로이드원섬유를 만드는 단백질은 타우tau 단백질과 아밀로이드베타 펩티드amyloid beta peptide다. 펩티드는 아미노산 길이 수십 개 크기인 작은 단백질이나 단백질 조각을 뜻한다. 그런데 최근 극저온전자현미경으로 두 단백질이 만드는 아밀로이드원섬유의 구조가 잇따라 밝혀졌다.

「네이처」 2017년 7월 13일자에는 타우 아밀로이드원섬유의 구조를 밝힌 논문이 실렸다. 타우 단백질은 미세소관microtubule이라는 신경세포 내 도로를 안정화시키는 역할을 한다. 그런데 타우 단백질이 너무 많이 만들어지거나 미세소관에서 떨어져 나가면 쌓여서 아밀로이드원섬유를 형성한다. 많은 알츠하이머병 환자의 뇌에서 타우 아밀로이드원섬유를 찾을 수 있다.

영국 MRC분자생물학연구소와 미국 인디애나대 공동연구자들은 10년 동안 알츠하이머병으로 투병하다 74세에 사망한 여성의 뇌에서 얻은 타우 아밀로이드원섬유의 구조를 극저온전자현미경으로 밝히는 데 성공했다. 타우 단백질은 아미노산 441개로 이루어졌는데, 분석 결과 그 가운데 73개로 이루어진 부분이 안정한 구조를 이루며 아밀로이드원섬유의 핵심 역할을 하는 것으로 밝혀졌다. 나머지 부분은 유동성이 심해 하나의 구조로 고정할 수 없었다.

흥미롭게도 핵심 구조는 알파벳 'C' 모양이고 타우 단백질 두 개의 핵심 구조가 서로 가까이 존재하는데 그 방식이 두 가지인 것으로 밝혀졌다. 그리고 두 유형 모두 필라멘트가 수십 층을 이루며 쌓여있었다. 연구자들은 여러 각도에서 찍은 아밀로이드원섬유 이미지 2,000개의 데이터를 해석해 구조를 밝혔다.

한편 학술지 「사이언스」 2017년 10월 6일자에는 역시 극저온전자현미경으로 아밀로이드베타원섬유의 구조를 밝힌 논문이 실렸다. 아밀로이드베타는 아미노산 42개로 이뤄진 펩티드, 즉 단백질 조각으로 신경세포의 막단백질인 아밀로이드전구체 단백질의 일부가 효소의 작용으로 잘린 것이다. 아밀로이드전구체 단백질의 정확한 기능은 아직 밝혀지지 않았지만 신경세포의 시냅스 형성에 관여하는 것으로 보인다.

아밀로이드전구체 단백질의 세포 밖 영역의 일부가 효소의 작용으로 잘려 아미노산 36~43개로 이뤄진 아밀로이드베타 펩티드가 되고 이게 서로 엉겨 붙여 아밀로이드원섬유를 이룬다. 그리고 알츠하이머병 환자의 뇌에서 아밀로이드베타원섬유 침착이 보이는 경우가 많아 주요 원인으로 여겨진다.

독일과 네덜란드 공동연구자들은 아미노산 42개짜리 아밀로이드베타 펩티드를 만들어 아밀로이드원섬유를 형성하게 한 뒤 극저온전자현미경으로 들여다봤다. 그 결과 타우 아밀로이드원섬유와 매우 비슷한 구조를 이루고 있다는 사실이 밝혀졌다. 즉 아밀로이드베타 펩티드 두 분자가 서로 짝을 이루며 층층이 쌓여있었다. 짝을 이룬 부분의 전반적인 3차 구조도 흡사했다. 알츠하이머병의 주원인이 아밀로이드베타냐 타우냐를 두고 논란도 있었지만, 이번 구조연구 결과 각각이 주원인으로 작용한 유형으로 알츠하이머병이 나뉠 수 있음을 시사한다.

독일 막스플랑크생물리학연구소 베르너 퀼브란트Werner Kühlbrandt 박사는 지난 2014년 「사이언스」에 기고한 글에서 최근 수년 사이 극저온전자현미경에서 있었던 발전을 '해상도 혁명'이라고 부르면서 100kD(킬로달톤) 미만에 결정이 만들어지는 단백질의 경우 여전히 X선 결정학이 더 뛰어나겠지만 이보다 더 크거나 불안정한 단백질의 경우 결정을 만들 필요가 없고 미량의 시료도로 충분한 극저온전자현미경이 구조생물학을 이끌 것이라고 전망했다. 4년이 지난 현재 그의 예상은 벌써 현실이 된 듯하다.

Part.9
생명과학

9-1
오랑우탄, 알고 보니 두 종이 아니라 세 종

사람을 제외한 대형 유인원(꼬리 없는 영장류)이 몇 종이나 될까? 분류학에 관심이 별로 없는 사람은 침팬지, 고릴라, 오랑우탄 이렇게 '세 종'이라고 답할 가능성이 높다. 침팬지와 비슷하게 생겼지만 행동 양식이 꽤 다른 보노보(과거에는 피그미침팬지라고 불렀다)를 알고 있다면 '네 종'이라고 답할 수도 있다.

그러나 고릴라와 오랑우탄은 각각 두 종으로 나뉜다. 즉 서부 고릴라와 마운틴고릴라(또는 동부 고릴라)로 나뉘고 보르네오 오랑우탄과 수마트라 오랑우탄으로 나뉜다. 결국 오늘날 지구에는 여섯 종의 대형 유인원이 인류와 공존하고 있다.

호수 사이에 두고 두 종 따로 살아

학술지 「커런트 바이올로지」 2017년 11월 20일자에는 두 종인 줄 알았던 오랑우탄이 실은 세 종이라는 연구결과가 실렸다. 이에 따르면 사람을 제외한 대형 유인원은 모두 일곱 종이 되는 셈이다. 스위스 취리히대 인류학과 미셸 크뤼첸Michael Krützen 교수가 총괄책임을 맡은 다국적 공동연구팀은 인도네시아 수마트라섬의 토바호수 남쪽 1,000km^{2}의 좁은 범위의 지역에 서식하는 오랑우탄이 호수 북쪽의 넓은 지역(1만5000km^2)에 서식하는 수마트라 오랑우탄과 다른 종이라는 사실을 형태와 행동, 게놈 분석을 토대로 밝혀냈다.

말레이어로 '숲 속의 사람'이란 뜻의 오랑우탄orangutan은 말 그대로 밀림 깊숙이 살고 있기 때문에 17세기 인도네시아가 네덜란드의 식민지가 되기 전까지는 거의 연구가 되지 않았고 현지인들 사이에서 소문만 무성한 존재였다. 토바호수 남쪽의 오랑우탄은 최근까지도 그런 상태였고 그 존재가 처음 확인된 게 불과 20년 전인 1997년이다.

최근 세 번째 오랑우탄 종으로 확인된 타파눌리 오랑우탄의 모습. (제공 Andrew Walmsley)

아시아에 사는 대형 유인원인 오랑우탄 세 종의 서식지를 나타낸 지도다. 수마트라 오랑우탄은 수마트라섬 토바호수(Lake Toba) 위쪽에 살고 있고 호수 남쪽에 타파눌리 오랑우탄이 살고 있다(노란색). 보르네오 오랑우탄은 보르네오섬에 폭넓게 분포하고 있는데 세 아종과 서식지에 따라 다른 색으로 표시했다. (제공「커런트 바이올로지」)

처음에 연구자들은 토바호수 남쪽의 오랑우탄 역시 당연히 수마트라 오랑우탄이라고 생각했고 설사 다른 지역의 오랑우탄과 상당 기간 떨어져 살았더라도 수마트라 오랑우탄의 아종subspecies 정도일 것으로 봤다. 그러던 2013년 현지인들이 마을에 들어온 수컷 오랑우탄을 죽이는 사건이 일어났고 호주국립대 고고학/인류학부 에릭 메이야드Erick Meijaard 교수팀은 사체를 넘겨받아 골격을 분석했다.

그 결과 토바호수 남쪽 타파눌리Tapanuli 지역에 서식하는 오랑우탄은 호수 북쪽 넓은 지역에 살고 있는 수마트라 오랑우탄 및 보르네오 오랑우탄과 생김새가 꽤 다르다는 사실이 밝혀졌다. 즉 두개골이 상당히 작았고 턱이 좁으며 위쪽 첫 번째 어금니도 작았다.

한편 현장 조사에서 타파눌리 지역 오랑우탄의 부름소리long call를 북쪽 수마트라 오랑우탄의 부름소리와 비교했을 때 주파수와 지속시간이 다른 것으로 밝혀졌다. 오랑우탄 수컷이 하루 서너 차례 내는 '부름소리'는 자신의 존재를 과시하는 행동

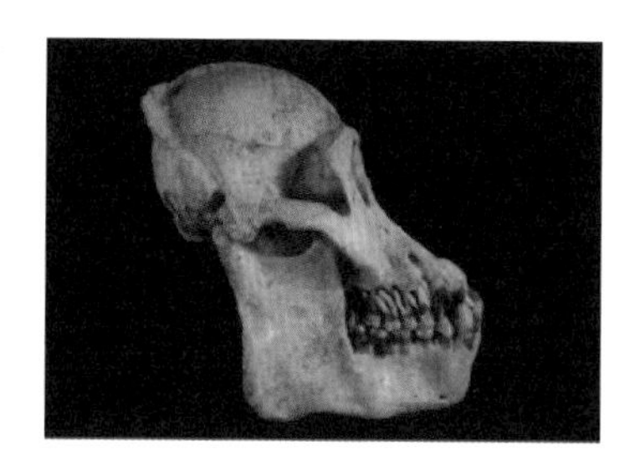

타파눌리 오랑우탄은 다른 두 종에 비해 머리가 작고 주둥이가 덜 튀어나왔다. (제공 Matthew G. Nowak)

으로 1km 떨어진 곳에서도 들릴 정도로 쩌렁쩌렁하다. 측정 결과 타파눌리의 오랑우탄은 최대 진동수 범위가 800헤르츠 이상으로 747헤르츠 미만인 수마트라 오랑우탄보다 톤이 꽤 높았다. 또 지속 시간도 111초 이상으로 90초 미만인 수마트라 오랑우탄보다 상당히 길었다.

연구자들은 타파눌리에 사는 오랑우탄 두 마리를 포함해 오랑우탄 서른일곱 마리의 게놈을 분석했다. 그 결과 생김새와 행동에서처럼 염기서열에서도 뚜렷한 차이가 드러났다. 그리고 이를 분석한 결과 뜻밖의 결론에 이르렀다.

800마리도 안 남아 있는 듯

즉 염기서열을 토대로 한 계통분류학의 관점에서 토바호수 북쪽에 사는 수마트라 오랑우탄과 호수 아래 타파눌리 지역에 사는 오랑우탄은 무려 338만 년 전에 공통조상에서 갈라진 것으로 밝혀졌다. 오랑우탄은 모계사회로 이처럼 계열이 갈라진 뒤에도 간헐적으로 수컷이 유입돼 피가 섞인 것으로 확인됐다. 수십만 년 전 갈려진 호모 사피엔스와 네안데

르탈인이 가까운 곳에 살게 되면서 피가 섞인 것과 비슷한 현상이다. 그러나 두 서식지가 완전히 격리된 1만~2만 년 전 이후에는 교류가 거의 없었던 것으로 드러났다.

한편 타파눌리 지역의 오랑우탄과 보르네오 오랑우탄은 오히려 더 가까워 67만여 년 전에 공통조상에서 갈라진 것으로 나왔다. 즉 어찌된 사연인지는 모르겠지만 일부는 수마트라섬에 살게 됐고 일부는 보르네오섬에 자리를 잡은 것이다. 두 섬은 워낙 떨어져 있기 때문에 그 뒤 두 집단 사이에 유전적 교류는 거의 없었다.

이런 결과를 토대로 연구자들은 토바 호수 남쪽 좁은 영역(서울시 면적인 605km^{2}의 채 두 배가 안 되는)에 사는 오랑우탄에 지역 이름을 따 폰고 타파눌리엔시스*Pongo tapanuliensis*라는 학명을 지어줬고 평소에는 '타파눌리 오랑우탄'이라고 부르자고 제안했다.

대형 유인원에서 새로운 종인 생긴 건 드문 일이라 축하할 일이지만(1929년 보노보가 침팬지의 아종에서 별개의 종으로 승격된 이후 88년만이다), 상황이 꼭 그렇지도 않다. 안 그래도 서식지 파괴와 포획(애완용 오랑우탄 수요가 높다)으로 오랑우탄의 개체수가 계속 줄고 있어 문제인데, 수마트라 오랑우탄에서 타파눌리 오랑우탄을 따로 떼어내 두 종이 될 경우 둘 다 멸종위험성이 더 높아지기 때문이다. 특히 타파눌리 오랑우탄이 심각한데 전체 개체수가 800마리도 안 되는 것으로 추정된다.

논문에 따르면 현재 이 지역에 수력발전소를 건설하는 논의가 진행되고 있다고 하는데, 댐이 지어질 경우 현재 서식지의 8%가 물에 잠긴다고 한다. 신종을 발견하자마자 이들의 멸종을 걱정하게 됐으니 딱한 일이 아닐 수 없다.

기린, 250여 년 만에 네 종으로 밝혀져

지난 2016년 「커런트 바이올로지」에는 지금까지 한 종으로 알려진 기린이 알고 보니 네 종이라는 연구결과가 실렸다. 대형 포유류에서 이처럼 종을 재정립하는 건 흔치 않은 일이다.

독일 괴테대 악셀 얀케Axel Janke 교수가 이끄는 공동연구팀은 기린 190마리에서 채취한 생체조직에서 DNA를 추출해 핵게놈의 유전자 7개의 염기서열과 미토콘드리아게놈의 염기서열을 비교분석했다. 그 결과 이들을 크게 네 그룹으로 나눌 수 있다는 사실을 발견했다. 그리고 이렇게 갈라진 시기를 계산한 결과 125만~200만 년 전에 일어난 사건으로 드러났다. 연구자들은 이 정도 시간이면 이들을 서로 별개의 종이라고 볼 수 있다며 각각에 대해 새로운 종명을 부여했다.

지난 250여년 동안 한 종으로 알려졌던 기린이 실은 네 종으로 이뤄져 있다는 사실이 최근 밝혀졌다. 이에 따르면 북부기린과 망상기린은 남아있는 개체수가 수천 마리에 불과해 적극적인 보호가 시급하다. 그물 무늬가 마치 그린 것처럼 선명한 망상기린의 모습. (제공 위키피디아).

1758년 칼 린네가 기린의 학명을 부여한 이래 지금까지 기린은 한 종으로 알려져 있었다. 다만 서식지나 줄무늬 패턴의 차이에 따라 9가지 아종으로 분류해왔다. 그런데 게놈 서열을 바탕으로 계통도를 구성하자 완전히 새로운 그림이 그려졌다. 새로운 종 분류에 따르면 린네가 학명을 정할 때 참조한 아종(누비아기린)이 포함된 북부기린이 기존 학명을 물려받았다*Giraffa camelopardalis*. 북부기린은 세 아종으로 구성된다. 다음으로 두 아종으로 이뤄진 남부기린*G. giraffa*이다. 나머지 두 종은 망상기린*G. reticulate*과 마사이기린*G. tippelskirchi*이다.

현재 야생에 남아있는 기린은 9만 마리가 채 안 된다. 1990년대 후반 14만 마리가 넘었던 것에 비하면 크게 줄어든 수치다. 서식지 감소와 사냥이 주된 이유라고 한다. 사실 기린은 사람들의 오랜 사냥감이었다(고기와 가죽, 힘줄 등 버릴 게 없다고 한다).

한 종인 줄 알았던 기린이 네 종인 것으로 밝혀지자 상황이 훨씬 더 심각해졌다. 북부기린의 개체수는 세 아종을 다 합쳐도 5,000마리가 채 안되고 망상기린의 개체수도 9,000마리가 채 안 된다. 자칫 멸종에 이를 수도 있다는 말이다. 나머지 두 종도 마사이기린이 3만 마리, 남부기린이 4만 마리를 약간 넘는 수준이다.

따라서 기린 사냥을 금지할 필요가 있다. 정부에서 기린 사냥을 엄격히 막을 경우 꽤 효과가 있을 텐데, 상아가 있는 코끼리처럼 목숨을 걸고 밀렵을 할 정도의 동기부여는 없기 때문이다. 대신 생태관광 같은 대안을 마련해 현지인들에게 보상을 해야 할 것이다. 기린처럼 멋진 동물을 동물원에서만 볼 수 있는 날이 오지 않기를 바랄 뿐이다.

9-2

산소발생 광합성 역사 불과 25억 년?

물은 생명이 존재할 가능성을 나타내지만, 산소는 그 가능성이 실현되었음을 뜻한다. 오직 생물만이 독립적으로 존재하는 산소를 많든 적든 공기 중에 내놓을 수 있기 때문이다.

– 닉 레인, 『산소』에서

게놈 데이터가 만능은 아니지만 많은 경우 결정적인 역할을 한다. 해묵은 논쟁을 끝내기도 하고 이전엔 생각해보지도 못했던 사실을 드러내 새로운 시각을 갖게 하기도 한다.

예를 들어 네안데르탈인과 현생인류의 혼혈 여부는 수십 년 동안 피가 섞이지 않았을 것이라는 진영이 우세한 채 논란이 됐지만 2010년 네안데르탈인의 핵 게놈이 해독되면서 단번에 해결됐다. 즉 아프리카를 제외한 지역에 사는 사람들은 네안데르탈인의 피가 섞인 것으로 나오면서 현생인류의 이동 시나리오와도 맞아떨어지자 반대 진영에서 더 이상할 말이 없어진 것이다. 새끼손가락 뼈 한 마디에서 추출한 DNA에서 고품질의 게놈이 해독돼 수만 년 전 아시아에 데니소바인이라는 미지의 인류가 살았다는 사실이 드러나기도 했다.*

미생물 분야는 게놈 데이터로 연구 패러다임이 바뀐지 꽤 됐다. 예전에는 일단 배양이 돼야 미생물을 연구할 수 있었지만 세포 하나만 있어도 게놈을 분석할 수 있는 지금은 메타게놈, 즉 시료에 있는 모든 생명체의 게놈을 통째로 분석하는 게 일상이다. 그 결과 장내미생물 연구를 비롯해 많은 분야에서 놀라운 사실들이 많이 밝혀졌다.

23억 년 전 산소 존재감 드러내

학술지 「사이언스」 2017년 3월 31일자에는 "시아노박테리아cyanobacteria(남세균)에서 산소발생 광합성과 산소호흡의 기원에 대하여"라는 다소 거창한 제목의 논문이 실렸다. 배양이 안 되는 시아노박테리아 41종의 게놈을 분석한 결과 광합성과 호흡의 기원까지 추측할 수 있게 됐다는 내용이다. 특히 산소발생 광합성은 시아노박테리아가 가장 먼저 시작했으므로 '지구에서 산소발생 광합성의 기원에 대하여'인 셈이다.

이 시점에서 몇몇 독자들은 광합성 앞에 굳이 '산소발생'이란 수식어를 쓸 필요가 있는지 의아할 것이다. 광합성의 정의를 '빛에너지로 물분자에서 전자를 뽑아 이산화탄소를 당(유기물)으로 환원시키고 노폐물인 산소를 내보내는 과정'으로 알고 있는 경우인데, 사실 이게 산소발생 광

* 네안데르탈인과 데니소바인 게놈에 대한 자세한 내용은 『사이언스 칵테일』 138쪽 "고게놈학 30년, 인류의 역사를 다시 쓰다" 참조.

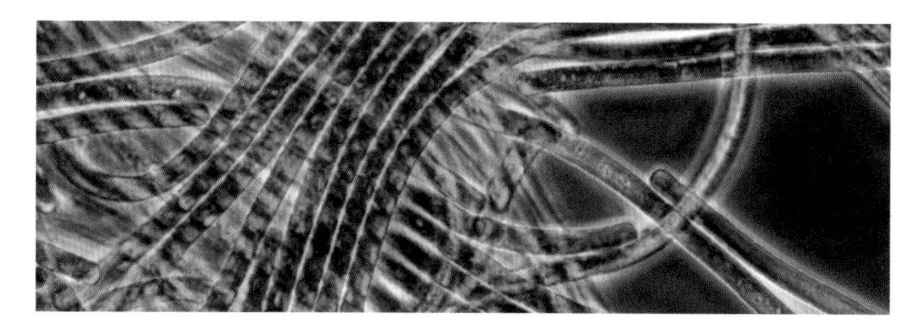

산소발생 광합성을 하는 시아노박테리아 오실라토리아 애니말리스(*Oscillatoria animalis*)의 현미경 사진. (제공 「사이언스」)

합성oxygenic photosynthesis의 정의다. 그러나 광합성에 필요한 전자를 꼭 물 분자에서 얻을 필요는 없다. 실제로 제1철이온(Fe^{2+})이나 황화수소(H_2S) 같은 다른 물질에서 얻는 광합성 과정도 널리 쓰이고 있다. 이 경우 물론 폐기물로 산소가 나오지 않는다. 이를 산소비발생 광합성이라고 부른다.

영국의 생화학자이자 저술가인 닉 레인Nick Lane은 2002년 『산소』라는 대단한 책을 펴냈는데 2004년 번역서가 나왔지만 출판사가 문을 닫으며 절판됐다가 2016년 재출간됐다. 이 책을 보면 오늘날 지구가 이처럼 아름다운 행성이 된 건 시아노박테리아 덕분이라는 생각이 절로 든다. 시아노박테리아 등장 전까지 지구에 바다는 있었지만 육지는 황무지였고 대기에는 산소가 거의 없었다. 그 결과 산소를 필요로 하지 않는 미생물들만이 번성하고 있었다.

그런데 여러 지질학 증거에 따르면 23억 년 전을 전후해 대기 중 산소의 농도가 눈에 띄게 늘어나 현재의 5~18% 수준이 됐고 이렇게 10억 년 이상을 보내다가 약 8억 년 전부터 산소 농도가 높아지기 시작해 대략 6억 년 전 현재 수준에 이른 것으로 보인다. 따라서 시아노박테리아는 늦어도 23억 년 전에는 지구에 모습을 드러냈다는 말이다.

2014년 학술지 「네이처」에 실린 한 리뷰논문을 보면 산소발생 광합성이 시작된 시점이 여전히 불확실해 학자에 따라 멀게는 38억 년 전에서 가깝게는 23억5000만 년 전까지로 무려 15억 년 가까이 차이가 난다는 구절이 나온다. 지구의 나이가 45억 년이므로 거의 3분의 1만큼이 오차인 셈이다. 닉 레인의 책도 그렇고 필자도 38억 년 쪽(또는 37억 년이나 35억 년)으로 알고 있었는데 어느새 훨씬 짧게 추정하는 가설이 나와 꽤 입지를 다졌나보다.

산소발생 광합성이 38억~35억 년 전 시작됐다고 주장하는 입장은 지질 데이터나 화석을 근거로 든다. 즉 동위원소비나 특정 화합물의 존재, 스트로마톨라이트stromatolite 같은 화석이 증거다. 예를 들어 호주 서부의 35억 년 전 지층에서 발견된 스트로마톨라이트를 시아노박테리아의 화석으로 보고 이때 이미 산소발생 광합성이 일어났다는 설명은 오늘날 정설로 받아들여지고 있다. 산소발생 광합성 시작과 대기 중 산소 농도 증가 시작 시점이 10억 년 이상 차이가 나는 건 그사이 발생한 산소가 호흡으로 재순환되거나 바닷물에 녹고 암석을 산화시키는 데 소모됐기 때문이라고 설명한다.

그런데 21세기 들어 이런 해석에 회의적인 입장이 늘고 있다. 지질학 증거도 얼마든지 다른 식으로 해석할 수 있고 어떤 경우는 시료가 오염된 것으로 보이며(후대 지층과 섞임) 그 옛날 스트로마톨라이트를 오늘날 스트로마톨라이트와 동일시해 시아노박테리아 덩어리라고 보는 것도 무리라는 것이다. 즉 시아노박테리아는 고사하고 미생물인지 아닌지도 불확실하다는 주장이다. 시아노박테리아가 분명한 화석 가운데 가장 오래된 건 '불과' 19억 년 됐다.

이런 와중에 시아노박테리아에 대한 전혀 생각지도 못한 게놈 데이터가 나오면서 회의적인 입장이 힘을 얻고 있다. 이번에 「사이언스」에 실린 논문이 결정판으로 이에 따르면 빨라야 25억년 전이나 26억 년 전 산소발생 광합성이 시작한 것으로 나온다.

깜깜한 장 속에 시아노박테리아 산다고?

일은 엉뚱한 데서 시작됐다. 2005년 동물의 장내미생물에 대한 메타게놈 연구에서 시아노박테리아에 속하는 것으로 보이는 유전자의 데이터가 좀 나왔다. 빛이 전혀 들어가지 않는 장 속에 광합성을 하는 박테리아의 유전자가 있다는 뜻밖의 결과였지만 박테리아 사이에는 유전자수평이동도 있으므로 아주 불가능한 일은 아니다.

그러나 2013년 사람의 장과 지하수 같은 깜깜한 곳에서 얻은 시료에서 시아노박테리아의 게놈이 해독되면서 이야기는 새로운 국면으로 접어들었다. 즉 우리가 지금까지 알고 있었던 시아노박테리아는 알고 보니 그 일부였던 셈이다. 게놈분석 결과 깜깜한 곳에서 살고 있는 시아노박테리아에는 예상대로 광합성을 하는 유전자 자체

시아노박테리아의 진화

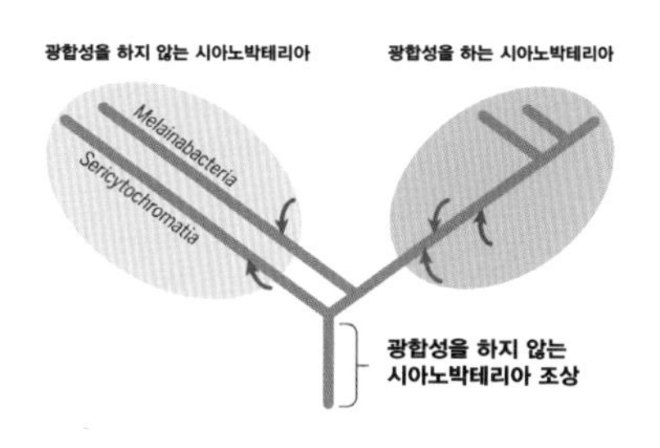

최근 시아노박테리아 41종의 게놈을 해독해 분석한 결과 세 그룹으로 나뉘고 그 중 하나에서 유전자수평이동으로 광합성 관련 유전자가 들어와(녹색 화살표) 광합성을 할 수 있게 됐고 나중에 산소발생 광합성을 진화시킨 것으로 드러났다. 한편 산소호흡은 세 그룹에서 독립적으로 유전자수평이동(빨간 화살표)을 통해 진화한 것으로 보인다. (제공 「사이언스」)

가 없었다. 연구자들은 이 그룹을 멜라이나박테리아*Melainabacteria*라고 부르며 기존 산소발생 광합성을 하는 시아노박테리아에도 옥시포토박테리아*Oxyphotobacteria*라는 이름을 붙였다. 그러나 멜라이나박테리아가 원래는 광합성을 할 수 있었지만 어쩌다 빛이 들어오지 않는 환경에 놓여 필요 없어진 유전자들을 잃어버렸을 가능성도 있었다.

그런데 이번에 41종의 게놈을 분석한 결과 시아노박테리아 진화의 진면목이 밝혀진 것이다. 먼저 앞의 두 그룹에 속하지 않는 종들이 여럿 확인되면서 세리사이토크로마티아*Sericytochromatia*라는 새로운 그룹이 더해졌다. 한편 세리사이토크로마티아에도 광합성 관련 유전자가 없다. 그리고 세 그룹의 계통을 비교한 결과 공통조상에서 세리사이토크로마티아가 먼저 떨어져 나가고 그 뒤 멜라이나박테리아와 옥시포토박테리아가 갈라졌다. 연구자들은 분자시계, 즉 DNA 염기의 변이 정도를 비교한 결과 이들이 갈라진 시점이 대략 25억 년 전이나 26억 년 전으로 추정했다.

즉 오늘날 시아노박테리아의 공통조상은 광합성을 하지 않았고 세 그룹이 갈라진 뒤 옥시포토박테리아의 조상이 어느 시점에서 광합성 능력을 얻었다는 것이다. 연구자들은 박테리아 사이의 유전자수평이동을 통해 옥시포토박테리아가 산소비발생 광합성 유전자를 얻었고 그 뒤 물을 분해하는 산소발생복합체를 진화시키면서 산소발생 광합성을 하는 유일한 박테리아가 됐다고 추정했다. 그 뒤 이 박테리아의 한 종이 진핵생물에 잡아먹혀 소화되는 대신 세포 내에 자리를 잡으며 엽록체가 됐고 그 결과 조류algae와 식물이 나왔다.

한편 이들 세 그룹의 산소호흡, 즉 당을 산소로 산화해 에너지를 얻는 세포호흡에 관여하는 유전자를 분석하자 각자 계열이 다른 것으로 드러났다. 즉 산소호흡은 세 그룹이 나뉜 뒤 독자적으로 진화했다는 말이다(역시 유전자수평이동을 통해 관련 유전자를 획득했을 것이다). 산소호흡은 외부의 산소농도가 어느 정도 높은 환경에서 쓸모가 있으므로 시기적으로도 말이 된다.

이번 연구결과가 산소발생 광합성 시기 논쟁에 어느 정도 영향을 미칠지 아직 예단하기는 이르지만 기존 주류 입장(38억~35억 년 전)에는 꽤 큰 타격을 줄 전망이다. 35억 년 전 스트로마톨라이트가 설사 시아노박테리아로 입증된다고 할지라도 그게 산소발생 광합성의 증거는 될 수 없기 때문이다.

9-3
유전자편집, 임상시대 오나?

2017년 생명과학은 유전자편집 없이는 얘기가 안 된다면 좀 과장일지는 몰라도 터무니없는 말은 아닐 것이다. 3세대 유전자가위라는 '크리스퍼/캐스9CRISPR/Cas9' 기술이 보편화되면서 이제 유전자를 편집하는 작업이 생명과학자의 일상이 됐다. 또 염기편집이라는 새로운 기술이 개발돼 주목을 받고 있다.

게놈에 있는 특정 유전자의 특정 염기를 흔적을 남기지 않고 바꿔치기 할 수 있는 유전자편집 기술은 농업의 혁명을 예고하고 있고(유전자편집 기술로 바뀐 농작물이나 가축을 유전자변형생명체GMO로 볼 수 없다는 시각이 많다), 사람에게 적용할 경우 의학에도 큰 영향을 미칠 것이다. 특히 2017년에는 인간배아에 적용하는 연구가 본격적으로 진행돼 의미 있는 결과들이 나왔고 그 결과 유전자편집 임상시대가 조만간 도래할 것으로 보인다.

기술 안전성 한층 높아져

우리나라 기초과학연구원IBS 유전체교정연구단 김진수 교수팀과 미국 오리건보건과학대 등 한미 공동연구자들은 학술지 「네이처」 2017년 8월 24일자에 난자와 정자의 수정 단계에서 유전자편집을 수행할 경우 모자이크 현상을 막을 수 있다는 논문을 발표해 주목을 받았다. 모자이크 현상mosaicism은 수정란이 이미 세포 여러 개로 분열된 상태인 배아에서 유전자편집을 하는 기존 방법에서 일어날 수 있는데, 일부 세포는 편집이 되고 일부는 안 된 채 발생이 진행된 결과다. 만일 사람에서 피부색을 바꾸는 유전자를 편집했다면 피부가 모자이크된 아이가 태어나는 것이다.

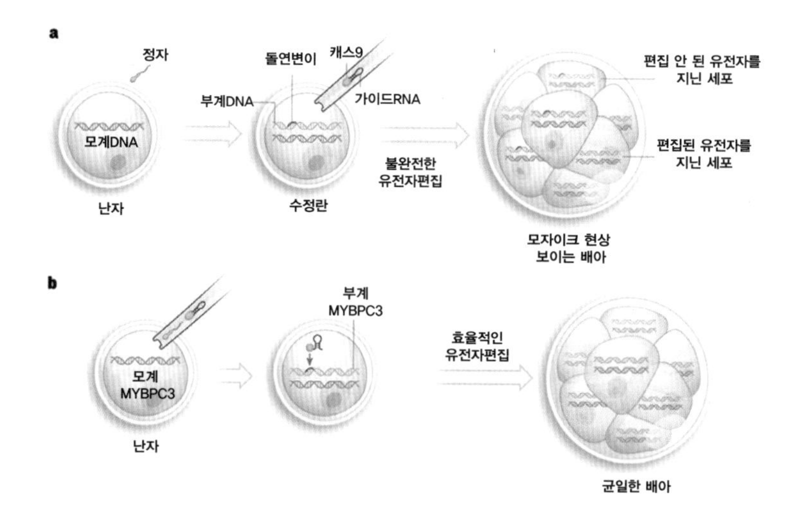

2017년 8월 한미 공동연구자들은 수정란이 아니라 인공수정 단계에서 유전자편집을 수행할 경우 모자이크 현상을 피할 수 있다는 연구결과를 발표해 주목을 받았다. 위는 수정란 단계에서 유전자편집을 수행하는 기존 방법으로 배아의 일부 세포만 유전자가 편집됐다. 아래는 수정 단계에서 유전자편집을 하는 방법으로 배아의 모든 세포에서 유전자가 편집됐다. (제공 「네이처」)

연구자들은 비대성심근증 같은 심장질환을 일으키는 MYBPC3 유전자의 돌연변이를 지닌 정자에 이를 교정할 수 있는 캐스9과 가이드 RNA(게놈에서 편집해야 할 곳을 알려줌)를 함께 난자에 넣어주는 인공수정 기술을 개발했다. MYBPC3는 우성질환(부모 한쪽으로부터 변이 유전자를 받아도 발병)으로 캐스9이 정자의 MYBPC3 DNA의 변이자리를 자르면, 세포 내 복구 시스템이 난자 게놈의 해당 위치 서열 또는 별도로 넣어준 주형 DNA를 참조해 이를 정상 염기서열로 고친다.

분석결과 42개 배아 가운데 한 개에서만 모자이크 현상이 발견돼 대부분은 수정란이 첫 세포분열을 하기 전에 유전자편집이 완료되는 것으로 보인다. 한편 모자이크 현상과 함께 유전자편집의 불안요인으로 알려진, 게놈의 엉뚱한 위치에서 편집이 일어나는 오류도 발견되지 않았다. 따라서 부모 가운데 한쪽이 유전자에 결함이 있을 경우 인공수정과 동시에 유전자편집을 수행해 정상 유전자를 지닌 아이를 낳을 길이 열린 것이다.

유전자가위가 아닌 염기편집

한편 학술지 「단백질과 세포」 2017년 9월 23일자에는 베타 지중해빈혈증을 일으키는 유전자 변이를 지닌 복제배아를 정상으로 고치는 데 성공했다는 중국 쑨얏센대 연구자들의 논문이 실렸다. 이 유전병은 열성질환(부모 양쪽에서 변이 유전자를 받으면 발병)인데, HBB 유전자 특정 부분의 아데닌(A)이 구아닌(G)으로 바뀐 결과로 중국에는 이런 사람들이 많다고 한다.

연구자들은 크리스퍼/캐스9이 아니라 염기편집base editing이라는,

2016년 미국 하버드대 데이비드 리우David Liu 교수팀이 개발한 신기술을 적용했다. DNA이중나선 가닥을 자른 뒤 교정을 하는 기존 유전자편집 기술과는 달리 염기편집 기술은 DNA 가닥은 자르지 않고 특정 위치의 염기 하나만을 바꿀 수 있다. 염기편집을 '4세대 유전자 가위'라고 부를 수 없는 이유다(자르지 않으므로!).

미국 하버드대 데이비드 리우 교수팀은 2016년 DNA 가닥을 자르지 않고도 GC염기쌍을 AT염기쌍으로 바꾸는 염기편집 기술을 개발했고 2017년 AT염기쌍을 GC염기쌍으로 바꾸는 기술을 개발했다. 학술지 「네이처」는 '2017 과학계 화제의 인물 톱 10' 가운데 제일 먼저 리우 교수를 지목했다. (제공 위키피디아)

리우 교수팀은 CAS9에 손을 대 가이드RNA가 안내하는 특정 염기서열을 인식할 수는 있어도 자르지는 못 하는 '죽은(dead)' CAS9, 즉 dCAS9을 만든 뒤 여기에 GC 염기쌍을 AT 염기쌍으로 바꿀 수 있는 효소를 붙인 시스템을 개발했다. 베타 지중해빈혈증을 일으키는 변이 HBB 유전자는 A가 G로 바뀐 것이므로 쑨얏센대 연구자들은 이 시스템을 적용해 G를 다시 A로 바꾼 것이다.

한편 리우 교수팀은 「네이처」 2017년 11월 23일자에 염기편집 시스템의 새로운 버전을 소개했다. 즉 AT염기쌍을 GC염기쌍으로 바꿀 수 있는 효소가 붙은 dCAS9이다. 자연에는 이런 바꿔치기를 하는 효소가 없기 때문에 연구자들은 실험실에서 이런 작용을 하는 효소를 인위적으로 만들었다. 유전자 질환 다수는 단일 염기의 돌연변이 때문에 일어나므로 앞으로 염기편집 기술이 널리 쓰일 것으로 보인다. 「네이처」가 '2017 과학계 화제의 인물 톱 10' 가운데 제일 먼저 데이비드 리우 교수를 지목한 이유다.

문신으로 할까 헤나로 할까

한편 학술지 「사이언스」 2017년 11월 24일자에는 DNA이중나선이 아니라 RNA단일가닥을 표적으로 하는 염기편집 시스템이 소개돼 주목을 받았다. 미국 브로드연구소 펭 장Feng Zhang 교수팀은 RNA의 특정 염기서열(가이드RNA가 안내하는)을 인식해 자르는 CAS13을 변형해 절단 능력을 '죽인' dCAS13을 만든 뒤 여기에 염기 A를 I(이노신. 리보솜은 단백질을 만들 때 I를 G로 인식)로 바꾸는 효소를 붙였다. 유전자(DNA)가 아니라 그 전사체, 즉 메신저RNA(mRNA)를 편집하는 기술이다.

비유하자면 DNA염기편집이 유전정보를 영구적으로 바꾸는 문신(타투)이라면 RNA염기편집은 그 산물의 유전정보를 고친 것으로 원본은 그대로다. 즉 시간이 지나 편집된 mRNA가 사라지면 다시 원래 정보를 지닌 mRNA가 만들어지므로 이 경우 헤나라고 볼 수 있다. 영구적인 DNA염기편집을 두고 굳이 일시적 효과만 있는 RNA염기편집을 할까 싶지만 잘못돼도 돌이킬 수 없는 상황이 아니기에 안전하고 염증 같은 일시적인 질환에 대한 치료법으로도 쓰일 수 있을 것이다.

이처럼 새롭고 안전한 유전자편집 기술이 속속 개발되면서 실험 뒤 폐기하는 배아 차원이 아닌 실제 환자를 대상으로 유전자편집 기술을 적용하는 임상시험이 조만간 진행될 것으로 보인다. 이미 10여 건의 임상

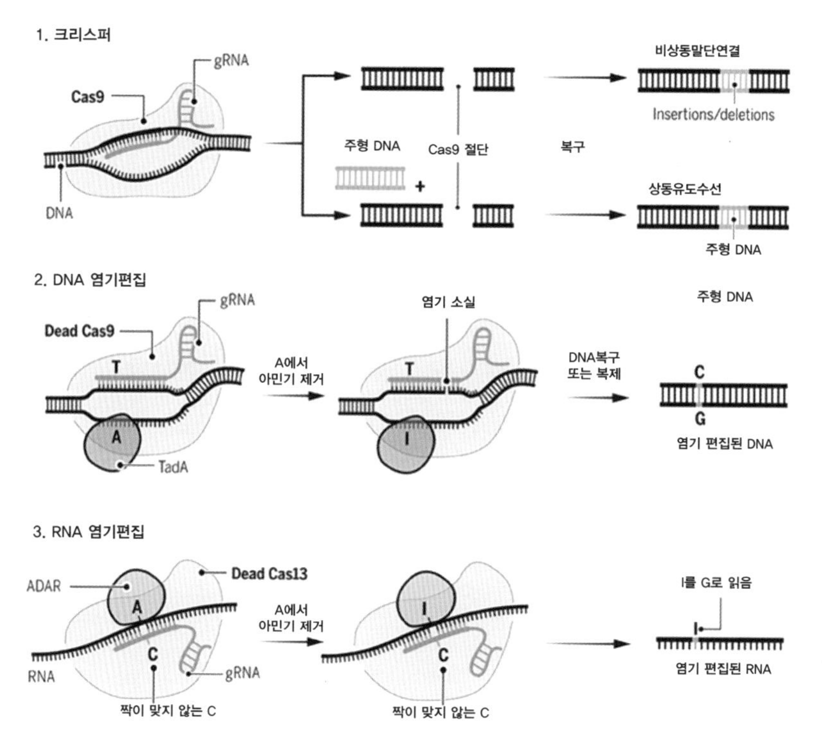

크리스퍼와 염기편집의 작동 메커니즘을 도식화한 그림이다. 1. 크리스퍼 기술에서는 캐스9이 gRNA의 안내를 받아 특정 염기서열을 인식해 이중나선을 풀고 자른다. 그 뒤 세포 내 복구 시스템이 가동되면서 편집이 일어난다. 2. 2017년 발표된 DNA염기편집 기술에서는 dCAS9이 특정 염기서열을 인식해 이중나선을 풀면 TadA 효소가 A를 I로 바꿔치기하고 이를 복구하면서 G가 된다. 3. RNA염기편집 기술에서는 dCAS13이 mRNA의 특정 염기서열을 인식해 달라붙으면 ADAR 효소가 A를 I로 바꿔치기하고 리보솜이 이를 번역할 때 G로 인식한다. (제공「사이언스」)

시험이 계획 단계이거나 환자를 모집하고 있는데, 대부분 규제가 느슨한 중국에서 진행되고 있다.

주로 크리스퍼/캐스9을 이용해 특정 유전자를 고장 내 효과를 보는 임상시험들이다. 대표적인 예가 암환자의 T세포를 꺼내 PD-1 유전자를 고장낸 뒤 다시 환자에게 넣어주는 치료법이다. T세포는 면역세포의 하나로 주변에 암세포가 있을 경우 다가가 공격해 파괴한다. 이에 대응하기 위해 암세포는 T세포의 PD-1 유전자를 활성화해서 세포사멸을 유도해 면역계의 공격을 무력화시키는 전략을 개발했다. 유전자편집으로 PD-1 유전자가 고장 난 T세포는 암세포의 교란작전에 말려들지 않을 것이고 따라서 암세포를 강하게 공격할 것이다.

한편 실제 출산으로 이어질 배아(또는 난자와 정자의 인공수정단계)에 유전자편집 기술을 적용하는 건 아직 생명윤리 관점의 합의가 이뤄지지 않았기 때문에 좀 더 시간이 걸릴 것으로 보인다. 아무튼 2017년 한 해, 특히 후반기에 학술지나 신문, 잡지는 유전자편집 관련 논문 또는 기사를 '편집'하느라 분주하게 보냈을 것이다.

9-4
로널드 코놉카, 생체시계 분야를 개척한 비운의 유전학자

체스 대회에서 가장 주목받는 게임은 첫 게임과 마지막 게임이다.
– 시드니 브레너와 J.D. 버널

그(로널드 코놉카)는 지도교수인 시모어 벤저와 함께 일주리듬 분야에서 가장 영향력이 큰 논문(1971년 「미국립과학원회보」 68권 2112쪽)을 발표했다. 이 분야는 이어지는 45년의 많은 부분을 이 로제타석의 의미를 해독하고 중요성을 확인하는 데 바쳤다… 그(코놉카)는 일주리듬 문제를 벤저에게 제시했고(그 반대가 아니다) 일주리듬 돌연변이체를 찾는 실험을 설계하고 수행했다.
– 마이클 로스바쉬

2017년 노벨상 가운데 생리의학상과 물리학상은 노벨상 수상의 조건, 즉 살아있어야 하고 최대 세 명까지 받을 수 있다는 걸 새삼 깨닫게

했다. 아무리 그 분야에서 큰 기여를 했어도 이미 고인이 됐으면 소용이 없고 세 명이 넘으면 상을 못 받을 수도 있다. 하지만 노벨상 수상을 소개하는 신문이나 TV의 뉴스에서 이런 사연을 시시콜콜 얘기하지 않기 때문에 일반인들은 이런 사람들이 있다는 사실을 잘 모른다. 노벨상 수상은 '살아남아 세 사람 안에 든 자의 기쁨'이란 말이다.

살아남아 세 사람 안에 든 자의 기쁨

2017년 노벨생리의학상에 생체시계 분야가 선정됐을 때 '아직 노벨상을 안 받았었나?'라는 의문이 들었다. 생각해 보니 정말 이 분야가 선정된 적이 없는 것 같았다. 지구의 자전, 즉 낮과 밤의 24시간 주기에 맞춰 몸이 리듬을 타게 조절하는 생체시계는 대중에게도 너무나 익숙하다. 수면장애나 비만, 암 발생 위험성 등 생체시계 교란과 관련된 건강 문제가 부각된 지도 오래다. 따라서 생체시계 분야의 개척자들이 10년 전에 노벨상을 받았어도 전혀 이상할 게 없다. 오히려 이제야 선정된 게 때늦은 감이 있다.

만일 5년 전인 2012년 생체시계 분야가 선정됐다면 수상자 가운데 한 사람은 바뀌었을 것이다. 2015년 다소 이른 나이인 68세에 사망한 로널드 코놉카Ronald Konopka가 수상자에 포함됐을 것이다. 만일 10년 전인 2007년 생체시계 분야가 선정됐다면 두 사람이 바뀌었을 것이다. 이 해 11월 30일 86세로 타계한 시모어 벤저Seymour Benzer를 뺄 수는 없기 때문이다. 벤저와 코놉카는 미국 칼텍의 스승과 제자 사이로, 두 사람은 1971년 생체시계 분야에서 기념비적인 논문을 발표했다.

결국 나머지 한 자리를 두고 올해 수상한 세 사람 가운데 한 명이 선택됐을 것이다. 어쩌면 2013년 노벨물리학상처럼 벤저와 코놉카 두 사람만 받았을 수도 있다. 1964년 몇 달 간격으로 발표된, 힉스 메커니즘을 제안한 논문 세 편의 저자 여섯 명 가운데 다섯 명이 당시 생존해 있었다. 결국 위원회는 가장 늦은 논문의 저자 세 사람 가운데 한 명을 선택하는 걸 포기하고 두 사람(프랑수아 앙글레르François Englert와 피터 힉스Peter Higgs)만 선정했다.* 세 명 가운데 제럴드 구럴닉Gerald Guralnik이 2014년 78세에, 톰 키블Tom Kibble이 2016년(6월 2일) 84세에 타계했다. 따라서 만일 힉스 입자 검출이 3년쯤 늦어 2016년 노벨상에 선정됐다면 수상자는 칼 헤이건Carl Hagen이 포함돼 세 명이었을 것이다.

1960년대 후반 칼텍의 대학원생 로널드 코놉카(사진)는 일주리듬을 잃은 돌연변이 초파리를 만드는 연구를 설계하고 실험을 진행해 멋지게 성공했다. 그와 지도교수 시모어 벤저가 쓴 1971년 논문은 현대 생체시계 연구의 출발점으로 평가되고 있다. 코놉카는 2015년 자택에서 숨진 채 발견됐다. (제공 「셀」)

스무 살 대학원생이 아이디어 내

1921년 미국 뉴욕에서 태어난 벤저는 1947년 퍼듀대에서 고체물리

* 2013년 노벨물리학상 수상자 선정에 대한 자세한 내용은 『사이언스 소믈리에』(4쇄 이후) 226쪽 "2012년은 힉스의 해!" 참조.

학 연구(게르마늄의 광전효과)로 박사학위를 받고 바로 교수로 임용됐다. 그런데 우연히 에르빈 슈뢰딩거Erwin Schrödinger의 책 『생명이란 무엇인가?』를 읽고 감명을 받아 교수직을 미련 없이 버리고 칼텍의 막스 델브뤽Max Delbrück 교수 실험실에 박사후연구원으로 들어간다. 델브뤽 역시 물리학에서 생물학으로 전향한 사람으로, 박테리오파지bacteriophage(박테리아에 감염하는 바이러스) 연구로 1969년 노벨생리의학상을 받았다.

퍼듀대에 다시 자리를 잡은 벤저는 파지 유전학 연구를 이어나가다(유전자가 DNA조각이라는 사실을 밝혔다) 싫증을 느끼던 차에 1967년 칼텍으로 자리를 옮기게 된다. 이 해에 들어온 대학원생 가운데 한 명이 바로 코놉카다. 그리고 코놉카의 연구를 계기로 벤저는 행동유전학 분야에 뛰어들었다. 행동유전학이란 유전자와 행동 사이의 관계를 연구하는 분야로 당시는 초창기였다.

1947년 생으로 불과 스무 살이었던 코놉카는 대단히 재기발랄한 청년이었다. 코놉카는 유전자가 생명체의 형태에 영향을 미치는 것처럼 행동에도 영향을 미치지 않을까 생각하고 이를 확인해 보기로 했다. 이때 가장 파악하기 쉬운 행동이 바로 주기성이었다.

코놉카는 초파리의 '우화(羽化)'가 해 뜰 무렵 일어난다는 사실에 주목했다. 초파리 고치에서 성충이 나오는 때는 하루 가운데 해 뜰 무렵에 몰려있다. 촉촉하고 점차 온도가 올라가는 이른 아침이 고치를 갓 벗어난 곤충에게 날개를 말리고 비행을 준비하는 데 유리하기 때문이다.

그는 DNA를 손상시키는 약물인 EMS를 처리해 인위적으로 다양한 돌연변이체를 만들었다. 그 뒤 돌연변이체 자손을 얻어 이 녀석들이 우화할 무렵이 됐을 때 24시간 내내 깜깜한 곳으로 옮겨놓았다. 24시간 주기의 생체시계는 몸속에 내장돼 있기 때문에 정상 초파리나 생체시계 유전자가 손상되지 않은 돌연변이체는 이런 환경 아래서도 24시간 주기로 우화하는 패턴을 보일 것이다.

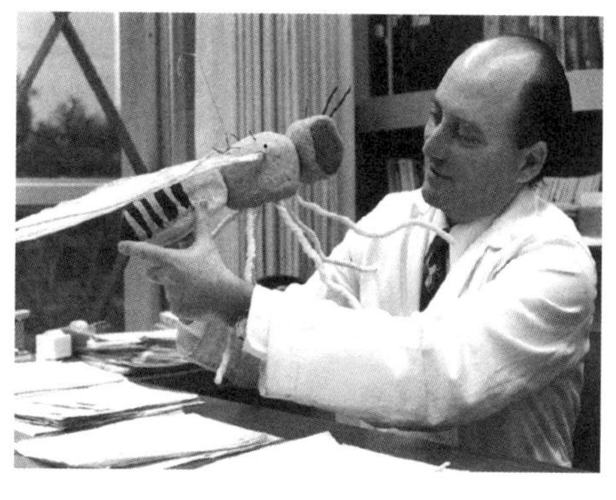

시모어 벤저는 대학원생 코놉카가 만든 생체시계 돌연변이 초파리 세 종류의 게놈을 분석해 하나의 유전자에 변이가 일어난 결과라고 추측했고 훗날 그런 것으로 확인됐다. 1974년 칼텍의 연구실에서 당시 53세인 벤저 교수가 커다란 초파리 모형을 들고 있다. (제공 Harris WA)

예상대로 돌연변이체 대부분은 24시간 우화주기를 보였다. 그런데 한 돌연변이체의 새끼들이 시간에 관계없이 아무 때나 우화한다는 사실이 발견됐다. 코놉카는 약 2,000가지 돌연변이체의 우화 패턴을 분석해 우화의 주기가 19시간으로 당겨진 종류와 28시간으로 늦춰진 종류를 발견했다. 앞의 돌연변이체를 포함해 모두 세 가지 생체시계 돌연변이체가 나온 것이다.

제자의 발견에 깜짝 놀란 벤저 교수는 자신이 개발한 유전자 분석법을 이용해 이 세 돌연변이체가 한 유전자가 서로 다른 방식으로 고장 난 결과라고 추측했다. 당시 생체시계를 연구하는 사람들은 동식물의 24시간 주기처럼 복잡한 행동에는 수백 가지의 유전자가 관여한다고 믿고 있었기 때문에 이 발견은 충격이었다.

두 사람은 1971년 학술지 「미국립과학원회보」에 실은 논문에서 "우리가 찾아낸 서로 전혀 다른 행동을 보이는 세 가지 일주리듬 돌연변이체가 동일한 유전자에 문제가 생긴 결과라는 건 놀라운 일"이라고 언

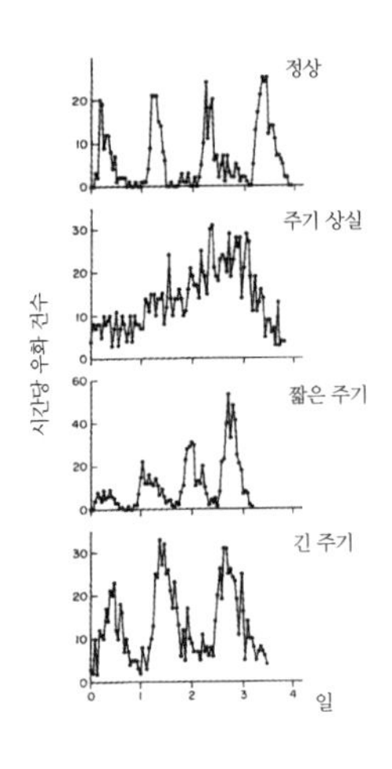

시간 경과에 따른 우화 빈도. 정상(per)은 24시간 주기지만 돌연변이체 3종은 각각 주기가 사라지고(per^0), 19시간으로 짧아지고(per^s), 28시간으로 길어졌다(per^l). (제공 「PNAS」)

급했다. 둘은 이 유전자를 'period(주기, 줄여서 per라고 씀)'라고 불렀다. 그리고 주기가 상실된 변이체를 per^0, 주기가 짧아진 변이체를 per^s(short의 s), 주기가 길어진 변이체를 per^l(long의 l)이라고 명명했다. 그리고 per^0는 중간에 종결코돈으로 바뀌면서 토막 난 기능을 잃은 단백질이 만들어진 결과이고 per^s와 per^l은 중간에 다른 아미노산으로 바뀌면서 단백질의 활성이 바뀐 결과라고 추측했다.

그 뒤 벤저 교수는 생체시계 연구에 흥미를 잃고 행동유전학의 다른 분야로 갈아탔고 1971년 논문으로 홈런을 친 코놉카는 이듬해 박사학위를 받고 스탠퍼드대에서 2년 동안 박사후연구원을 한 뒤 1974년 칼텍의 조교수가 됐다. 코놉카는 게놈에서 per 유전자의 정확한 위치를 찾는 연구를 계속했다.

올해 수상자 마이클 로스바쉬가 부고 써

그러나 per 유전자 사냥의 영광은 다른 과학자들에게 돌아갔다. 1984년 미국 브랜다이스대의 제프리 홀Jeffrey Hall 교수와 마이클 로스바쉬Michael Rosbash 교수의 공동연구팀과 록펠러대 마이클 영Michael Young 교수팀이 각각 독립적으로 per 유전자의 염기서열을 분석해 그 실체를 파악했다. 그리고 3년 뒤인 1987년 영 교수팀은 세 종의 돌연변이체 각각에서 per 유전자의 어디가 고장이 났는가를 밝혀냈는데, 벤저와 코놉카가 1971년 논문에서 예상한 그대로였다.

그 뒤 세 사람은 생체시계 작동 메커니즘을 규명했고 관련 유전자들을 추가로 발견했다. 아무튼 개척자 벤저와 코놉카가 고인이 된 상태에서 이들 세 사람이 수상자로 선정된 데 대해서는 이견이 없을 것이다.

2015년 2월 14일 코놉카가 자택에서 숨진 채 발견된 뒤(사인은 심장마비로 추정된다) 로스바쉬 교수는 학술지 「셀」 4월 9일자에 그를 기리는 부고를 썼다. 벤저야 한 세대 위 사람이지만 코놉카는 세 살 연하인 동년배로 1980년대 잠깐 공동연구를 하기도 했다.

부고를 읽어보니 뜻밖에도 코놉카의 인생이 순탄치가 않았다. 즉 벤저 교수와 생체시계가 고장난 초파리를 만들었을 때가 정점이었고 그 뒤로는 일이 잘 안 풀렸다. 놀라운 업적으로 불과 27세에 명문 칼텍의 교수가 됐지만 부담이 컸는지 수년 간 이렇다 할 논문을 내놓지 못했다. 결국 학교를 그만두게 됐고 뒤늦게 좋은 논문이 나왔지만 이미 늦었다.

2017년 노벨생리의학상 수상자인 제프리 홀과 마이클 로스바쉬, 마이클 영(왼쪽부터)의 일러스트. 만일 생체시계 분야가 10년 전인 2007년 선정됐다면 이 세 사람 모두 수상자가 되지 못했을지도 모른다. (제공 노벨재단)

1980년대 초 클락슨대로 자리를 옮겨 안정을 되찾나 싶었는데 학교가 구조조정에 들어가면서 1990년 교수직을 잃었다. 그 뒤 학계를 떠나 25년 동안 고등학교에서 수학과 과학을 가르치며 살다가 갑작스런 죽음을 맞은 것이다. 로스바쉬 교수는 부고에서 자신들이 per 유전자를 규명하는 데 코놉카의 도움을 많이 받았다며 그가 칼텍 교수로 있을 때 냉소적인 유머와 박학다식함이 버무려진 강의로 학생들에게 인기가 많았다고 덧붙였다.

로스바쉬의 공동연구자 제프리 홀은 1971년 박사후연구원으로 벤저 교수의 실험실에 들어갔고 동년배인 코놉카와 친하게 지냈다. 코놉카는 홀과 로스바쉬의 1984년 논문에 공동저자로 이름을 올렸다.

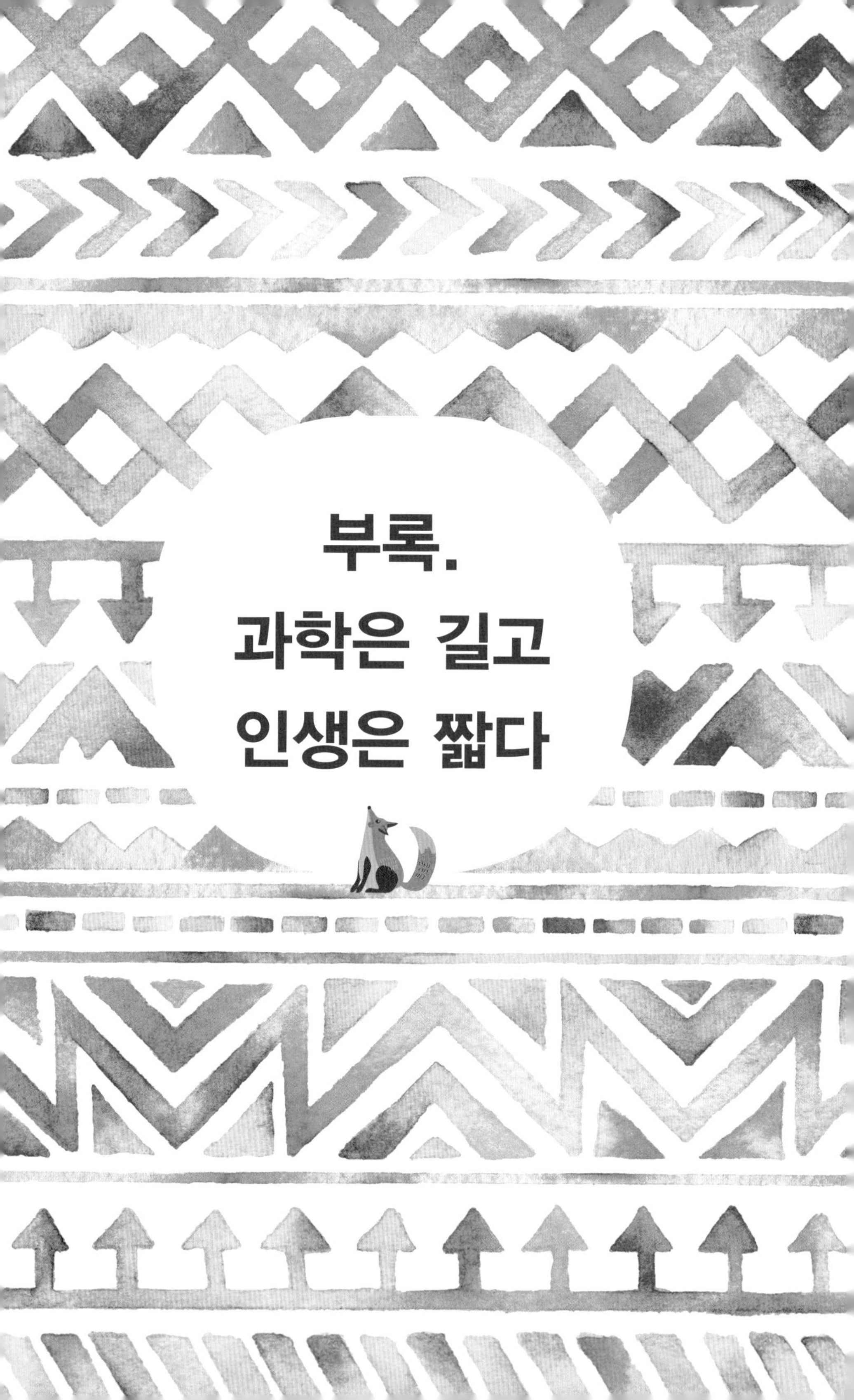

부록.
과학은 길고
인생은 짧다

부록

과학은 길고 인생은 짧다

우리는 단지 영원이라는 두 어둠 사이 잠시 갈라진 틈을 통해 새어 나오는 빛과 같은 존재다.

– 블라디미르 나보코프

과학카페 2권부터 부록에서 전 해에 타계한 과학자들의 삶과 업적을 뒤돌아봤다. 2017년 한 해 동안에도 여러 저명한 과학자들이 유명을 달리했다. 이번에도 부록에서 이들을 기억하는 자리를 마련했다.

예년과 마찬가지로 과학저널 「네이처」와 「사이언스」에 부고가 실린 과학자들을 대상으로 했다. 「네이처」에는 '부고obituary', 「사이언스」에는 '회고retrospective'라는 제목의 란에 주로 동료나 제자들이 글을 기고했는데 이를 바탕으로 했다.

「네이처」에는 19건, 「사이언스」에는 8건의 부고가 실렸다. 두 저널에서 함께 소개한 사람은 3명이다. 결국 두 곳을 합치면 모두 24명이 된다.

이들의 삶과 업적을 사망한 순서에 따라 소개한다.

1. 올리버 스미시스 (1925. 6.23 ~ 2017. 1.10)

– 생명과학계의 맥가이버 잠들다

생명과학분야의 실험과학자들 가운데 전기영동실험을 해보지 않은 사람은 드물 것이다. 전기영동은 젤에 전기를 걸어 단백질이나 핵산(DNA나 RNA) 혼합물을 분리하는 방법이다. 한편 생쥐로 동물실험을 해본 사람들은 돌연변이 생쥐를 한두 번 이용해 봤을 것이다. 오늘날 생명과학 발전에 큰 기여를 한 이 두 가지를 발명한 생물학자 올리버 스미시스 Oliver Smithies가 92세를 일기로 타계했다.

1925년 영국 핼리팩스에서 태어난 스미시스는 옥스퍼드대에서 동물생리학을 공부한 뒤 생화학 연구(단백질의 물리화학적 특성 규명)로 1951년 박사학위를 받았다. 그 뒤 신대륙으로 건너가 미국 위스콘신대와 캐나다 토론토대에서 연구했고 1960년 위스콘신대에 자리 잡았다.

토론토대에서 스미시스는 인슐린의 전구체를 찾는 연구를 했는데 거름종이로 단백질을 분리하는 게 너무

올리버 스미시스 (제공 Melanie Busbee/노스캐롤라이나대)

번거로워 고민하다가 녹말을 물에 풀어 젤을 만든 뒤 여기에 시료를 넣고 전기를 걸어 분리하는 '전기영동법electrophoresis'을 개발했다. 이 방법은 얼마 지나지 않아 모든 실험실에서 일상적으로 쓰이게 됐다.

1980년대 스미시스는 겸상(낫)적혈구병을 일으키는 변이 유전자를 정상 유전자로 바꾸는 방법을 고민하다 상동재조합homologous recombination 현상을 응용한다는 데 생각이 미쳤다. 상동재조합은 염색체쌍의 대응하는 위치에서 DNA 교환이 일어나는 현상이다. 그는 생쥐의 배아줄기세포에 원하는 서열의 DNA조각을 넣어 상동재조합을 유도해 변이 생쥐를 만드는 유전자 적중법을 개발했다. 그는 이 방법으로 낭포성섬유증, 지중해성빈혈, 고혈압, 동맥경화증 등 다양한 질병 모델 생쥐를 만들었다. 이 업적으로 스미시스는 2007년 노벨생리의학상을 받았다. 1988년 은퇴할 나이인 63세에 노스캐롤라이나대로 자리를 옮긴 스미스는 30년 가까이 더 실험을 했고 세상을 떠나기 며칠 전까지도 실험실에 나왔다고 한다.

그는 단발비행기를 타고 하늘을 날아다니는 게 평생 취미였는데 1980년에 세운 대서양횡단비행기록은 20년이나 깨지지 않았다.

2. 보이드 우드러프(1917. 7.22 ~ 2017. 1.19)

- 산업미생물학 개척자 100년을 살다 가다

요즘은 바이오의약품이 흔하지만 그 역사는 반세기가 조금 넘었을 뿐이다. 그 기반이 되는 산업미생물학을 태동시킨 미생물학자 보이드 우드러프Boyd Woodruff가 긴 생을 뒤로 하고 영면했다.

1917년 미국 뉴저지주 브리지턴의 농장에서 태어난 우드러프는 러트거스대에서 토양화학을 공부했다. 그는 시골에서 닭을 100마리 넘게 데려와 키워 달걀을 팔아 학교에 다녔다. 학과의 저명한 미생물학자 셀먼 왁스먼Selman Waksman 교수는 부지런하고 똑똑한 우드러프에게 대학원에 진학하라며 장학금도 주선했다.

지도교수인 셀먼 왁스먼(왼쪽)과 함께 한 보이드 우드러프. 박사과정학생이던 1940년 스물세 살 때 모습이다. (제공 러트거스대)

페니실린 발견으로 미생물에서 항생제를 찾는 연구가 한창이었고 우드러프도 퇴비에서 자라는 박테리아에서 액티노마이신actinomycin을 분리하는 데 성공했다. 그가 개발한 방법으로 실험실 후배들이 결핵에 듣는 항생제 스트렙토마이신streptomycin을 찾아냈고 이 업적으로 왁스먼은 1952년 노벨생리의학상을 받았다.

1942년 박사학위를 받은 우드러프는 거대제약사 머크에 들어가 항생제 양산 연구를 진행했다. 그는 여러 전공의 인재들을 묶어 오늘날 생명공학bioengineering으로 불리는 분야를 열었다. 우드러프는 '발효의 마법사'로 불리며 아미노산과 비타민 대량 생산도 이뤄냈다.

1973년 30년 넘는 회사생활에 지쳐 우드러프가 은퇴를 고민하고 있다는 소식을 들은 회사는 그에게 일본과 협력업무를 제안한다. 우드러프는 아내와 일본을 오가며 삶의 활력을 되찾았고 일본에서 인맥을 넓혔다.

우드러프는 기타자토연구소의 소장인 하타 토주Hata Toju와 후임자인 오무라 사토시Omura Satoshi와도 친했다. 이 인연으로 오무라가 발견한 토양미생물을 미국 머크로 보냈고 그곳의 기생충전문가 윌리엄 캠벨William Campbell은 아버멕틴을 분리하는 데 성공했다. 아버멕틴의 구조를 살짝 바꾼 이버맥틴은 1980년대 최고의 동물 기생충약으로 각광받았다. 그리고 이를 사람에 적용해 아프리카 풍토병인 림프사상충증과 회선사상충증을 퇴치했다. 이 업적으로 오무라와 캠벨은 2015년 노벨생리의학상을 받았다.*

우드러프는 산업미생물학회 회장을 두 차례 지내며 미국미생물학회의 주요 소속 학회로 만들었고 1951년 창간된 학술지 「응용 미생물학(현 응용 및 환경 미생물학)」 초대 편집자로 활동했다. 자신이 어렵게 학창시절을 보내서였는지 우드러프는 지역사회의 많은 학생들에게 학비를 지원했다.

3. 한스 로슬링 (1948. 7.27 ~ 2017. 2. 7)
– 데이터보다 사람을 더 사랑했던 통계학자

요즘 TV를 보면 명사들의 강연이 인기다. 물론 예전에도 강연이 없었던 건 아니지만 요즘 강연들은 소위 'TED 스타일'이다. 1984년 미국에서 시작한 TED는 어떤 분야에서 뛰어난 사람이 자신의 지식과 경험을

* 2015년 노벨생리의학상에 대한 자세한 내용은 『티타임 사이언스』 264쪽 '신토불이 과학연구 노벨상 거머쥐다!' 참조.

18분 안에 얘기한다. TED 명강연 가운데 하나가 2006년 한스 로슬링Hans Rosling의 '당신이 본 것 가운데 최고의 통계The Best Stats You've Ever Seen'라는 제목의 강연이다. 빌 게이츠와 멜린다 게이츠 부부도 이 강연을 보고 깊은 인상을 받았고 「사이언스」 3월 24일자에 로슬링 부고를 쓰기에 이르렀다.

한스 로슬링

1948년 스웨덴 웁살라에서 태어난 로슬링은 웁살라대에서 의학을 공부한 뒤 인도로 건너가 세인트존스 의대에서 공중보건을 전공했다. 로슬링은 1979년 모잠비크의 나칼라로 파견돼 2년 동안 일했는데 당시 나칼라의 인구 30만 명 중에서 의사는 그를 포함해 두 명이 전부였다고 한다. 1981년 모잠비크와 콩고민주공화국에 만연한 마비질환의 원인 규명에 착수해 영양결핍과 카사바라는 식용작물에 들어있는 독이 원인임을 밝혔고 이 질환에 '콘조Konzo'라는 이름을 붙였다. 콘조는 콩고의 야카 언어로 '묶인 다리'라는 뜻이다.

스웨덴 카롤린스카연구소에서 교수로 일하며 로슬링은 학생들이 통계를 제대로 활용하지 못하는 것을 보고 통계 데이터를 시각화해 명쾌하게 이해할 수 있게 하는 기법을 개발했다. 그의 통계 강연이 화제가 되면서 2006년 TED 강연으로 이어졌다. 이를 본 게이츠 부부가 로슬링을 집으로 초대했고 기부와 관련해 많은 조언을 들었다고 한다. 로슬링은 타고난 연사로 TED 강연을 10여 차례나 했다.

2014년 서아프리카 3개국에서 에볼라가 대유행하자 로슬링은 모든 강연 일정을 취소하고 리베리아로 날아가 희생자를 한 명이라도 더 줄이려고 애썼다.

로슬링은 말년에 자신의 통계 기법을 정리한 책을 썼지만 스스로 완성하지는 못하고 세상을 떠났다. 그 뒤 아들 부부가 책을 마무리해 『사실뎅어리(Factfulness)』라는 제목으로 만 1년이 좀 더 지난 2018년 4월 3일 출간했다.

부고에서 멜린다 게이츠는 2016년 5월 웁살라에서 암투병 중인 로슬링을 방문해 여러 조언을 들었다고 얘기하면서 그가 남긴 말을 전했다.

"어느 날인가 전 죽을 겁니다. 하지만 다른 모든 날에는 살아있겠죠."

4. 피터 맨스필드(1933.10. 9 ~ 2017. 2. 8)

- MRI 개발로 진단의학의 혁명을 불러온 물리학자

1933년 영국 런던의 평범한 가정에서 태어난 피터 맨스필드Peter Mansfield는 2차 세계대전 발발로 독일의 공습을 피해 피난생활을 해야 했다. 어수선한 유년기를 보낸 탓인지 성적이 좋지 않았고 열다섯 살에 학업을 끝내고 인쇄소 조수로 취직했다. 그러나 공부에 미련이 남아 야간고등학교에 다녔고 군수성 산하 로켓추진체팀으로 전직해 일하다 입대했다.

제대 뒤 복직한 맨스필드는 파트타임으로 퀸메리대에서 물리학을 공부해 24살에 졸업했다. 이곳에서 핵자기공명NMR을 연구하는 물리학자 잭 파울Jack Powles 교수와 인연을 맺었고 1962년 박사학위를 받았다.

핵자기공명은 수소 같은 원자의 핵이 자기장의 변화에 반응하는 현상으로 이를 이용하면 분자의 구조를 알 수 있다.

피터 맨스필드 (노팅엄대)

미국 일리노이대에서 박사후연구원으로 2년을 보낸 뒤 영국 노팅엄대에 자리를 잡은 맨스필드는 1972년 NMR로 생체조직의 3차원 영상을 얻을 수 있음을 깨달았다. 그는 생체조직의 단면을 찍어 이를 합치는 방법으로 1977년 NMR을 이용해 학생의 손가락 영상을 얻는 데 성공했다. 이듬해 자신이 실험동물이 돼 전신 영상을 얻는 데 성공했다. 당시는 영상을 얻기 위해 오랜 시간 강한 자기장에 노출돼야 했기 때문에 심장마비 등의 위험이 있었다. 그 뒤 촬영시간을 100분의 1로 줄인 방법을 개발했다.

NMR을 이용한 영상image, 즉 MRI 장비는 1984년 처음 출시돼 비침습 진단장비로 의료현장에 빠르게 정착됐다. 오늘날 웬만한 규모의 병원에는 MRI 장비가 설치돼 있다. 2003년 맨스필드는 미국에서 독립적으로 MRI를 개발한 폴 로터버Paul Lauterbur와 함께 노벨생리의학상을 받았다.

MRI 특허료와 지원금으로 1991년 노팅엄에 피터맨스필드경(卿)영상센터를 건립해 MRI 연구의 메카로 만들었다.

5. 밀드레드 드레셀하우스 (1930.11.11 ~ 2017. 2.20)

- 탄소과학의 여왕 잠들다

오늘날 재료과학 분야에서 탄소는 철이나 실리콘에 버금가는 중요한 원소다. 그러나 반세기 전만 해도 탄소는 구조에 따라 흑연이 될 수도 있고 다이아몬드가 될 수도 있다는 정도로만 알려졌었다. 20세기 후반이 되어 나노과학이 발전하면서 탄소가 나노재료로 재조명됐다. 이 과정에서 큰 기여를 한 물리학자 밀드레드 드레셀하우스Mildred Dresselhaus가 87세로 세상을 떠났다.

1930년 미국 뉴욕에서 태어난 밀드레드 스피웍Spiewak은 대공황의 어려운 시기를 보내면서도 음악에 재능을 보여 무료 바이올린 레슨을 받았고 헌터칼리지를 다녔다. 10년 선배로 이 대학의 교수인 의학물리학자 로절린 앨로Rosalyn Yalow는 밀드레드에게 대학원 진학을 권했다. 밀드레드는 래드클리프칼리지에서 석사학위를 받고 시카고대에서 초전도체 연구로 박사학위를 받았다. 그녀의 지도교수는 전설적인 물리학자 엔리코 페르미Enrico Fermi다. 이곳에서 박사후연구원으로 일하던 진 드레셀하우스Jean Dresselhaus를 만나 1958년 결혼했다.

밀드레드 드레셀하우스 (제공 위키피디아)

두 사람은 MIT의 링컨연구소에 취직했고 밀드레드 드레셀하우스는 비스무트와 흑연 같은 반금속semimetal의 전자광학적 특성을 연구했다. 특히 층상 구조인 흑연의 층 사이에 다른 원소를 집어넣는 연구는 훗날 리튬이온배터리 음극재로 꽃폈다.

드레셀하우스는 흑연에 레이저를 쪼이면 탄소원자 수십~수백 개로 이뤄진 덩어리로 증발한다는 사실을 발견했다. 1980년대 연구자들은 이 방법으로 탄소원자 60개로 이뤄진 구형 분자인 풀러렌을 발견했다. 드레셀하우스는 비슷한 분자가 실린더 형태로도 존재할 수 있다고 예상했는데 1990년대 탄소나노튜브가 발견되면서 사실로 확인됐다.

드레셀하우스는 MIT 최초의 여성 정교수였고 과학계의 남녀차별을 없애기 위해 노력했다. 사망하기 2주 전 입원하기까지 드레셀하우스는 매일 실험실에 출근하며 연구를 계속했다.

6. 케네스 애로 (1921. 8.23 ~ 2017. 2.21)

- 20세기 경제이론의 거성(巨星) 잠들다

케네스 애로 (제공 스탠퍼드대)

2010년 미국 버락 오바마 대통령이 밀어붙인 건강보험개혁법(소위 오바마 케어)의 개념을 제안한 경제학자 케네스 애로Kenneth Arrow가 96세를 일기로 타계했다. 1921년 뉴욕에서 태어난 애로는 뉴욕시립대에서 수학을 공부한 뒤 컬럼비아대에서 저명한 통계학자 해럴드 호텔링의 지도 아래 1951

년 경제학으로 박사학위를 받았다. 이 사이 1942년부터 1946년까지 미군에서 기상장교로 복무했는데 이때 경험이 훗날 경제학을 바라보는 관점에도 큰 영향을 미쳤다. 1995년 한 인터뷰에서 애로는 "기상학에서 배운 한 가지는 실제 과학은 정확성을 보증하지 않는다는 것이다"라고 말하기도 했다.

"사회복지 개념의 어려움"이라는 제목의 박사학위 논문에는 훗날 '애로의 불가능성 정리'로 불리는 수학 증명이 들어있다. 즉 개인의 선택에 기반한 집단 의사결정의 결과는 사회의 선호를 반영할 수 없음을 보였다. 후보자가 난립하다 보면 별 볼 일 없는 사람이 뽑힐 수도 있다는 말이다. 애로는 제라르 드브뢰Gerard Debreu와 함께 일반균형이론을 제안했고 후생경제학 분야를 개척했다.

1960년대에 애로는 '내생적 성장이론endogenous growth theory'을 제안했다. 어떤 시스템(기관이나 기업)의 수행 능력은 외부 요인뿐 아니라 내부 요인에도 큰 영향을 받는다는 이론이다. 예를 들어 고성능 컴퓨터를 들여놓는 것 이상으로 구성원들이 컴퓨터 프로그램을 능숙하게 활용하는 능력을 습득하는 것도 중요하다는 말이다. 이런 업적으로 애로는 1972년 51세에 노벨경제학상을 받았는데 지금까지도 최연소 기록으로 남아있다.

스탠퍼드대를 비롯해 여러 기관에서 거의 75년 동안 활동한 애로는 2016년 95세의 나이에 『윤리와 경제학에 대하여: 케네스 애로와의 대화』라는 제목의 책을 펴내기도 했다.

7. 유진 가필드 (1925.9.16 ~ 2017. 2.26)

– 과학자들이 집착하는 임팩트팩터를 만든 통계학자

1925년 미국 뉴욕에서 태어난 유진 가필드Eugene Garfield는 1949년 컬럼비아대 화학과를 졸업하고 화학회사 연구실에 들어갔을 때만 해도 평범한 과학자의 삶을 살 것처럼 보였다. 그러나 화학실험은 적성에 맞지 않았고 대신 그는 이전에 선배들이 합성한 뒤 방치해 둔 화합물들을 정리하는 일에 열심이었다. 이미 만든 걸 또 만들지 않기 위해서라는 명분으로.

결국 자신이 화학자보다는 정보과학자에 더 맞는다는 걸 깨달은 가필드는 1951년 존스홉킨스대 의학도서관에 취직했고 당시 폭발적으로 늘어나고 있던 의학정보를 처리하는 게 시급한 과제였다. 그는 막 도입된 컴퓨터를 이용해 기계적인 방식으로 색인을 만드는 방법을 연구했다.

1953년 도서관에서 주관한 과학문헌화 기계적 방법 심포지엄에서 가필드는 법률정보인용집Shepard's Citations의 존재를 알게 됐고 매료됐다. 1873년 처음 만들어진 법률정보인용집은 미국 법정의 재판에서 인용한 이전 판례를 기록한 문서다. 가필드는 이 체계를 과학문헌에 적용한 과학인용색인Scientific Citation Index 아이디어를 떠올렸고 컬럼비아대 문헌정보과학 석사학위 논문 주제로 삼았다. 1955년 학술지 「사이언스」에 과학인용색인 개념을 소개한 논문을 발표했지만 별다른 반응이 없었다.

유진 가필드 (제공 화학유산재단)

1956년 과학정보연구소ISI를 만든 가필드는 여기저기 돌아다니며 투자설명회를 열었지만 별 성과가 없었다. 그런데 1957년 소련이 스푸트니크 위성을 쏘아 올리자 한 방 맞은 미국은 과학정보 관리에 위기를 느꼈고 드디어 가필드는 투자를 받아 1964년부터 본격적으로 과학인용색인 서비스를 시작했다. 처음에는 학계의 관심이 미미했지만 1970년대 들어 과학인용색인의 영향력이 커지기 시작했고 특히 1975년 학술지임팩트팩터Journal Impact Factor가 쓰이기 시작하면서 과학계의 절대적인 평가잣대로 부상했다.

정작 가필드 자신은 임팩트팩터가 과학자의 능력을 평가하는 잣대로 잘못 쓰이고 있는 현실을 불편해했다고 한다. 그가 설립한 과학정보연구소는 1992년 톰슨로이터스에 팔려 오늘에 이르고 있다.

8. 토마스 스타즐 (1926. 3.11 ~ 2017. 3. 4)

- 1963년 최초로 간 이식에 성공한 외과의사

지난 2009년 스티브 잡스는 간이 제 기능을 못해 위독한 지경까지 갔다가 극적으로 간 이식을 받고 회복됐다. 2년 뒤 결국 세상을 떠났지만 이식받은 간 덕분에 삶을 연장할 수 있었다. 1963년 처음 간 이식에 성공한 뒤 수많은 사람의 목숨을 구한 의사 토마스 스타즐Thomas Starzl이 91세로 영면했다.

미국 아이오와주 르 마스에서 태어난 스타즐은 웨스트민스터대를 졸업한 뒤 노스웨스턴대에서 의학을 공부했다. 존스홉킨스병원과 마이

애미대를 거쳐 1961년 콜로라도대 의대 외과 교수로 부임해 장기이식을 개척했다. 당시는 신장 이식이 고작이었지만 스타즐은 간 이식에 도전해 성공하면서 이식 대상 장기의 범위를 넓혔다.

토마스 스타즐(제공 Barry Hogue/피츠버그대)

면역거부반응 때문에 혈연관계가 아닌 사람 사이의 장기이식은 상상할 수 없었지만 스타즐은 새로운 면역억제제 사이클로스포린cyclosporine을 도입해 이식 성공률을 끌어올렸고 1983년 미 식품의약국FDA은 사이클로스포린을 승인했다.

1981년 피츠버그대 의대로 자리를 옮긴 스타즐은 1987년 타클로리무스tacrolimus라는 새로운 면역억제제를 도입해 이식 성공률을 더 끌어올렸다. 1994년 FDA는 타클로리무스를 승인했다. 이 사이 피츠버그대는 평균 2.7일 간격으로 논문을 냈고 14.2시간 간격으로 이식 수술을 했다. 이런 노력으로 수술 뒤 급성면역반응으로 이식한 장기를 잃는 위험성이 5% 미만으로 떨어졌다.

그에게 장기이식을 배우기 위해 미국은 물론이고 세계 곳곳에서 의사들이 몰려들었다. 그 결과 미국 내 장기이식센터는 1983년 세 곳에서 2003년 130여 곳으로 늘어났다. 1991년 은퇴할 때까지 스타즐이 이끄는 이식팀은 100만 명에 가까운 사람의 목숨을 구했다.

9. 한스 데멜트 (1922. 9. 9 ~ 2017. 3. 7)

– 최초로 전자를 사로잡는 데 성공한 실험물리학자

기본입자 가운데 가장 흔하면서 단독으로 존재하는 게 바로 전자다. 그럼에도 20세기 초 물리학자들에게 전자 하나를 따로 떼어내 관찰한다는 건 상상속에서나 가능한 일이었다. 이 일을 현실에서 최초로 구현한 물리학자 한스 데멜트Hans Dehmelt가 95세로 타계했다.

1922년 독일 괴를리츠에서 태어난 데멜트는 시대를 잘못 만나 대학을 다니다 제2차 세계대전의 전화에 휩쓸렸고 프랑스에 있는 미군의 포로수용소에 갇혀있다가 1946년 풀려났다.

베르너 하이젠베르크Werner Heisenberg와 볼프강 파울Wolfgang Paul이 있던 괴팅겐대에서 물리학을 공부한 데멜트는 원자핵의 사극자모멘트quadrupole moment를 연구해 1950년 박사학위를 받았다. 그 뒤 미국으로 건너가 듀크대를 거쳐 1955년 워싱턴대에 자리를 잡았다. 이곳에서 그는 전기장과 자기장을 교묘히 배치한 엄지손가락 절반 크기의 작은 실린더(페닝 트랩Penning trap이라고 부른다)를 만들어 안에 전자를 집어넣고 오래 머물게 하는 연구를 진행했는데, 1973년 마침내 전자 하나를 수개월 동안 가두는 데 성공했다.

한스 데멜트 (제공 Davis Freeman/워싱턴대)

그리고 1984년에는 전자의 반입자인 양전자를 가두는 데도 성공했다. 연구자들은 이 상태에서 양전자의 스핀자기모멘트를 측정해 1조분의 4의 오차 범위에서 전자의 값과 동일하다는 결과를 얻었다.

데멜트는 페닝 트랩으로 1989년 노벨물리학상을 받았는데, 그의 은사인 볼프강 파울도 함께 상을 받았다. 파울은 전기장을 이용한 파울 트랩Paul trap을 고안해 이온의 물리적 특성을 정확히 규명했다.

실험실에서는 개별 아원자 입자의 움직임을 통제하는 극도로 정교한 작업을 했지만 실험실을 벗어나서는 춤과 요가를 즐겼고 학회에서도 물구나무서기 자세로 사람들을 즐겁게 했다고 한다.

10. 로널드 드레버 (1931.10.26 ~ 2017. 3. 7)

– 중력파 검출의 초석을 놓은 실험물리학자

2017년 노벨물리학상은 한 사람의 죽음으로 위원회가 편안한 마음으로 수상자를 선정할 수 있었다. 중력파 검출을 한 라이고LIGO 프로젝트의 설립 멤버 세 사람 가운데 한 명인 로널드 드레버Ronald Drever가 7개월 전인 3월 7일 86세로 세상을 떠났기 때문이다. 사실 2016년 초 중력파 검출 성공이 발표됐을 때 노벨물리학상은 정해졌다는 식의 말이 많았다. 필자는 당연히 설립 멤버인 드레버와 라이너 바이스Rainer Weiss, 킵 손Kip Thorne이 받을 줄 알았다. 그런데 뜻밖에도 고체물리 분야가 선정됐다.

2017년에야 중력파 연구가 선정된 걸 보면서 필자는 위원회가 사태를 관망한 게 아닌가 하는 생각이 문득 들었다. 즉 설립 멤버 세 사람

로널드 드레버 (제공 칼텍 아카이브)

을 선정하기에는 1994년부터 라이고 2대 소장으로 프로젝트를 이끈 배리 배리시Barry Barish의 기여가 너무 컸고 이런 와중에 드레버가 중증의 치매로 투병하고 있었기 때문이다. 드레버가 2016년 중력파 검출 발표장에도 모습을 드러내지 못한 이유다.

창립 멤버 세 사람을 선정하는 게 모양새는 가장 좋지만 어차피 드레버는 시상식에 오지 못 할 것이고 어쩌면 자신의 수상 사실도 인식하지 못할지도 모른다. (실제 시험관아기 연구로 2010년 노벨생리의학상을 단독 수상한 로버트 에드워즈Robert Edwards는 당시 85세로 치매가 심해 시상식에 참석하지 못했고 아내가 대신 수상했다. 2008년에 찍은 그가 활짝 웃고 있는 사진을 보면 2년만 빨리 선정됐어도 이런 일은 없었을 것이다. 첫 시험관아기가 태어난 게 1978년인 걸 생각하면 더 아쉽다. 에드워즈는 2013년 타계했다.)

1931년 영국 비숍턴에서 태어난 드레버는 공학자인 삼촌의 영향으로 어릴 때부터 전쟁 잔해로 TV수신기를 조립하며 놀았다. 초중고 시절에는 공부와 인연이 멀었지만 글래스고대에 들어가 두각을 나타내 핵물리학으로 1958년 박사학위를 받았다. 논문 주제는 핵붕괴를 측정하는 방사선 계수기 개발로 그가 손재주가 뛰어났음을 짐작할 수 있다.

글래스고대에서 강사로 지내며 드레버는 이론물리학자들이 제안한 아이디어를 확인할 수 있는 실험을 구상하는 재미에 푹 빠져 지냈다. 그러던 중 1969년 미국 메릴랜드대 조제프 웨버Joseph Weber 교수가 은하중심에서 중력파를 검출했다는 소식을 접한 드레버는 더 정밀한 장비를 만들어 이 결과를 재현해보기로 했다. 웨버의 데이터는 신호가 아니라 노이즈(잡음)일 가능성도 컸기 때문이다.

드레버는 웨버의 바bar 검출기보다 감도가 높은 버전을 만들었지만 중력파 검출에 실패했고 1970년대 초 이 방법으로는 희망이 없다고 선언했다. 이 무렵 MIT의 바이스 교수는 레이저 간섭계의 가능성을 검토하고 있었고 드레버 역시 이쪽으로 관심을 돌렸다. 그는 독일 연구자들과 레이저의 품질을 높이는 연구를 진행했다.

이런 와중에 한 학회에서 이론물리학자인 칼텍의 킵 손 교수를 만났다. 중력파 검출을 놓고 바이스 교수와 의견을 교환하고 있었던 손 교수는 드레버도 레이저 간섭계의 성공 가능성이 높다고 생각하고 있다는 사실을 알고 이쪽으로 가닥을 잡는다. 그 뒤 손 교수는 드레버를 칼텍으로 영입했고 둘은 40m짜리 중력파검출기 원형을 제작한다. 바이스 역시 MIT에서 검출기 설계에 들어갔다.

1983년 MIT의 바이스와 칼텍의 손과 드레버는 손을 잡고 라이고프로젝트를 진행하기로 합의했다. 그러나 장치 설계를 두고 실험물리학자인 바이스와 드레버의 입장차가 워낙 커 일이 진전되지 않자 연구비를 대는 미 국립과학재단NSF이 해결책을 촉구했고, 결국 칼텍의 로커스 보트Rochus Vogt 교수를 초대 소장으로 영입해 1987년 라이고 프로젝트가 출범했다.

학술지 「네이처」 2017년 4월 20일자에 드레버 부고를 쓴 사람은 뜻밖에도 바이스다. 그는 부고에서 드레버가 라이고의 개념을 확립하는 데 큰 기여를 했다고 인정하면서도 글 말미에 두 사람 사이가 얼마나 험악

했는지를 짐작할 수 있는 에피소드를 들려줬다. 아무튼 한 사람은 평생의 염원인 중력파를 검출하는 데 성공하는 모습을 본 것으로 만족해야 했고 다른 사람은 덤으로 노벨상까지 받게 됐으니 이게 인생이 아닌가 한다.

"난(바이스) 광학 공동optical cavity을 이용하는 문제에서 드레버와 의견이 달랐다. 여기서는 그가 옳았다. 난 고체상태 레이저를 밀었지만 그는 아르곤 레이저를 고집했다. 여기서는 드레버가 틀렸다."

11. 조지 올라 (1927. 5.22 ~ 2017. 3. 8)

– 녹색화학의 길을 연 탄화수소 화학자

화학에서 탄소는 약방의 감초로 수많은 분자의 대다수가 탄소원자를 지니고 있다. 그리고 우리는 고교 화학 수업에서 탄소원자 하나가 최대 네 개의 원소와 결합을 할 수 있다고 배웠다. 그러나 엄밀히 말하면 어떤 조건에서는 다섯 개와 결합을 할 수도 있는데, 이를 발견한 화학자 조지 올라George Olah가 90세로 영면했다.

1927년 헝가리 부다페스트에서 태어난 올라 게오르기Oláh György는 제2차 세계대전으로 힘든 10대를 보냈다. 전후 부다페스트공대에서 화학을 공부해 1949년 불과 스물 둘의 나이에 유기화학으로 박사학위를 받았다. 모교에서 교수 생활을 하며 시약을 구하기도 어려운 환경에서 연구하던 중 1956년 소련군이 헝가리를 침공했다. 소련의 영향을 벗어나려는 혁명을 진압하기 위해서다. 조국이 소련의 꼭두각시가 된 현실을 견디지 못한 20만여 명이 망명했는데 올라도 그 가운데 한 명이다.

1957년 장모가 있는 캐나다로 이주한 조지 올라(영어식으로 이름을 바꿨다)는 온타리오주 사니아에 있는 화학회사 다우케미컬에 입사했다. 여기서 그는 플라스틱 폴리스티렌을 만드는 과정에서

조지 올라 (제공 케이스웨스턴리저브대)

마이크로초보다 짧은 시간 존재하는 중간물질 카보양이온carbocation의 수명을 훨씬 길게 늘리는 조건을 찾는 데 성공했다. 즉 초산superacid이 카보양이온을 안정화시킨다는 사실을 발견한 것이다. 카보양이온이 안정적으로 존재할 수 있게 되면서 많은 유용한 물질을 만들 수 있게 됐다. 이 업적으로 올라는 1994년 노벨화학상을 단독 수상했다.

1965년 미국 케이스웨스턴리저브대로 자리를 옮긴 올라는 탄소원자가 다양한 형태로 결합할 수 있다는 걸 실험으로 보여주며 탄화수소화학의 지평을 넓혔다. 또 플루오린(불소)을 함유한 분자를 만드는 다양한 방법을 개발해 제약산업에 크게 공헌했다. 의약품의 25%가 플루오린을 포함한 분자다. 1977년 사우스캘리포니아대로 옮긴 올라는 녹색화학 연구를 본격적으로 진행해 이산화탄소에서 메탄올을 만드는 공정을 비롯해 다양한 친환경 반응을 개발했다.

미국화학회가 발행하는 주간지 「화학 및 공학 뉴스」는 1998년 창간 75주년을 맞아 독자들에게 이 기간 동안 화학에 공헌한 사람들을 추천(최대 20명까지)하는 이벤트를 열어 '탑 75'를 선정해 발표했다. 이 75명에 올라도 이름을 올렸다.

12. 안젤라 하틀리 브로디 (1934. 9.28 ~ 2017. 6. 7)

– 수많은 유방암 환자의 목숨을 살린 약학자

지난 한 세대 동안 우리나라 여성의 유방암 발병률은 놀랄 만큼 늘어 서구사회와 비교할 수준이 됐다. 환경오염과 서구화된 식단 등 여러 요인이 작용한 결과로 보인다. 다행히 치료법도 발전하고 있어서 생존률 역시 꾸준히 올라가고 있다. 대표적인 유방암 치료제의 하나인 아로마타제 억제제aromatase inhibitor를 개발한 약학자 안젤라 하틀리 브로디Angela Hartley Brodie가 83세로 영면했다.

영국 올드햄에서 태어난 안젤라 하틀리는 유기화학자인 아버지의 영향으로 과학에 흥미를 가졌다. 셰필드대에서 생화학으로 학부와 석사 과정을 마친 뒤 맨체스터대에서 화학병리학으로 1961년 박사학위를 받았다.

이듬해 미국으로 건너가 우스터실험생물학재단에서 스테로이드 생화학을 연구했다. 이곳에서 만난 유기화학자 해리 브로디Harry Brodie와 결혼했다. 맨체스터에서 유방암 환자들이 유방절제수술을 받는 걸 지켜본 하틀리는 여성호르몬 에스트로겐이 암세포의 분열을 촉진하고 따라서 에스트로겐을 만들지 못하게 하는 약물을 만들면 효과적인 항암제가 되리라고 생각했다.

안젤라 브로디 (제공 메릴랜드대)

에스트로겐 생합성에서 결정적인 역할을 하는 효소가 아로마타제(방향화효소)

로 브로디는 1977년 아로마타제 억제효과가 뛰어난 포메스테인formestane 이라는 약물을 개발했다. 그러나 암세포를 죽이는 항암제에만 관심이 있었던 제약회사들은 이 약물에 대한 임상을 외면했다.

1979년 메릴랜드대로 자리를 옮긴 브로디는 1981년 영국의 종양학자 찰스 쿰스Charles Coombes를 만난 자리에서 아로마테제 억제제의 효과를 역설했고 이에 감명을 받은 쿰스는 소규모 임상시험을 실시해 긍정적인 결과를 얻었다. 그 뒤 제약회사 시바-가이기가 본격 임상시험을 진행했고 1994년 출시됐다. 브로디는 1990년대 먹는 아로마타제 억제제를 개발해 환자들의 고통을 덜어주었다. 그 뒤 여러 아로마타제 억제제가 개발됐고 오늘날 널리 쓰이고 있다.

실험실에서는 늘 조용하고 심지어 허약해 보였지만 스카이다이빙과 등산이 취미였다고 한다.

13. 마리암 미르자카니 (1977.5.12 ~ 2017. 7.14)
- 여성 유일 필즈상 수상자 잠들다

지난 2014년 우리나라에서 열린 세계수학자대회에서 스포트라이트를 한 몸에 받은 사람은 8월 13일 여성 최초로 필즈상을 받은 마리암 미르자카니Maryam Mirzakhani였다. 그러나 유방암 투병 중이라는 그녀의 병색이 완연한 모습에 안타까움도 컸다. 결국 수상 뒤 만 3년을 채우지 못한 2017년 7월 14일 미르자카니는 불과 마흔의 나이에 세상에 작별을 고했다.

마리암 미르자카니 (제공 스탠퍼드대)

1977년 이란 테헤란에서 태어난 미르자카니는 1994년과 1995년 연달아 국제수학올림피아드에서 금메달을 따 수학 천재소녀로 유명해졌다. 덕분에 이슬람국가의 여성임에도 별 어려움 없이 샤리프공대에서 수학을 공부할 수 있었고 졸업 뒤 미국으로 유학 가 하버드대에서 박사학위를 받았다. 그 뒤 클레이수학연구소와 프린스턴대를 거쳐 2008년부터 스탠퍼드대 교수로 지냈다.

미르자카니의 연구주제는 표면의 기하학과 동역학으로 순수수학일 뿐 아니라 물리학의 양자장이론에도 도움을 주는 것으로 밝혀졌다. 이 업적으로 2014년 37세에 필즈상을 받았다. 지난 수년 동안 미르자카니는 시카고대의 알렉스 에스킨Alex Eskin, 샌디에이고 캘리포니아대 아미르 모함마디Amir Mohammadi와 함께 비유하자면 당구공이 다각형 당구대 위를 움직이는 경로를 분석할 수 있는 이론을 개발하는 데 성공했다. 이들은 기하학과 위상학, 동역학계를 하나로 묶어 새로운 수학 분야를 탄생시켰다고 한다.

해결하는 데 수 년이 걸리는 '어려운 문제를 좋아했던' 미르자카니는 뛰어난 여성 수학자인 자신에게 쏟아진 대중매체의 관심을 늘 부담스러워했다고 한다.

14. 하워드 아이헨바움 (1947.10.16 ~ 2017. 7.21)

- 기억과 해마의 관계를 밝힌 신경과학자

최근 성인의 뇌에서 신경생성이 일어나는가를 두고 논쟁이 한창이다. 지난 세기까지만 해도 뉴런은 파괴될 뿐이라고 알려져 있었지만 1998년 심지어 노인에서도 뉴런이 생긴다는 사실이 밝혀졌다. 그런데 2018년 3월 학술지 「네이처」에 그렇지 않다는 실험결과가 실린 것이다. 성인 신경생성 논쟁의 부위인 해마hippocampus와 기억의 관계를 연구한 하워드 아이헨바움Howard Eichenbaum이 70세에 세상을 떠났다.

1947년 미국 시카고에서 태어난 아이헨바움은 미시간대에서 학부와 대학원을 마친 뒤 MIT의 수잰 코킨Susan Corkin 교수 실험실에서 박사후연구원 시절을 보내며 뇌과학 분야에서 가장 유명한 환자인 '환자 H.M.'의 후각을 연구했다. 중증 간질로 1953년 측두엽을 들어내는 수술을 받은 H.M.은 장기기억을 형성하지 못하게 됐다. 코킨 교수는 1962년부터 H.M.이 사망할 때까지 46년 동안 그를 연구했고 측두엽의 조직인 해마가 기억형성에 결정적 역할을 한다는 사실을 밝혔다.

웰즐리대를 거쳐 보스턴대에 자리 잡은 아이헨바움은 주로 설치류 동물실험을 통해 해마와 기억의 관계를 밝혔다. 1970년대 영국의 존 오키프John O'keefe 교수가 쥐의 해마에서 장소세포를 발견한 이

하워드 아이헨바움 (제공 Vernon Doucette / 보스턴대)

래 공간기억에 관여하는 해마연구가 많이 진행됐다. 아이헨바움은 시간으로 관심을 돌려 해마에서 특정 시간 간격에 반응하는 세포를 발견했고 이를 시간세포time cell라고 불렀다. 그는 이 뉴런이 기억에서 사건이 일어난 시간을 담당한다고 제안했다.

아이헨바움은 1998년부터 학술지 「해마」의 편집장을 맡아 사망할 때까지 이 분야의 발전을 위해 노력했다. 그는 머리를 많이 쓰면 뇌가 물리적으로도 변한다며 나이 들어서도 공부와 운동을 게을리하지 말아야 한다고 강조했다. 성인의 해마에서도 신경생성이 일어난다고 믿었다는 말이다.

15. 패트릭 베이트슨 (1938. 3.31 ~ 2017. 8. 1)

– 동물행동학을 개척한 생물학자

'유전학'이라는 용어를 만든 저명한 유전학자 윌리엄 베이트슨William Bateson(1861~1926)의 사촌의 손자로 동물행동학자이자 과학저술가였던 패트릭 베이트슨Patrick Bateson이 8월 1일 79세를 일기로 세상을 떠났다.

1938년생인 베이트슨은 어려서부터 할아버지의 얘기를 듣고 자랐고 새를 관찰하는 게 취미였다. 케임브리지대에서 자연과학을 공부했고 로버트 하인드Robert Hind 교수의 지도 아래 동물행동학으로 박사학위를 받았다. 그의 연구주제는 새의 각인imprinting으로, 알에서 깨어난 새끼가 처음 본 움직이는 대상(보통은 어미)을 졸졸 따라다니는 행동이다.

미국 스탠퍼드대에서 2년 동안 신경과학자 칼 프리브램Karl Pribram과 연구한 뒤 케임브리지대로 돌아온 베이트슨은 신경과학자 가브리엘 혼

Gabriel Horn, 스티븐 로즈Steven Rose와 함께 동물행동학과 유전학, 신경과학, 생리학 등 학제적 연구를 수행했다. 그는 동물의 짝 선택, 놀이, 학습과 기억 등 다양한 연구를 수행했고 동물복지에도 관심이 많았다.

패트릭 베이트슨 (제공 영국왕립학회)

베이트슨은 과학행정가로도 탁월해서 케임브리지대 킹스칼리지 학장(1988~2003년), 런던동물학회 회장(2004~2014년), 영국왕립학회 부회장(1998~2003년)을 역임했다. 그럼에도 그는 주위 사람들에게 자신을 애칭인 팻Pat으로 불러달라고 고집했다.

베이트슨은 단독 또는 공저자로 많은 책을 썼고 그가 편집자로 참여한 편저도 여러 권이다. 이 가운데 3판까지 나온 『고양이(The Domestic Cat)』가 꾸준한 사랑을 받고 있다. 그의 마지막 저서는 세상을 떠나기 6개월 전인 2017년 2월 출간한 『행동과 발달, 진화(Behaviour, Development and Evolution)』이다.

16. 니콜라스 블룸베르헨 (1920.3.11 ~ 2017. 9. 5)

- 노벨상을 두 번은 받았을 물리학자

지금까지 노벨과학상을 두 번 받은 과학자는 세 사람이고 물리학상을 두 번 받은 사람은 존 바딘John Bardin 한 명뿐이다. 레이저분광법 개발

니콜라스 블룸베르헨 (제공 위키피디아)

로 1981년 노벨물리학상을 받았고 다른 업적으로 한 차례 더 받아도 될 만큼 20세기 물리학 발전에 큰 기여를 한 니콜라스 블룸베르헨Nicolaas Bloembergen이 97세를 일기로 타계했다.

1920년 네덜란드 도르드레흐트에서 태어난 블룸베르헨은 위트레흐트대에서 물리학을 공부하던 중 독일 나치가 대학 문을 닫는 바람에 학업이 중단됐다. 1944년 네덜란드의 대기근 동안 블룸베르헨은 튤립 알뿌리를 삶아 먹으며 버텼다고 한다. 전후 대학이 다시 문을 열었을 때 동기의 10%가 저세상 사람이었다.

졸업 뒤 1946년 미국 하버드대로 유학을 떠난 블룸베르헨은 에드워드 퍼셀Edward Purcell 교수 실험실에서 핵자기공명NMR을 연구했다. 퍼셀은 블룸베르헨이 도착하기 불과 5주 전에 핵자기공명을 발견했는데 자기장이 걸렸을 때 원자핵이 마이크로파를 흡수하는 현상이다. 블룸베르헨은 18개월 동안 실험에 몰두했고 핵자기완화nuclear magnetic relaxation의 물리학을 확립해 NMR이 널리 쓰이게 하는 데 공헌했다. 1952년 퍼셀이 필릭스 블로흐Felix Bloch와 함께 노벨상을 받았을 때 블룸베르헨이 포함됐어도 이상할 게 없었다.

1961년 블룸베르헨은 비선형광학을 연구하기 시작했다. 즉 강력한 빛을 물질에 쪼일 때 일어나는 특이한 현상을 설명하기 위한 이론을 개발했고 그 과정에서 레이저분광법을 개발해 원자구조를 정밀하게 밝히는 데 공헌했다. 연구자들은 두 파장의 레이저 빔이 혼합된 레이저를 개발해 레이저분광법의 응용 분야를 넓혔다. 1990년 하버드대에서 은퇴한 블룸베르헨은 애리조나대의 초청을 받아들여 연구생활을 이어갔다.

17. 프랭크 브라운 (1943.10.24 ~ 2017. 9.30)

– 고인류 화석의 연대 결정에 기여한 지질학자

최근 30만 년 전 인류 화석이 화제다. 남아프리카의 호모 날레디와 북아프리카의 호모 사피엔스다. 여전히 원시적인 형태를 많이 지니고 있는 인류가 불과 30만 년 전에 살았고 현생인류의 역사가 20만 년에서 30만 년으로 크게 늘어났기 때문이다. 머지않아 인류의 요람이라는 동아프리카의 지위도 흔들리게 될까. 동아프리카에 발굴된 여러 고인류의 연대 규명에 큰 역할을 한 프랭크 브라운Frank Brown이 73세로 타계했다.

1943년 미국 캘리포니아주 윌리츠에서 태어난 브라운은 목수이자 포도재배자인 아버지의 영향으로 어려서부터 손으로 하는 일에 능숙했다. 버클리 캘리포니아대에서 지질학을 공부하고 가니스 커티스Garniss Curtis 교수 실험실에서 박사과정을 하던 중 일생의 기회가 찾아왔다. 당시 동아프리카 케냐에서 고인류 화석 발굴을 진행하던 루이스 리키Louis Leaky는 에티오피아제국을 설득해 발굴 영역을

프랭크 브라운 (제공 위키피디아)

넓히려고 시도하고 있었다. 그는 미국팀 리더인 클라크 하웰Clark Hawell에게 용감한 지질학자를 파견해달라고 요청했고 하웰은 커티스에게 도움을 청했다. 이 얘기를 들은 브라운은 얼른 자원했고 1966년 봄 에티오피아 오지인 오모 밸리Omo Valley로 떠났다.

투르카나호수 북동부에 위치한 이 지역은 퇴적층이 잘 보존돼 연대측정이 쉽게 이뤄졌다. 1968년 루이스의 아들 리처드 리키Richard Leaky는 오모를 버리고 케냐의 쿠비 포라Koobi Fora로 발길을 돌렸는데 여러 팀이 퇴적층 분석에 실패하자 1980년 브라운에게 도움을 청했다. 브라운은 이 일대에 널리 분포해있는 화산재를 분석해 연대측정에 성공했다. 그 결과 이 지역에서 발굴된 여러 인류 화석(호모 에렉투스, 오스트랄로피테쿠스 아나멘시스, 오스트랄로피테쿠스 보이세이, 호모 하빌리스)의 정확한 연대를 밝힐 수 있었다.

1971년부터 유타대에서 일한 브라운은 1991년부터 25년 동안 학장으로 봉직했다.

18. 블라디미르 보예보츠키 (1966.6.4 ~ 2017. 9.30)
- 대수기하학을 혁신시킨 수학자

강의를 듣는 게 무의미하다며 출석을 안해 대학졸업장도 받지 못했지만 하버드대에서 대학원생으로 모셔가 박사학위를 받은 천재 수학자 블라디미르 보예보츠키Vladimir Voevodsky가 51세의 아까운 나이에 사망했다.

1966년 러시아 모스크바에서 태어난 보예보츠키는 아버지가 물리학자, 어머니가 화학자였다. 처음에는 화학을 공부했지만 화학을 이해하기 위해서는 물리학을 공부해야 했고 물리학을 이해하기 위해서는 수학을 공부해야 했다. 결국 모스크바주립대에서 수학을 전공했지만 강의에 참석하지 않아 졸업장은 받지 못했다.

블라디미르 보예보츠키 (제공 Andrea Kane/프린스턴고등연구소)

그러나 보예보츠키의 논문이 워낙 뛰어났기 때문에 하버드대의 초청을 받고 미국으로 건너갔다. 1992년 박사학위를 받고 나서 10여 년 동안 생산적인 시기를 보내며 '모티브 호모토피 이론motivic homotopy theory'을 개발했다. 1996년 보예보츠키는 이 아이디어로 1970년 존 밀너John Milner가 제시한 추측을 증명해 2002년 필즈상을 받았다.

이 해에 프린스턴고등연구소로 자리를 옮긴 보예보츠키는 수학증명을 컴퓨터로 보이는 연구에 착수했다. 보예보츠키는 기본 정의와 정리 수천 개를 코드화했다. 그러나 혈관질환으로 갑작스럽게 사망하면서 연구가 중단됐다. 그의 연구실에서 작성 중인 여덟 편의 논문이 발견됐다.

19. 길버트 스토크 (1921.12.31 ~ 2017.10.21)
– 천연물 합성에 매혹된 유기화학자

1921년 벨기에 브뤼셀 부근의 도시 익셀에서 태어난 길버트 스토크Gilbert Stork는 프랑스 파리와 니스에서 자랐다. 1939년 제2차 세계대전이

길버트 스토크 (제공 스토크 유족)

터지기 직전 가족이 미국으로 이민을 떠났다. 플로리다대에서 화학을 공부하던 중 화학자들이 키나나무 껍질에 들어있는 알칼로이드 분자로 말라리아 치료제로 쓰이는 퀴닌quinine을 합성하기 위해 노력하고 있다는 사실을 알게 된 스토크는 자신이 그 과업을 완성할 꿈을 꾼다.

위스콘신대에서 박사과정을 끝내고 하버드대에서 일할 때 입체화학, 즉 거울상 분자를 만드는 합성법을 개발해 천연물인 칸타리딘cantharidin을 합성했다. 또 선형분자가 입체선택성을 보이며 고리가 여러 개인 분자로 바뀌는 반응을 제안했는데 같은 시기 비슷한 반응을 제안한 알버트 에션모저Albert Eschenmoser와 함께 '스토크-에션모저 가설'로 불린다.

1953년 컬럼비아대에 교수로 부임한 스토크는 에나민enamine으로 불리는 구조를 지닌 분자를 합성하는 방법을 개발했다. 그리고 2001년 스토크와 동료들은 입체선택적으로 퀴닌을 합성하는 데 처음 성공했다. 대학생 때의 꿈이 50여 년 만에 이뤄진 것이다.

스토크의 마지막 논문은 세상을 떠나기 불과 수주 전에 학술지에 실렸는데 혈압약으로 쓰이는 게르민germine이라는 천연물의 합성에 관한 내용이다. 96세라는 나이를 생각하면 놀라운 일이다.

앞서 조지 올라가 선정된, 1998년 「화학 및 공학 뉴스」 창간 75주년 기념 화학에 공헌한 '탑 75'에 스토크도 이름을 올렸다.

20. 로널드 브레슬로우 (1931. 3.14 ~ 2017.10.25)

– 자연에서 영감을 얻은 유기화학자

1931년 미국 뉴저지주 라웨이에서 태어난 로널드 브레슬로우Ronald Breslow는 학창시절 모든 분야에서 뛰어난 '엄친아'였다. 하버드대에서 화학을 공부한 뒤 의사인 아버지를 따라 하버드대 의대에 진학했지만 1년만에 화학과로 돌아와 1965년 노벨화학상을 받게 될 로버트 우드워드Robert Woodward 교수의 지도로 박사학위를 받았다. 박사후연구원 생활은 1957년 노벨화학상을 받게 될 영국 케임브리지대 알렉산더 토드Alexander Todd 교수의 실험실에서 보냈다. 우드워드 교수에게서는 유기분자의 반응성에 대해 배웠고 토드 교수에게서는 생체분자의 유기화학을 전수받았다.

1956년 불과 25세에 브레슬로우는 컬럼비아대 화학과에서 강의를 하며 비타민B_1이 효소를 도와 다양한 반응을 촉매하는 메커니즘을 규명했다. 또 사이클로프로필cyroclopropyl 양이온을 합성해 양자역학이 예측한 분자의 방향성aromaticity을 입증하기도 했다. 1960년대에는 탄소와 수소 결합에 다른 원자나 작용기를 집어넣는 반응을 연구했다.

로널드 브레슬로우 (제공 위키피디아)

한편 브레슬로우는 1970년대 항암제 보리노스타트vorinostat를 개발했다. 몇몇 유기용매가 암세포의 성장을 억제한다는 사실에 착안해 이 작용을 모방한 약물을 설계한 것이다. 미 식품의약국FDA은 2006년 보리노스타트(상품명 졸린자Zolinza)를 피부T세포림프종 치료제로 승인했다.

브레슬로우는 연구뿐 아니라 명강의로도 유명했고 컬럼비아대에서 250여 명의 제자를 길러냈다. 그보다 10년 연상으로 불과 4일 앞서 세상을 떠난 길버트 스토크는 같은 과 동료 교수였고 「화학 및 공학 뉴스」가 1998년 창간 75주년을 맞아 선정한 화학에 공헌한 '탑 75'에도 함께 이름을 올렸다.

21. 포티스 카파토스 (1940.4.16 ~ 2017.11.18)

– 과학행정가로도 탁월했던 말라리아 전문가

'과학자를 위해 과학자가 운영하는' 기구라는 모토로 2007년 출범한 유럽연구이사회ERC의 초대 회장을 지낸 생물학자 포티스 카파토스Fotis Kafatos가 77세를 일기로 타계했다.

1940년 그리스 크레타섬에서 태어난 카타포스는 미국 풀브라이트 장학생에 선발돼 코넬대에서 공부했고 하버드대에서 곤충을 연구해 박사 학위를 받았다. 1969년부터 하버드대에서 교수로 있으면서 말라리아를 옮기는 모기에 대해 집중적

포티스 카파토스 (제공 ERC)

으로 연구했다. 2002년 발표된 아프리카 말라리아모기*Anopheles gambiae*의 게놈 해독에 힘을 보탰고 매개 모기에 기반한 말라리아 방제법을 연구했다.

카파토스는 조국 그리스의 과학발전에도 신경을 많이 썼는데 1982년부터 크레타대 교수직도 겸임했다. 2005년 영국 런던대로 자리를 옮겨 완전한 유럽인으로 돌아왔다. 카파토스는 과학자로도 뛰어났지만 과학행정가로 큰 성공을 거뒀다. 1993년부터 2005년까지 비영리 교육기관인 유럽분자생물실험실EMBL 소장을 지냈고 2007년 기초연구 지원을 위한 유럽연합EU 산하의 독립기구인 유럽연구이사회 창설을 주도하고 초대 회장직에 선출돼 활동하다 건강문제로 2010년 사퇴했다.

유럽연구이사회는 2014년부터 2020년까지 7년 간의 예산이 130억 유로(약 17조 원)에 이를 정도로 큰 규모다. 카파토스는 예산의 절반 이상이 혁신적인 연구를 수행하는 젊은 연구가들에게 돌아갈 수 있도록 지원 방향을 유도했고 현재는 3분의 2에 이르고 있다. 그리고 이 과정에서 과학 외적인 요인이 개입하는 걸 막기 위해 최선을 다했다.

그는 유럽연구이사회가 당초 목표대로 잘 운영되는 것에서 삶의 가장 큰 보람을 느낀다고 말했다.

22. 파멜라 스클라 (1959.7.20 ~ 2017.11.20.)

– 정신질환의 유전적 기반을 탐구한 정신과의사

동서고금을 막론하고 사람들은 몸이 아픈 것보다 마음이 아픈 걸 숨기려는 경향이 있다. 그리고 정신질환과 유전자의 관련성을 논의하는 건

파멜라 스클라 (제공 Mount Sinai Health System)

과학자들도 꺼리는 주제다. 이런 분위기에서 정신질환도 질병의 하나일 뿐이고 유전적 기반을 알게 된다면 치료에 큰 도움이 될 거라며 관련 유전자를 찾는 연구를 주도했던 의사이자 과학자 파멜라 스클라Pamela Sklar가 58세를 일기로 세상을 떠났다.

1959년 미국 볼티모어에서 태어난 스클라는 고등학생 때 피아니스트를 꿈꿨고 세인트존스대에서 고전과 철학을 공부했다. 그러나 과학과 의학에 관심이 커진 스클라는 여름방학을 이용해 존스홉킨스대에서 화학을 공부했고, 의학대학원에 진학해 신경과학 연구로 의학박사학위(1985년)와 이학박사학위(1988년)를 받았다. 스클라는 향정신제와 항우울제의 메커니즘을 연구했다.

후각수용체유전자군을 발견해 2004년 노벨생리의학상을 받은 컬럼비아대 리처드 액설Richard Axel 교수 실험실에서 박사후연구원을 지낸 뒤 1997년 매사추세츠종합병원에 자리를 잡았고 2011년 마운트시나이 아이칸의대로 자리를 옮겼다. 스클라는 정신질환의 생물학적 근원에 관심이 많았고 다른 많은 질환처럼 조현병(정신분열증)이나 양극성장애(조울증)도 여러 유전자가 관여할 것이라고 추측했다.

2000년 인간게놈초안이 발표되면서 이런 가정을 검증할 토대가 마련됐고 스클라는 2006년 국제조현병컨소시엄 출범에 주도적으로 참여했다. 2009년 스클라와 동료 연구자들은 정신질환과 관련된 유전자들을 규명한 연구결과를 발표했고 조현병과 양극성장애가 밀접한 관련이 있다는 사실을 밝혀냈다. 즉 조울증은 우울증의 변형이 아니라 조현병으로 가는 길목에 있는 질환이라는 말이다. 2014년에는 조현병 관련 유전자 변이를 추가로 발견해 발표했다. 이런 연구를 바탕으로 최근 효과적인 정신질환 약물을 설계하는 연구가 활발히 진행되고 있다.

23. 칼레스투 주마 (1953.6.9 ~ 2017.12.15)
– 아프리카 개발에 평생 헌신한 국제문제학자

1953년 케냐 서부 빅토리아호수를 면한 부시아에서 태어난 칼레스투 주마Calestous Juma는 말라리아로 힘든 어린 시절을 보냈다. 집안이 가난해 망가진 라디오와 레코드플레이어를 고치는 일을 하며 학비를 보탰다. 대학에 갈 돈은 도저히 마련하지 못해 과학교사가 되는 코스를 밟았다. 그러다 케냐의 한 신문에 기고한 글을 보고 재능을 알아본 편집자가 기자 자리를 제의해 과학 및 환경 분야의 기자가 됐다.

1979년 수도 나이로비에 있는 비정부기구 환경연락센터로 자리를 옮겨 연구자와 편집자로 일하다 영국 유학 장학생에 선발

칼레스투 주마 (제공 Martha Stewart / 하버드 케네디스쿨)

돼 서섹스대에서 1987년 과학정책 연구로 박사학위를 받았다. 케냐로 돌아온 주마는 이듬해 나이로비에 아프리카기술연구센터ACTS를 설립해 캐나다가 지원한 프로젝트인 '아프리카경제재건 및 환경'을 수행했다. 주마는 1989년 펴낸 『유전자 사냥꾼(The Gene Hunters)』이라는 책에서 현대 생명공학의 위험성과 잠재성을 다뤘다.

캐나다를 거쳐 1998년 미국 하버드대 케네디스쿨(정치·행정 대학원) 교수가 된 주마는 UN과 협력해 아프리카의 기아를 퇴치하고 환경을 보존하는 과제를 수행했다. 2016년 칼 포퍼의 『열린사회와 그 적들』을 패러디한 책 『혁신과 그 적들(Innovation and Its Enemies)』에서 개발도상국에 생명공학이 절실함에도 이를 반대하는 사람들에게 "사람들은 두려워서 처음에는 새로움을 거부한다"며 커피 등 여러 예를 소개했다.

주마는 2014년 한 인터뷰에서 "정말로 나는 아프리카 지도자들과 청년들에게 치어리더에 불과하다"며 자신의 영예보다는 아프리카가 더 나아지기를 간절히 염원했다.

24. 벤 바레스 (1954.9.13 ~ 2017.12.27)

– 과학계의 남녀평등을 촉구한 트랜스젠더 신경과학자

교수가 학생을 인종이나 종교, 성별, 성적 취향에 따라 열등하게 타고났다고 말한다면 이는 넘지 말아야할 선을 넘은 것이다. 즉 발언의 자유와 언어폭력을 가르는 선 말이다.

– 벤 바레스

2017년 연말 서구사회의 최대 화두는 '#MeToo'였다. 미국 할리우드의 영화제작자 하비 와인스타인Harvey Weinstein이 '을'의 입장인 여배우들을 성적으로 괴롭혔다는 폭로를 계기로 여러 분야에서 비슷한 경험을 한 여성들의 고백이 줄을 이었다. 그 결과 와인스타인을 비롯한 많은 저명한 인사들이 퇴출됐다. 해가 바뀌어 미투 캠페인이 우리나라로 넘어오면서 역시 많은 유명인이 조사를 받고 있다.

미투 캠페인은 과학계도 예외가 아니어서 주간 학술지인 「네이처」와 「사이언스」에는 이와 관련된 뉴스나 피해당사자들의 고발, 관련 인사들의 논평 등이 줄을 이었다. 2017년 「네이처」 마지막 호에 실린 "2017 과학계 화제의 인물 톱 10"에는 변호사 앤 올리바리우스Ann Olivarius가 포함돼 있다. 올리바리우스는 미국 로체스터대를 비롯한 여러 기관에서 벌어진 성희롱 사건에 대한 법적분쟁을 맡아 주목을 받았다.

2017년 12월 8일자 「사이언스」에 실린 사설에서 두 여성 과학자는 대학에서의 성희롱이 웬만한 직장을 넘어 할리우드 수준인 것은 그 구조가 비슷하기 때문이라고 분석했다. 즉 교수가 학생에 대해 사실상 '생살여탈권'을 쥐고 있는 상황에서 성희롱을 당하는 학생(꼭 여성인 건 아니다)은 꾹 참고 학위를 받거나 학위를 포기하고 떠나는 수밖에 없다는 것이다. 간혹 학생이 용감하게 고발에 나서더라도 학교 당국은 진화하기에 바쁘고 결국은 교수로부터 보복을 당해 그 분야에 발을 붙일 수 없는 지경이 된다.

이번 미투 캠페인을 계기로 학계도 이런 고질적인 성희롱 문화를 청산할 때가 됐다는 게 이들의 주장이다. 성희롱 문제는 남존여비 사상에 찌들어 있는 우리나라 같은 곳의 문제인 줄만 알았는데 진작 남녀평

등 사회가 된 줄 알았던(물론 유색인에 대한 차별은 여전하지만) 서구에서도 이 문제가 곪아 터질 지경이었다는 걸 알고 사실 필자는 좀 놀랐다.

교세포 중요성 부각시켜

「네이처」 2018년 1월 18일자에는 전해 12월 27일 63세의 아까운 나이에 타계한 뛰어난 신경과학자를 기리는 동료 교수의 부고가 실렸다. 췌장암으로 세상을 떠난 미국 스탠퍼드대의 벤 바레스Ben Barres 교수로, 지난 20여 년 동안 교세포glia 연구에서 탁월한 업적을 내놓아 뇌과학은 곧 뉴런(신경세포)을 연구하는 분야라는 기존 인식을 바꾸어놓은 인물이다.

그런데 미투 캠페인이 대학까지 퍼진 지금 바레스의 삶이 새삼 주목을 받고 있다. 바레스는 마흔셋이라는 적지 않은 나이에 성전환수술을 받아 성 정체성을 찾았을 정도로 쉽지 않은 삶을 살아왔고 십여 년 전부터는 남녀차별이라는 편견에 맞서 싸워왔기 때문이다.

벤 바레스. (제공 스탠퍼드대 의대)

1954년 미국 뉴저지주 웨스트오렌지에서 태어난 바바라Barbara 바레스는 어려서부터 자신의 성 정체성에 혼란스러워했다. 훗날 그는 어머니가 자신을 임신했을 때 남성호르몬 테스토스테론과 비슷한 약물을 과다 복용한 게 원인일 것으로 추정했다.

아무튼 집안에서 '말괄량이'로 불리며 어린 시절을 보낸 바바라는 공부를 썩 잘했기 때문에 명문 MIT 생물학과에 진학했다. 그런데 이때부터 학문과 관련한 성차별을 겪게 된다. 어느 날 수학과제에서 가장 어려운 문제를 혼자 풀었는데 교수가 "분명히 남자친구가 풀어줬을 것"이라고 대놓고 말한 것이다.

하버드대에서 신경생물학으로 박사과정을 할 때도 여성이라는 이유로 장학금을 타지 못한 경험이 있다. 즉 경쟁자인 남학생은 발표한 논문이 한 편뿐이었고 바바라는 여섯 편이나 됐지만(그것도 유수 저널에 발표한 것이다) 어찌 된 까닭인지 장학금 수혜자로 남학생이 선정됐다. 이 학생은 이듬해 학업을 포기했다.

이런 와중에서도 바바라의 연구업적이 워낙 탁월했기 때문에 1993년 스탠퍼드대 신경생물학과의 교수가 될 수 있었고 박사과정 때부터 관심이 많았던 교세포를 본격적으로 연구할 수 있었다. 그때까지만 해도 교세포의 역할은 뉴런을 지지하고 영양을 공급하는 게 고작이라고 생각하고 있었다.

바바라 바레스 교수팀은 교세포가 이런 역할뿐 아니라 뉴런 시냅스의 가지치기, 즉 쓰지 않는 시냅스는 없애는 과정에 관여하고 뉴런 축삭 axon의 수초화에도 중요한 역할을 한다는 사실을 발견했다. 또 다발성경화증이나 루게릭병 등 다양한 신경질환의 배후에 교세포가 있다는 사실도 밝혀냈다.

이런 와중에도 성 정체성 문제는 여전히 그를 괴롭혔고 결국 1997년 마흔셋의 나이에 성전환수술이라는 결단을 내린다. 수술 이후 이름도 벤으로 바꾸고 남성호르몬 주사를 맞아 얼굴도 턱수염이 더부룩해진 전형적인 중년남성의 모습이 됐다. 10년 동안 남성호르몬 주사를 맞고 생긴 인지적, 심리적 변화에 대해서 그는 "테스트 결과 공간지각력이 향상 됐고(그럼에도 길치임에는 변함없지만) 쉽게 울음을 터트릴 수 없게 된 게 전부"라고 말했다.

능력이냐 편견이냐 논쟁 벌여

2005년 당시 하버드대 로런스 서머스Lawrence Summers 총장이 여성 교수가 적은 현상에 대해 "여성은 열등하게 타고난 존재이기 때문"이라는 취지의 발언을 하면서 논란이 일었다. 그런데 놀랍게도 같은 대학의 저명한 심리학자 스티븐 핑커Steven Pinker 같은 사람까지 이에 동조하자 바레스 교수는 참지 못하고 이듬해 「네이처」에 "성gender이 문제가 되나?" 라는 제목의 글을 기고해 이들의 주장을 강하게 반박했다.

그 자신이 43년을 여성으로 살았고 그때까지 9년을 남성으로 살면서 겪은 일들을 얘기하면서 여성의 사회진출이 부진한 건 타고난 능력 때문이 아니라 기존 남성중심 사회의 편견 때문임을 꼬집었다. 그는 글에서 "내가 트랜스젠더인지 모르는 사람들은 나를 대할 때 수술 뒤 훨씬 더 존경을 보였다"며 "이제는 말할 때 남자에게 제지당하지 않고 한 문장을 마칠 수 있게 됐다"고 촌평했다.

자신이 쉽지 않은 삶을 살았기 때문이었는지 그의 실험실은 자유롭고 따뜻한 분위기가 넘쳐났다고 한다. 미혼이었던 바레스는 학생들을 자식처럼 생각하며 돌봤고 이들이 졸업 뒤 과학자로 자리 잡을 수 있도록 힘썼다고 한다. 2016년 4월 췌장암 진단을 받은 뒤에도 바레스는 연구를 멈추지 않았고 자신이 죽은 뒤에도 한동안 학생들이나 박사후연구원들이 연구에 지장이 없도록 만반의 조치를 해놓았다고 한다.

그의 실험실에서 박사후연구원으로 일했던 제자이자 같은 학과 동료였던 앤드류 허버먼Andrew Huberman 교수는 「네이처」에 기고한 부고 마지막에서 임박한 죽음을 의연히 맞이한 바레스의 모습을 그리고 있다. 이런 사람도 있는데 그것도 권력이라고 학생들을 괴롭히고 남녀차별 발언을 일삼는 일부 교수들은 부끄러운 줄 알아야겠다.

"난 내 뜻대로 살았다. 성별을 바꾸고 싶었고 그렇게 했다. 과학자가 되고 싶었고 그렇게 됐다. 교세포를 연구하고 싶었고 역시 그렇게 했다. 내가 믿는 바를 지지했고 내가 영향력을 미쳤거나 적어도 그 방향의 문을 열었다고 생각하고 싶다. 나는 일말의 후회도 없고 죽을 준비가 돼 있다. 난 진정 위대한 삶을 살았다."

참고 문헌

1파트_반려동물의 과학

1-1_여우는 어떻게 개가 되었나

Dugatkin, L. & Trut, L. How to tame a fox (and build a dog) (2017)

1-2_개도 오래 살 수 있을까

Grimm, D. Science 350, 1182 (2015)

Urfer, S. et al. GeroScience 39, 117 (2017)

1-3_개는 정말 사람 말귀를 알아들을까?

Benjamin, A. & Slocombe. Animal Cognition (2018)

1-4_9000년 전 사냥개의 활약상 생생하게 묘사된 암각화 감상법

팻 시프먼 (조은영 옮김) 침입종 인간 (2017)

Grimm, D. Science 358, 854 (2017)

Guagnin, M. et al. Jouranl of Anthropological Archaeology 49, 225 (2018)

2파트_핫 이슈

2-1_미세먼지가 치매도 일으킨다?

Cohen, A. et al. Lancet 389, 1907 (2017)

Underwood, E. Science 355, 342 (2017)

Chen, H. et al. Lancet 389, 718 (2017)

Calderón−Garcidueñas, L. & Villarreal−Ríos, R. Lancet 389, 675 (2017)

Anenberg, S. et al. Nature 545, 467 (2017)

Lelieveld, J. & Pöschl, U. Nature 551, 291 (2017)

2-2_살충제 내성은 어떻게 생기는 걸까?

Borel, B. Nature 543, 302 (2017)

Kupferschmidt, K. Science 341, 732 (2013)

2-3_과학 재현성 위기, 답이 없다?

Harris, R. Rigor Mortis (2017)

2-4_섹스와 젠더의 과학

Cimpian, A. & Leslie, S. Scientific American 317, 56 (2017. 9)

Stefanick, M. Scientific American 317, 48 (2017. 9)

2-5_왜 어떤 사람들은 오이를 싫어할까

Piqueras−Fiszman, B & Spence, C. Multisensory Flavor Perception (2016)

3파트_건강의학
3-1_구충제가 항암효과도 있다?
Qu, Y. et al. Nature Chemical Biology 14, 94 (2018)
Kodama, M. et al. PNAS 114, E7301 (2017)
3-2_식물인간은 깨어날 수 있을까?
Corazzol, M. et al. Current Biology 27, R994 (2017)
3-3_뇌는 이런 운동을 원한다
Raichlen, D. & Alexander, G. Trends in Neurosciences 40, 408 (2017)
3-4_면역계가 우리 몸을 낯설게 느낄 때 일어나는 일들
Anderson, W. & Mackay, I. Intolerant Bodies (2014)
Fox, D. Nature 545, 20 (2017)
수잔 블룸 & 미셸 벤더 (최세환, 지영미 옮김) 면역의 배신 (2017)
5-5_약초 족도리풀, 알고 보니 독초?
Ng, A. et al. Science Translational Medicine 9, eaan6446 (2017)
Editorial Nature 551, 541 (2017)
Cyranoski, D. Nature 551, 552 (2017)

4파트_인류학
4-1_4만 년 전 네안데르탈인 화석, 알고 보니 30만 년 전 호모 사피엔스!
Mendez, F. L. et al. The American Journal of Human Genetics 92, 454 (2013)
Stringer, C. & Galway-Witham, J. Nature 546, 212 (2017)
Hublin, J. et al. Nature 546, 289 (2017)
Richter, D. et al. Nature 546, 293 (2017)
Neubauer, S. et al. Science Advances 4, eaao5961 (2018)
4-2_호모 날레디, 고인류학을 비추는 별이 될까
Stringer, C. eLIFE 4, e10627 (2015)
Berger, L. et al. eLIFE 4, e09560 (2015)
Thompson, J. eLIFE 6, e26775 (2017)
Dirks, P. et al. eLIFE 6, e24231 (2017)
4-3_11만 년 전 동아시아에는 머리가 아주 큰 사람이 살았다
Gibbons, A. Science 355, 899 (2017)
Li, Z. et al. Science 355, 969 (2017)
Dennell, R. Nature 526, 647 (2015)
Liu, W. et al. Nature 526, 696 (2015)
4-4_권력을 모계로 세습하는 선사 시대 사회 있었다!
Kennett, D. et al. Nature Communications 8, 14115 (2017)
켄트 플래너리 & 조이스 마커스 (하윤숙 옮김) 불평등의 창조 (2015)

5파트_심리학·신경과학
5-1_한석봉 모친이 초롱불을 끄고 떡을 썬 까닭은...
캐럴 드웩 (김준수 옮김) 마인드셋 (2017)
Butler, L. Science 357, 1236 (2017)
Leonard, J. et al. Science 357, 1290 (2017)
5-2_물건 크다고 더 잘 찾는 것 아니다!
Eckstein, M. et al. Current Biology 27, 2827 (2017)
5-3_나이가 들수록 잠의 질이 떨어지는 이유
로저 에커치 (조한욱 옮김) 잃어버린 밤에 대하여 (2016)
Mander, B. et al. Neuron 94, 19 (2017)
5-4_사람이 개보다 잘 맡는 냄새도 있다?
McGann, J. Science 356, 597 (2017)
Prieto-Godino, L. et al. Nature 539, 93 (2016)
Olender, T. et al. BMC Genomics 17, 619 (2016)
Frumin, I. et al. eLIFE 4, e05154 (2015)
5-5_생쥐의 앞발이 손이 되지 못한 사연
Gu, Z. et al. Science 357, 400 (2017)

6파트_생태·환경
6-1_플라스틱을 먹는 애벌레가 있다고?
Geyer, R. et al. Science Advances 3, e1700782 (2017)
Bombelli, P. et al. Current Biology 27, R292 (2017)
Weber, C. et al. Current Biology 27, R744 (2017)
Bombelli, P. et al. Current Biology 27, R745 (2017)
6-2_파란빛의 두 얼굴
Minguillon, J. et al. PLoS ONE 12, e0186399 (2017)
Irwin, A. Nature 553, 268 (2018)
Zielinska-Dabkowska, K. Nature 553, 274 (2018)
6-3_토끼와 바이러스 경주, 누가 이길까?
Kerr, P. et al. PNAS 114, 9397 (2017)
6-4_후쿠시마 수산물 수입, 어떻게 해야 하나?
이건혁 동아일보 B4면 (2017.10.18)
Buesseler, K. et al. Annu. Rev. Mar. Sci. 9, 173 (2017)
최혜령 동아일보 10면 (2018.2.24)
6-5_지구촌 화석연료 이산화탄소 발생량 다시 늘어났다!
Le Quéré, C. et al. Earth Syst. Sci. Data. Discuss. (2017.11.13)

7파트_천문학·물리학
7-1_중력파 천문학 시너지효과란 바로 이런 것!
Miller, C. Nature 551, 36 (2017)
Troja, E. et al. Nature 551, 71 (2017)
Cho, A. Science 358, 1520 (2017)
7-2_그 많은 양전자(반물질)는 다 어디서 왔을까
Crocker, R. et al. Nature Astronomy 1, 0135 (2017)
Prantzos, N. Nature Astronomy 1, 0149 (2017)
7-3_번개 칠 때 핵반응 일어난다!
Babich, L. Nature 551, 443 (2017)
Enoto, T. et al. Nature 551, 481 (2017)
7-4_객성과 신성과 초신성
Shore, S. Nature 548, 526 (2017)
Shara, M. et al. Nature 548, 558 (2017)
7-5_카페라테의 유체역학
Klein, J. The New York Times (2017.12.12)
Xue, N. et al. Nature Communications 8, 1960 (2017)

8파트_화학
8-1_일산화탄소 중독 해독제 등장 임박?
Azarov, I. et al. Science Translational Medicine 8, 368ra173 (2016)
8-2_아킬레스건의 재료과학
Rossetti, L. et al. Nature Materials 16, 664 (2017)
8-3_빛 쬐지 않아도 태닝할 수 있다!
Mujahid, N. et al. Cell Reports 19, 2177 (2017)
8-4_극저온전자현미경, 구조생물학을 혁신시키다
Henderson, R. Nature 504, 93 (2013)
Liao, M. et al. Nature 504, 107 (2013)
Cao, E. et al. Nature 504, 113 (2013)
Clapham, D. Nature 520, 439 (2015)
Paulsen, C. et al. Nature 520, 511 (2015)
Eisenberg, D. & Sawaya, M. Nature 547, 170 (2017)
Fitzpatrick, A. et al. Nature 547, 185 (2017)
Pospich, S. & Raunser, S. Science 358, 45 (2017)
Gremer, L. et al. Science 358, 116 (2017)
Pennisi, E. Science 358, 1523 (2017)

9파트_생명과학

9-1_오랑우탄, 알고 보니 두 종이 아니라 세 종

Nater, A. et al. Current Biology 27, 3487 (2017)

Fennessy, J. et al. Current Biology 26, 2543 (2016)

Stokstad, E. Science 358, 1522 (2017)

9-2_산소발생 광합성 역사 불과 25억 년?

Lyons, T. et al. Nature 506, 307 (2014)

Blankenship, R. Science 355, 1372 (2017)

Soo, R. et al. Science 355, 1436 (2017)

9-3_유전자편집, 임상시대 오나?

Winblad, N. & Lanner, F. Nature 548, 398 (2017)

Ma, H. et al. Nature 548, 413 (2017)

Gaudelli, N. et al. Nature 551, 464 (2017)

Ledford, H. Nature 552, 316 (2017)

Yang, L. & Chen, L. Science 358, 996 (2017)

Cox, D. et al. Science 358, 1019 (2017)

9-4_로널드 코놉카, 생체시계 분야를 개척한 비운의 유전학자

Rosbash, M. Cell 161, 187 (2015)

부록_과학은 길고 인생은 짧다

1_올리버 스미시스

Kucherlapati, R. Nature 542, 166 (2017)

Sancar, A. Science 355, 695 (2017)

2_보이드 우드러프

Bennett, J. et al. Science 356, 381 (2017)

3_한스 로슬링

Gates, B. & Gates, M. Science 355, 1268 (2017)

Maxmen, A. Nature 540, 330 (2016)

4_피터 맨스필드

Turner, R. Nature 543, 180 (2017)

5_밀드레드 드레셀하우스

Chung, D. Nature 543, 316 (2017)

6_케네스 애로

Velupillai, K. Nature 543, 624 (2017)

7_유진 가필드

Wouters, P. Nature 543, 492 (2017)

8_토마스 스타즐

Fung, J. Science 356, 491 (2017)

9_한스 데멜트
Toschek, P. Nature 545, 290 (2017)
10_로널드 드레버
Weiss, R. Nature 544, 298 (2017)
11_조지 올라
Mathew, T. Nature 544, 162 (2017)
12_안젤라 하틀리 브로디
Abderrahman, B. & Jordan, C. Nature 548, 32 (2017)
13_마리암 미르자카니
Wright, A. Science 357, 758 (2017)
Rafi, K. Nature 549, 32 (2017)
14_하워드 아이헨바움
Hasselmo, M. & Stern, C. Science 357, 875 (2017)
15_패트릭 베이트슨
Laland, K. Nature 548, 394 (2017)
McCabe, B. Science 358, 174 (2017)
16_니콜라스 블룸베르헨
Yablonovitch, E. Nature 550, 458 (2017)
17_프랭크 브라운
Wood, B. Nature 552, 32 (2017)
18_블라디미르 보예보츠키
Grayson, D. Nature 551, 169 (2017)
19_길버트 스토크
Wender, P. Nature 551, 566 (2017)
20_로널드 브레슬로우
Cornish, V. Nature 552, 176 (2017)
21_포티스 카파토스
Nowotny, H. Science 358, 1387 (2017)
22_파멜라 스클라
Daly, M. Nature 554, 32 (2018)
23_칼레스투 주마
Nordling, L. Nature 553, 406 (2018)
24_벤 바레스
Bell, R. & Koenig, L. Science 358, 1223 (2017)
Huberman, A. Nature 553, 282 (2018)
Barres, B. Nature 442, 133 (2006)

찾아보기

ㅈ

ㅊ